Prozesse verbessern mit CMMI® for Services

Christian Hertneck studierte Mathematik in München und Metz. Von 1998 bis 2006 gestaltete er bei Siemens als Principal Consultant interne Assessmentverfahren mit. Als SEI Information Broker initiierte er den Umstieg auf CMMI. Von 2001 bis 2004 arbeitete er als Resident Affiliate am Software Engineering Institute (SEI) Pittsburgh, USA, an der Entwicklung der CMMI-Produktsuite mit. Er war Mitglied der Expertengruppe »Interpretative Guidance for CMMI« des SEI. Aktuelle Tätigkeiten umfassen die Schulungs- und Modellentwicklung am CMMI-SVC v1.3. Seit 2005 unterstützt Christian Hertneck als Mitgründer der Anywhere.24 GmbH weltweit Dienstleistungs- und Entwicklungsorganisationen durch Assessments, Schulungen und Coaching. Er ist vom SEI zertifizierter CMMI Instructor und SCAMPI Lead Appraiser für alle Konstellationen (Dienstleistungen, Entwicklung, Beschaffung) mit High-Maturity-Zertifizierung.

Dr. Ralf Kneuper studierte Mathematik in Mainz, Manchester (England) und Bonn. Von 1986 bis 1989 war er wissenschaftlicher Mitarbeiter am Fachbereich Informatik der Universität Manchester und promovierte dort. Danach arbeitete er bei der Software AG im Bereich Qualitätssicherung/Qualitätsmanagement und beim Systemhaus der Deutschen Bahn AG (DB Systems GmbH) als Seniorberater für Vorgehensmodelle, Qualitätsmanagement und Projektmanagement sowie als Projektleiter. Seit 2003 ist er freiberuflicher Berater für Qualitätsmanagement, CMMI und verwandte Themen. Mit CMMI bzw. dem Vorgängermodell CMM arbeitet er bereits seit 1996 und war CMM-Assessmentleiter.

Ralf Kneuper ist SEI-zertifizierter SCAMPI Lead Appraiser für CMMI-DEV und CMMI-SVC, iNTACS-zertifizierter Assessmentleiter für ISO 15504 (SPICE) und Koordinator des »German CMMI Lead Appraiser and Instructor Board« (CLIB). Er war langjähriger Sprecher der Fachgruppe »Vorgehensmodelle für die betriebliche Anwendungsentwicklung« in der Gesellschaft für Informatik. Aktuell arbeitet er an der Entwicklung von SCAMPI v1.3 als Mitglied des erweiterten Teams mit.

Christian Hertneck · Ralf Kneuper

Prozesse verbessern mit CMMI® for Services

Ein Praxisleitfaden mit Fallstudien

 dpunkt.verlag

Christian Hertneck
c.hertneck@anywhere24.com

Dr. Ralf Kneuper
ralf@kneuper.de

Lektorat: Christa Preisendanz
Copy-Editing: Ursula Zimpfer, Herrenberg
Herstellung: Birgit Bäuerlein
Umschlaggestaltung: Helmut Kraus, www.exclam.de
Druck und Bindung: M.P. Media-Print Informationstechnologie GmbH, 33100 Paderborn

Fachliche Beratung und Herausgabe von dpunkt.büchern im Bereich Wirtschaftsinformatik:
Prof. Dr. Heidi Heilmann · heidi.heilmann@Augustinum.net

Bibliografische Information der Deutschen Nationalbibliothek
Die Deutsche Nationalbibliothek verzeichnet diese Publikation in der Deutschen Nationalbibliografie;
detaillierte bibliografische Daten sind im Internet über http://dnb.d-nb.de abrufbar.

ISBN 978-3-89864-657-4
Copyright © 2011 dpunkt.verlag GmbH
Ringstraße 19 B
69115 Heidelberg

Geleitwort

Dear Readers,

I am delighted to see this new book on the CMMI for Services. The authors, Christian Hertneck and Ralf Kneuper, are excellent guides in this field and long-time collaborators with me and the SEI as we build CMMI models and associated products. I first met Christian when he was a resident affiliate at the SEI working on an earlier model. I most recently asked him to be on the CMMI-SVC model team as we built the latest version. Ralf Kneuper has assisted in building CMMI appraisal products and is currently the adviser along with me for a graduate student working on his dissertation on CMMI for Services. Each author has vast practical experience with process improvement in the real world and they have been among the earliest and therefore most experienced users of the CMMI for Services.

For those of you new to it, CMMI® for Services (CMMI-SVC) is a comprehensive set of guidelines to help organizations to establish and improve processes for delivering services. By adapting and extending proven standards and best practices to reflect the unique challenges faced in service industries, CMMI-SVC offers providers a practical and focused framework for achieving higher levels of service quality, controlling costs, improving schedules, and ensuring user satisfaction. In the first two years of use, we have seen the application of CMMI-SVC to everything from sports officiating to health care, along with the expected application in engineering services and information technology.

This book gives you a comprehensive introduction to

- The service domain and its issues
- The structure of CMMI-SVC
- Details for the service typical best practices
- A guide to systematic process improvement and to address its pitfalls

▥ Real life examples ranging from product maintenance services over IT services to service in the health and public sector.

Given the enormous portion of the German economy attributed to service and the potential benefits for your country's performance when service providers improve their delivery, I am particularly delighted to see the translation of CMMI-SVC goals and practices from English into German – that material in the book is by itself a useful contribution. Of course, your benefits go well beyond mere translation of the abstract model content. The authors guide you with practical examples and their years of experience. They discuss the applicability of the model in a range of service domains, demonstrating their understanding of the intention and flexibility of the model. Among the cases, I am confident you will find examples relevant to you.

I also believe that this book is useful both to individuals new to model-based process improvement and to those already experienced in achieving service excellence. For the newcomers, it gives details on starting the journey and connects to real-life case studies. Service experts can draw on specific experiences and examples to consider how to enhance their practice using CMMI-SVC as a tool and best practice collection for further improvements.

Have fun reading this book and good luck with your process improvement!

Eileen Forrester
Software Engineering Institute
Carnegie Mellon University
Pittsburgh, USA

Vorwort

Herzlich willkommen zu unserem Praxisleitfaden zu CMMI für Dienstleistungen. Wir werden Ihnen kurz die Intention, Inhalte und Struktur des Modells vorstellen. Anschließend steht die Interpretation und Umsetzung des CMMI in der Praxis im Vordergrund. Dabei verlieren wir nicht den Blick auf den dafür benötigten Veränderungsprozess und die typischen Schritte zur Prozessverbesserung. Anhand von Beispielen und eigenen Erfahrungen stellen wir Ihnen die Prozessgebiete, Ziele und Praktiken vor. Die Fallstudien runden das Bild ab und zeigen Ihnen konkrete Einsatzszenarien für CMMI für Dienstleistung auf. Diese reichen von Produktwartung über IT-Support bis hin zum Betrieb einer Naturheilpraxis und eines Kinderhauses.

Auslöser für dieses Buch war die immer wiederkehrende Nachfrage von unseren Kunden nach konkreter Interpretation von CMMI im Dienstleistungsumfeld. Mit dem CMMI-SVC lag uns seit 2009 ein leistungsfähiges Modell vor, jedoch keine deutschsprachige Hilfe und kein Leitfaden zur praxisorientierten Umsetzung. Mit unserem langjährigen Hintergrund in der Prozessverbesserung und Anwendung von CMMI in den unterschiedlichsten Branchen lag es nahe, dieses Buchprojekt zu starten. Es war eine spannende Zusammenarbeit über ein ganzes Jahr hinweg. Sowohl in unserer Diskussion beim Schreiben als auch bei der Beratung unserer Kunden haben wir viel gelernt und freuen uns, unsere Erfahrungen mit Ihnen teilen zu können.

Während der Erstellung dieses Buches erschien dann Ende Oktober 2010 auch die neue Version 1.3 von CMMI-SVC. Wir beziehen uns daher auf diese neue Version, wobei wir auf die wichtigsten Modelländerungen hinweisen.

Ohne die Geduld unserer Familien und die nächtlichen Diskussionen mit unseren Ehepartnern wäre dieses Buch nie entstanden. Wir sind allen Beteiligten und Reviewern von diversen Entwürfen dieses Buches für ihre Unterstützung und Kommentare sehr dankbar: Thomas Geiger, Jens Gößler, Hartmut Hambach, Ralf Hertneck, Cindy

Hübscher, Britta Hupka, Andreas Lieser, Hans Neuhold, Ralf Neuner, Ilona Paukert-Kneuper, Markus Posselt, Natalie Sajons, Robert Wegmann, Eckhard Wirth, Christoph Zebermann. Ein ganz besonderer Dank geht auch an die in den Fallstudien beschriebenen Unternehmen und deren Ansprechpartner, die es uns ermöglicht haben, CMMI für Dienstleistungen nicht nur als Theorie, sondern auch als gelebte Praxis zu beschreiben.

Wir wünschen den Lesern eine spannende und erfolgreiche Reise auf dem Weg zu verbesserten Dienstleistungsabläufen. Dieses Buch soll Ihnen wertvolle Tipps und Anleitungen geben, wie Sie Dienstleistungen gezielt und nachhaltig optimieren. Gerne stehen wir Ihnen mit Rat und Tat zur Seite. Wir freuen uns auf Ihre Fragen und Kommentare.

Christian Hertneck und Ralf Kneuper
München und Darmstadt, im April 2011

Inhalt

Anhang

Inhaltsverzeichnis

Anhang

1 Einleitung

Dieses Kapitel führt in die von CMMI-SVC verwendeten Grundgedanken der Prozessorientierung ein, beginnend mit dem Beispiel eines Urlaubsresorts: Ohne Prozesse keine Qualität. Ohne Qualität keine Kunden. Ohne Kunden kein Geschäft. Es folgt eine Einführung in das Verbesserungsmodell CMMI-SVC, seine Vorteile und seine Verwendung.

1.1 Wozu Prozessverbesserung?

Stellen Sie sich vor, Sie sind Käufer eines bestehenden 4-Sterne-Urlaubsresorts auf den Malediven. Sie haben sich natürlich vor dem Kauf über die Kundenstruktur, den Zustand der Infrastruktur und der Gebäude und die Qualifikation der Mitarbeiter eingehend informiert. Ein aussichtsreicher Geschäftsplan wurde detailliert aufgestellt. Banken stellten entsprechende Kredite bereit; der Kauf und die Übergabe gingen reibungslos vonstatten. Die erste Saison verläuft erfolgreich, wie geplant.

Einführendes Beispiel

Jedoch bleiben die Buchungen für die Folgesaison weit hinter den ursprünglichen Erwartungen und Prognosen zurück. Neben den hoffentlich sofort greifenden Aktionen aus dem Marketing fangen Sie an, sich grundsätzlich Gedanken zu machen, was die möglichen Ursachen für die ausbleibenden Buchungen sind.

Zum Glück stehen Ihnen Daten über die Kundenzufriedenheit sowohl aus direkten Kundenumfragen als auch über verschiedene Internetportale zur Verfügung. Da die Daten seit Gründung des Resorts vorliegen, erkennen Sie schnell Trends zu absinkender Kundenzufriedenheit. Folgende Aussagen häufen sich:

Kundenzufriedenheit als Indikator

- »Lange Wartezeiten bei Überführung, Check-in und Zimmerbezug«
- »Nachlassende Sauberkeit in Restaurants und an Stränden«

▓ »Zunehmend unfreundliches Personal«

▓ »Ausrüstung der Zimmer nicht mehr zeitgemäß«

In der Ursachenanalyse gehen Sie die Abläufe jedes einzelnen Bereichs (u.a. Restaurant, Infrastruktur/Instandhaltung, Reservierung, Gäste-service, Personal) Ihres Resorts mit den jeweiligen Mitarbeitern im Detail durch und suchen nach möglichen Gründen und Maßnahmen zur Behebung.

Dabei stellen sich einige Ursachen heraus:

▓ Gerade bei Sonderwünschen von Gästen (z.B. romantische Abend-essen oder Ausflüge) oder Störungen im Betrieb (z.B. schlechtes Wetter, Krankheit einzelner Mitarbeiter, Stromausfälle) existieren kaum klare Verantwortlichkeiten und Konzepte.

▓ Fehlende Schulungen und ausbleibendes Coaching neuer Mitarbei-ter bei einer relativ hohen Fluktuation.

▓ Schlechte Abstimmung zwischen einzelnen Bereichen des Resorts bis hin zu mangelnder Kommunikation zwischen einzelnen Mitar-beitern und schließlich auch zum Kunden.

Maßnahmen werden ergriffen und die Abläufe, Konzepte, Verant-wortlichkeiten, Schulungen und Kommunikation, Verfügbarkeit und Kapazität von Ressourcen sowie die Qualität der Dienstleistungen werden verbessert. Nach dem schlussendlich schmerzhaften Einbruch der Buchungen und den Investitionen in Prozessverbesserungen steigen die Kundenzufriedenheit und auch die Buchungsrate wieder an.

Gratulation! Sie haben erfolgreich Prozessverbesserung in der Erbringung Ihrer Dienstleistungen betrieben. Wozu brauchen Sie jetzt dieses Buch oder ein Verbesserungsmodell?

1.2   Modellbasierte Prozessverbesserung

In diesem Buch sowie in dem zugrunde liegenden Modell CMMI-SVC geht es um die Verbesserung von Dienstleistungsprozessen:

> **Definition:**
> Eine **Dienstleistung (Service)** ist ein nicht greifbares oder speicherbares Pro-dukt; Dienstleistungen werden über die Verwendung von Dienstleistungs-systemen erbracht, die zur Umsetzung von Dienstleistungsanforderungen entworfen wurden; Dienstleistungen können durch manuelle oder automa-tisierte Abläufe erbracht werden.

Gründe für die Verwendung von Verbesserungsmodellen im Umfeld von Dienstleistungen sind:

- Aus Fehlern anderer zu lernen, ohne sie erst selbst zu machen.
- Risiken für das Erstellen und Erbringen von Dienstleistungen frühzeitig zu vermeiden.
- Hilfe für eine laufende Prozessverbesserung zu erhalten und systematisch die Leistungsfähigkeit Ihrer Dienstleistungsabläufe zu optimieren.
- Kritische Themen bei der Dienstleistungserbringung nicht zu übersehen.
- Kontinuierlich die Dienstleistungsqualität und damit letztlich die Kundenzufriedenheit zu verbessern.

Nutzen von Prozessmodellen

Verbesserungsmodelle wie CMMI für Dienstleistungen bieten genau diese Vorteile. Sie liefern einen Ausgangspunkt für die Verbesserung von Abläufen bei der Erstellung und Erbringung beliebiger Dienstleistungen. Zudem bietet ein Verbesserungsmodell eine gemeinsame Sprache, sinnvolle Ansatzpunkte sowie eine Messung der Prozessfähigkeit über Reife- und Fähigkeitsgrade.

CMMI hier: Capability Maturity Model Integration for Services v1.3

Die Ideen zur modellbasierten Prozessverbesserung sind natürlich nicht neu. Sie wurden auch nicht von CMMI (Capability Maturity Model Integration) bzw. dessen Verfassern am Software Engineering Institute (SEI) erfunden. Dennoch ist CMMI heute das wahrscheinlich wirksamste Modell zur Prozessverbesserung von Entwicklungs- und Dienstleistungsprozessen weltweit. Die Grundlagen sind viele Jahrzehnte alt und gehen letztlich auf die Erkenntnis zurück, dass zwischen der Qualität der Abläufe (Prozesse) und der Qualität der Produkte bzw. Dienstleistungen ein direkter Zusammenhang besteht.

> **Definition:**
> Ein **Prozess** ist eine Abfolge von Schritten, die zu einem bestimmten Zweck ausgeführt werden [IEEE90].

Die Begriffe Abläufe, Arbeitsschritte und Prozesse werden hier im Buch weitgehend synonym verwendet.

Das Grundprinzip von CMMI (genau wie der meisten anderen modernen Ansätze für das Qualitätsmanagement) ist also: Gute Abläufe ermöglichen die Entstehung guter Dienstleistungen oder anders ausgedrückt: Eine hohe Prozessqualität ist Voraussetzung für eine hohe Dienstleistungsqualität! Dies hat sich in jahrzehntelanger Praxis bestätigt.

Prozessqualität fördert Dienstleistungsqualität.

Allerdings liegt die Betonung auf dem Wort »ermöglichen«. Es bedeutet nämlich nicht zwingend, dass bei guten Prozessen immer auch gute Produkte/Dienstleistungen entstehen müssen (auch bekannt als »garbage in, garbage out«).

Prozesse, Menschen, Technologien

Für den sinnvollen Einsatz von Prozessen benötigt man natürlich auch

- Menschen mit entsprechendem Wissen und Fähigkeiten,
- wirksame Werkzeuge und Technologien,
- unterstützende Methoden, Hilfsmittel und zeitliche Beziehungen zwischen den Aufgaben.

Umgekehrt unterstützen Prozesse

- Qualitätszusagen gegenüber dem Kunden, z.B. die Bearbeitung einer Kundenanfrage innerhalb von einem Tag,
- den Einsatz von Technologien und Werkzeugen,
- die Arbeit der Mitarbeiter durch klare Verantwortlichkeiten, Schnittstellen, Rollen, Tätigkeiten und Abläufe,
- das gemeinsame Verständnis über den Einsatz und die Verwendung von Standards, Vorgehensweisen und Arbeitsschritten sowie
- die Arbeitssteuerung. Eine Zuordnung von Ressourcen oder Skills zu Aufgaben erfordert definierte Prozesse, in denen die Aufgaben festgelegt sind und die eine Basis für die Abschätzung der benötigten Ressourcen legen.

Anwendung auf beliebige Dienstleistungsformen

Das Beispiel am Beginn dieses Kapitels – das Betreiben eines Urlaubsresorts – ist typisch für die Prozessverbesserung von Dienstleistungsprozessen, wobei CMMI-SVC Dienstleistungen jeglicher Form adressiert,

- von persönlicher Leistungserbringung am Kunden (wie Taxi, Arzt, Wäscheservice, Restaurants) oder
- Internetservice (wie Verkauf, Auktionen, Informationsbeschaffung) über den
- Betrieb von komplexen Dienstleistungen (wie Rechenzentren, Hotelketten, Krankenhäuser, öffentliche Verwaltung, Flughäfen) bis hin zur
- Wartung und Pflege von Produkten (wie Kundensupport bzw. Callcenter, Servicezentren für Flugzeuge) sowie auch
- Schulungs- und Beratungsdienstleistungen.

Ursprünglich kommt CMMI aus der Softwareentwicklung. Aufgrund der erfolgreichen Anwendung wurde das Modell kontinuierlich erweitert, u.a. auf das hier behandelte Modell »CMMI für Dienstleistungen«.

Das Ziel des vorliegenden Buches besteht darin, die Vorgehensweise zur Prozessverbesserung und die Verwendung von CMMI für Dienstleistungen möglichst praxisnah wiederzugeben. Dies wird zum einen über Fallstudien, zum anderen über konkrete Tipps und Tricks bei der Umsetzung des Modells umgesetzt.

1.3   Prozessorientierung

Basis für CMMI ist eine prozessorientierte Arbeitsweise. Den meisten Definitionen von Prozessorientierung liegen folgende Prinzipien zugrunde:

Prinzipien der Prozessorientierung

- Abläufe und Strukturen der Organisation sind am Kunden oder Ergebnis ausgerichtet.
- Der Fokus liegt auf wertschöpfenden Abläufen und Effizienz in der Erstellung von Arbeitsergebnissen.
- Die Abläufe in der Organisation und den Projekten werden kontinuierlich verbessert.
- Unnötige Arbeitsschritte werden systematisch vermieden und die Schnittstellen innerhalb und außerhalb der Organisation werden beherrscht.

Alle heute gängigen Qualitäts-, Prozess- und Vorgehensmodelle beruhen auf den Prinzipien der Prozessorientierung, egal ob es sich um SPICE, Lean Engineering, Six Sigma, Kaizen, Total Quality Management, ISO 9001, ITIL oder ähnliche handelt.

Die zugrunde liegenden Prinzipien spiegeln sich vor allem in der Vermeidung von »Abfall« und dem Erreichen von schlanken und robusten Prozessen wider (siehe Abb. 1–1).

Dabei bedeutet »Abfall« in einer Dienstleistungsorganisation beispielsweise:

»Abfall« im Kontext von Dienstleistungen

- Die Dienstleistung kann nicht mehr erbracht werden, da Risiken und Probleme zu spät erkannt und behandelt werden (Umgang mit Störungen).
- Mangelnde Dienstleistungsqualität kann nicht behoben werden, da sie erst bei der Erbringung erkannt wird.
- Gleiche Abläufe werden immer wieder entwickelt oder die gleichen Fehler immer wieder gemacht aufgrund von fehlenden standardisierten Abläufen bei der Erbringung der Dienstleistungen.

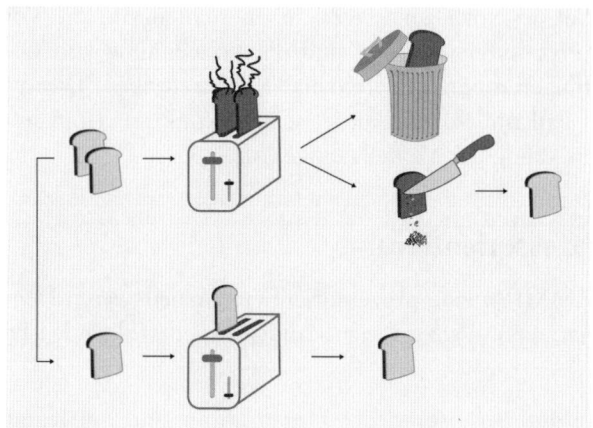

▨ Die Dienstleistung wird nicht wie gewünscht erbracht wegen unverstandener Anforderungen an die Dienstleistung.

▨ Im »Katastrophenfall« kann die Dienstleistung über einen längeren Zeitraum nicht mehr erbracht werden wegen fehlender Rückfallmechanismen.

1.4   Einführung in CMMI für Dienstleistungen

Die folgenden Abschnitte beschreiben zum einen die Vorteile der Verwendung von Prozessverbesserungsmodellen, insbesondere von CMMI. Zum anderen wird der Ansatz des prozessorientierten Arbeitens vorgestellt.

1.4.1   Vorteile von Prozessmodellen

Konkrete Hilfestellung bei der Umsetzung von Prozessorientierung und der Vermeidung von »Abfall« bieten gängige Prozessverbesserungsmodelle wie z.B. CMMI (Capability Maturity Model Integration). Diese fassen bewährte Vorgehensweisen für Dienstleister zusammen und bilden für die Prozessorientierung einen Leitfaden und geben konkrete Anregungen.

Vorteile von Prozessmodellen

Ein wesentlicher Vorteil dieser Modelle ist der klar beschriebene Entwicklungspfad auf dem Weg zu verbesserten Abläufen. Sie bieten eine Möglichkeit zur Messung der Prozessreife.

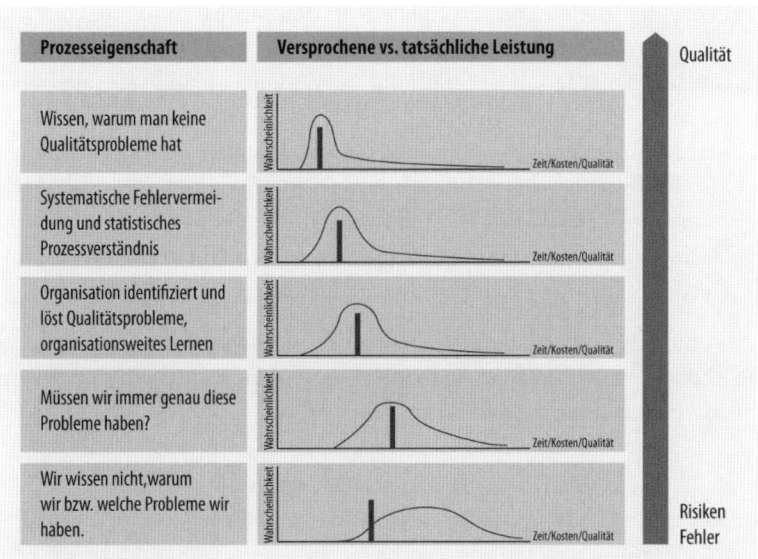

Abb. 1–2
Steigende Prozessreife und Nutzen (angelehnt an [SEI10])

Abbildung 1–2 zeigt links von unten nach oben typische Veränderungen in der Denkweise von Organisationen mit zunehmender Prozessreife. Auf der rechten Seite ist der entsprechende Nutzen gegenübergestellt. Die Grafik rechts zeigt das Versprechen an den Kunden oder die Erwartung einer Organisation bzgl. Zeit, Kosten oder Qualität für eine Aufgabe (senkrechter Strich) sowie die Wahrscheinlichkeitsverteilung für die tatsächlich erreichten Werte für Zeit, Kosten oder Qualität.

Typische Charakteristika für unreife Dienstleistungsabläufe sind:

Unreife Dienstleistungsabläufe

- ungeplante, improvisierte Abläufe, sowohl auf Mitarbeiter- als auch auf Managementebene,
- Unstimmigkeiten zwischen beschriebenen und gelebten Abläufen,
- die alleinige Abhängigkeit vom »Heldentum« Einzelner und
- beschränkte Einsicht in die tatsächliche Wirkung, den Status und die Qualität der Dienstleistung.

Unreife Prozesse führen meist zu Feuerwehraktionen. Da sowohl die Mitarbeiter bei der Erbringung der Dienstleistung als auch die Organisation sich hier ständig im Reaktionsmodus befinden, hat man keine Zeit, um Prozessverbesserungen einzuführen und dadurch zukünftigen Problemen vorzubeugen. Zudem werden häufig nur Symptome anstatt Ursachen gelöst.

    Prozessorientierung mithilfe von Prozessmodellen bedeutet hingegen eine systematische Feuer- und Abfallvermeidung (auch wenn diese nicht immer vollständig erfolgreich ist):

Systematische Abfallvermeidung

▥ Prozessmodelle erlauben Einsicht in den Status von Projekten und Abläufen in der Organisation.

▥ Interne Abläufe werden sichtbar von allen Führungsebenen getragen und vorgelebt.

▥ Mit Kennzahlen wird konstruktiv umgegangen.

▥ Die Einführung neuer Vorgehensweisen, Technologien und Werkzeuge erfolgt geplant und systematisch.

▥ Definierte Abläufe stimmen mit den gelebten Abläufen überein und werden kontinuierlich weiterentwickelt.

Abbildung 1–3 zeigt den typischen Aufbau einer reifen Organisation, die ihre Prozesse laufend verbessert und den Mitarbeitern entsprechende praxistaugliche Hilfsmittel bereitstellt.

Abb. 1–3
Aufbau einer reifen
Organisation

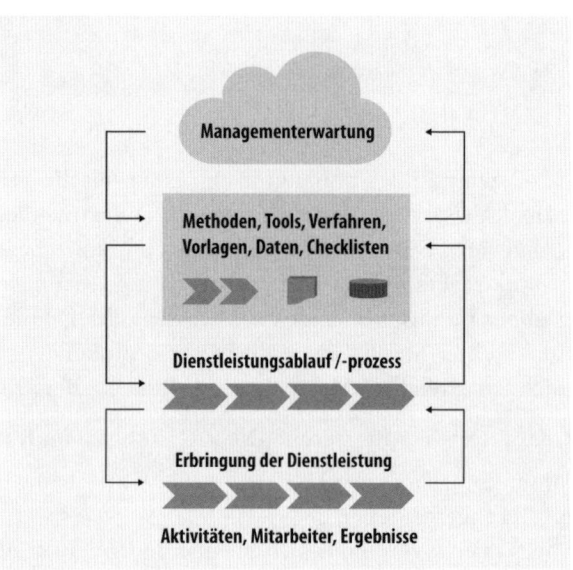

1.4.2   Die Verwendung von CMMI als Verbesserungsmodell

Das CMMI als Verbesserungsmodell hilft Organisationen im Bereich

▥ der Entwicklung,

▥ der Beschaffung von Produkten und Dienstleistungen und

▥ der Erbringung von Dienstleistungen,

ihre Versprechen an Kunden – bezogen auf Termine, Kosten und Qualität – besser einzuhalten und ihre Abläufe zu optimieren. Gerade bei Dienstleistungen steht die Kundenzufriedenheit als Indikator und wesentliches Ziel im Vordergrund für den Erfolg von Verbesserungen.

Das Software Engineering Institute (SEI) der Carnegie Mellon University hat dazu das CMMI in Zusammenarbeit mit der Industrie über die letzten 20 Jahre hinweg kontinuierlich weiterentwickelt.

Die verschiedenen CMMI-Konstellationen bieten einen Werkzeugkasten an, der gute Praktiken zu Steuerung, Prozessmanagement, Erstellung und Erbringung von Dienstleistungen, Entwicklung, Beschaffung und zu weiteren unterstützenden Themen umfasst. Diese Praktiken wurden von unterschiedlichen Unternehmen erprobt, um Risiken bei den genannten Themenbereichen zu reduzieren und diese effizienter umzusetzen.

CMMI-Konstellationen decken Dienstleistungen, Produktentwicklung und Beschaffung ab.

> Konvention für dieses Buch zur Verwendung des Akronyms »CMMI«:
> Capability Maturity Model Integration (CMMI) ist eine Familie von Modellen. CMMI gibt es in verschiedenen Ausprägungen mit einheitlicher Struktur und ähnlichen Inhalten, aber unterschiedlichen Anwendungsgebieten (Konstellationen für Entwicklung, Beschaffung und Dienstleistungen).
> Im vorliegenden Buch unterscheiden wir daher zwischen CMMI, wenn Aussagen für alle Konstellationen gelten, und CMMI für Dienstleistungen (CMMI-SVC), wenn Aussagen sich auf die spezielle hier betrachtete CMMI-Konstellation beziehen.

Begriffskonvention »CMMI«

Das CMMI gibt nicht das »Wie« der Umsetzung vor, sondern beschreibt Anforderungen und Erwartungen an das »Was«, d.h. eine Sammlung der Aspekte, die eine Organisation berücksichtigen muss, um eine prozessorientierte Arbeitsweise erfolgreich einzuführen.

Für die Anwendung in der Praxis bietet CMMI einen breiten Gestaltungsspielraum, der es ermöglicht, die Anforderungen im jeweiligen Geschäftskontext angemessen umzusetzen. Es stellt keine Checkliste dar, die man nur abzuhaken braucht, sondern es fordert die aktive Einbindung aller Führungsebenen einer Dienstleistungsorganisation zur sinnvollen und gezielten Verbesserung.

CMMI ist keine formale Checkliste.

Der zentrale Unterschied zu anderen gängigen Prozessmodellen sind die verwendeten Reife- und Fähigkeitsgrade von Prozessen (siehe Abschnitt 2.4 bzw. Abschnitt 2.5), die einen sinnvollen Pfad für die Einführung und Verankerung von Abläufen in einer Organisation beschreiben.

1.4.3   Einführung in prozessorientiertes Arbeiten

Der konsequenten Einführung von Prozessorientierung bzw. Prozessreife in einer Organisation geht in der Regel ein langer steiniger Weg voraus:

Herausforderungen und Hindernisse

▊ Wie jede andere Organisationsentwicklung bedeutet Prozessverbesserung auch eine entsprechende Kulturänderung auf allen Ebenen der Organisation.

▊ Prozessmodelle wie CMMI haben häufig eine sehr eigene Begrifflichkeit und eine hohe Komplexität.

▊ Der Aufwand und die benötigte Einbindung aller Führungsebenen für eine erfolgreiche Umsetzung werden häufig unterschätzt.

▊ Bei den meisten Veröffentlichungen wird nur über Erfolge und nicht über Misserfolge und deren Gründe berichtet.

Die genannten Herausforderungen hängen mitunter auch mit den typischen Nachteilen der Prozessorientierung zusammen:

▊ Die Gestaltung von Prozessen auf Organisationsebene bedeutet mitunter einen großen Koordinationsaufwand.

▊ Das Erkennen und Herausarbeiten von wesentlichen Prozessen ist nicht trivial und sehr zeitintensiv.

▊ Häufig wird beim Erstellen von Prozessen das Ziel »Erbringen in Zeit/Kosten/Qualität« nicht hinreichend berücksichtigt.

Perfekt versus perfektionistisch

Ein häufiges Missverständnis liegt im Begriff »schlanke Prozesse« (»lean process«). Hiermit ist nicht die völlige Willkür und Abschaffung von Prozessen gemeint, sondern das Erreichen von Perfektion. »Perfekt sein« bedeutet dabei, nichts mehr an den Prozessen weglassen zu können, ohne dass etwas fehlt, um erfolgreich zu sein.

In unserem Kulturkreis tendieren wir jedoch häufig zu Perfektionismus, also dazu, nichts mehr hinzufügen zu können – an Prozessen, Bürokratie oder Overhead.

1.5   Aufbau dieses Buches

Deutsche Übersetzung der CMMI-Begrifflichkeiten

Konvention zur Verwendung der deutschen Übersetzung der englischen Originalbegriffe aus CMMI:

Wir haben uns entschieden, das CMMI für Dienstleistungen zu übersetzen und – soweit sinnvoll und passend – deutsche Begriffe zu verwenden. Die vom SEI anerkannte deutsche Übersetzung des CMMI für Entwicklung [ChKS09] diente uns dabei als Vorlage. Aus diesem Grund unterscheiden sich die deutschen Übersetzungen des Modells hier auch von den im Buch [Kneu07] von einem der Autoren verwendeten Begriffen.

Beide Autoren sind auch Teil des Übersetzungsteams für [ChKS09]. Eine Übersetzung der dienstleistungsspezifischen Inhalte (Ziele und Praktiken) und Begriffe durch die Autoren finden Sie im Anhang. Die englischen Begriffe verwenden wir nur dann, wenn es keine guten deutschen Übersetzungen gibt.

Nach dieser Einführung gibt Kapitel 2 einen Überblick über den Auf-   *Kapitel 2*
bau und die verschiedenen Varianten von CMMI.

Kapitel 3 beschreibt die wesentlichen Inhalte des Modells, struktu-   *Kapitel 3*
riert entsprechend den sogenannten »Prozessgebieten«.

Anschließend behandelt Kapitel 4 die Einführung der aus den Pro-   *Kapitel 4*
zessgebieten abgeleiteten Verbesserungen in eine Organisation. Dies ist
immer wieder eine sehr schwierige, aber auch sehr zentrale Aufgabe,
denn erst durch die Einführung von Verbesserungen in eine Organisation bringen die Verbesserungen auch einen tatsächlichen Nutzen. Dieses und die folgenden Kapitel stellen einen Praxisleitfaden für die Interpretation und Umsetzung des CMMI dar.

Die Bewertung der Prozessreife einer Organisation mithilfe eines   *Kapitel 5*
sogenannten Appraisals wird in Kapitel 5 erläutert.

CMMI ist nicht das einzige Prozessverbesserungsmodell. Daher   *Kapitel 6*
gibt Kapitel 6 einen Überblick über einige verwandte Ansätze für die
Verbesserung von Dienstleistungsprozessen.

Die danach folgenden Kapitel beschreiben die Nutzung der in den   *Fallstudien*
vorherigen Kapiteln erläuterten Konzepte des CMMI-SVC in Form
von konkreten Fallstudien für einige sehr unterschiedliche Arten von
Dienstleistungen.

Mehrere Anhänge unterstützen die Arbeit mit dem CMMI, ange-   *Anhänge*
fangen mit Anhang A, der eine Zusammenstellung der Anforderungen
des CMMI-SVC (ohne erläuternde Kommentare und ohne die bereits
in [ChKS09] veröffentlichten Teile des Modells) in deutscher Übersetzung enthält.

Anhang B enthält eine Liste der wichtigsten Begriffe im englisch-   *Anhang B*
sprachigen Original des CMMI zusammen mit ihren deutschen Übersetzungen, wie sie in diesem Buch verwendet wurden. Dazu gehört auch
eine Aufstellung der Benennungen der Prozessgebiete in Deutsch –
Englisch sowie in Englisch – Deutsch.

Ergänzt wird das Buch durch eine Übersicht über die Varianten des   *Anhang C,*
CMMI (Anhang C), ein Abkürzungsverzeichnis, ein Literaturverzeich-   *Verzeichnisse*
nis und einen Index.

Beispiel 1–1 | Verteilt über das ganze Buch sind Beispiele aufgenommen, die jeweils berichten, wie bestimmte Aspekte in tatsächlichen Unternehmen umgesetzt sind. Dabei handelt es sich meist um reale Beispiele aus eigenen Erfahrungen der Autoren, die leicht verfremdet wurden, um die Anonymität des jeweiligen Unternehmens sicherzustellen. Das Unternehmen wird jeweils als »Unternehmen X« bezeichnet, wobei »X« in jedem Beispiel für ein anderes Unternehmen steht. In einigen Fällen wurden auch mehrere ähnliche Beispiele zu einem zusammengefasst, um die jeweilige Aussage besser zu verdeutlichen.

Dabei werden bewusst auch Ansätze beschrieben, die nicht zum Erfolg geführt haben, mit einer Erläuterung, worin das Problem lag.

1.6   Wer sollte dieses Buch lesen?

Dieses Buch richtet sich an mehrere Zielgruppen: Nutznießer sind vor allem das Management von Dienstleistungsorganisationen, das einen Ansatz zur Verbesserung der Organisation und seiner Ergebnisse sucht, sowie Verantwortliche für Qualitäts- und Prozessmanagement, die ihre Dienstleistungsabläufe gezielt optimieren wollen. Die dritte Zielgruppe umfasst jeden Einzelnen, der Dienstleistungen erbringt und mit CMMI arbeiten will (oder muss) und der verstehen möchte, wie sich seine Arbeitsweise dadurch verändert und welchen Nutzen es für die Erbringung seiner Dienstleistung hat.

Angesprochen sind vor allem Einsteiger, aber auch Fortgeschrittene beim Thema CMMI, die nach Möglichkeit Vorkenntnisse im Umfeld Dienstleistungsmanagement haben. Zumindest sollte der Leser schon Praxiserfahrung im Dienstleistungsumfeld besitzen, um die Probleme zu verstehen, die CMMI zu lösen hilft.

Während Einsteigern empfohlen wird, das Buch beginnend mit Kapitel 1 der Reihe nach durchzuarbeiten, können Leser mit guten Vorkenntnissen von CMMI (ggf. auch von CMMI für Entwicklung, CMMI-DEV, oder CMMI für Beschaffung, CMMI-ACQ) direkt bei Kapitel 3 einsteigen. Für solche Leser ist wahrscheinlich zu Beginn auch ein Blick in Anhang C, insbesondere Abschnitt C.4, sehr hilfreich, wo die Unterschiede von der aktuellen Version von CMMI-SVC zur Vorversion behandelt werden.

Angesprochen sind auch Studierende und Lehrende, die sich einen praxisnahen Überblick über das Thema verschaffen wollen. Auch hier ist allerdings eine gewisse Dienstleistungserfahrung wünschenswert, um die mit CMMI behandelten Problemstellungen zu verstehen.

2 Aufbau und Varianten des CMMI

CMMI gibt es in verschiedenen Varianten, neben dem hier behandelten CMMI für Dienstleistungen (CMMI-SVC) existieren auch sogenannte »Konstellationen« für Entwicklung (CMMI-DEV) und für Beschaffung (CMMI-ACQ). Diese verschiedenen Konstellationen und ihr Aufbau werden im Folgenden beschrieben. Da die verschiedenen Konstellationen von CMMI alle den gleichen Aufbau haben, ist hier jeweils von »CMMI« die Rede, wenn eine Aussage für alle Konstellationen gilt; wenn eine Aussage nur für CMMI für Dienstleistungen zutrifft, dann ist entsprechend von »CMMI-SVC« die Rede. Besonderheiten der Konstellationen für Entwicklung und Beschaffung sind in diesem Zusammenhang nicht relevant und werden daher hier nicht behandelt.

2.1 Herkunft und Varianten des CMMI

CMMI ist ursprünglich entstanden durch Integration mehrerer Vorgängermodelle aus der Software- und Systementwicklung, die dann unter anderem für die hier behandelten Dienstleistungen weiterentwickelt wurden.

Die ursprünglichen Modelle hatten die gleichen Grundideen und Ziele, unterschieden sich aber in Aufbau und Anwendungsgebiet und strukturierten die gleichen Inhalte teilweise unterschiedlich. Um ihre gemeinsame Anwendung zu erleichtern, wurden die ursprünglichen Capability Maturity Models (CMM) zu einem Capability Maturity Model Integration (CMMI) integriert:

- Einerseits umfasst CMMI zwei Darstellungsformen, nämlich eine Darstellung in Reifegraden (siehe Abschnitt 2.4) und eine Darstellung in Fähigkeitsgraden (siehe Abschnitt 2.5), die zwei unterschiedliche Sichten auf die gleichen Inhalte bieten.[1]

Darstellung in Reifegraden oder in Fähigkeitsgraden

Anwendungsgebiete
des CMMI

Andererseits gibt es verschiedene Anwendungsgebiete, die durch CMMI abgedeckt werden. Diese werden seit CMMI v1.2 durch das Konzept der *Konstellation* des CMMI unterstützt. Neben der ursprünglichen Konstellation für den Anwendungsbereich Entwicklung (CMMI for Development, CMMI-DEV) gibt es jetzt auch Konstellationen für Beschaffung (CMMI for Acquisition, CMMI-ACQ) und für die hier beschriebenen Dienstleistungen (CMMI for Services, CMMI-SVC). In einem großen gemeinsamen Kern werden die gemeinsamen Inhalte dieser Konstellationen beschrieben und durch spezifische Inhalte für das jeweilige Anwendungsgebiet ergänzt.

Gemeinsam ist all diesen Varianten von CMMI, dass sie in Zusammenarbeit des SEI mit Unternehmen als Sammlung von bewährten Praktiken (»Best Practices«) entwickelt wurden. Ziel ist jeweils, eine Basis für die eigene Verbesserung der Prozesse und die externe Bewertung der Prozesse zu schaffen.

2.2   Struktur des CMMI

Wichtigstes Strukturelement von CMMI sind die Prozessgebiete (*Process Areas*, PAs). Ein Prozessgebiet ist jeweils eine Zusammenfassung von Best Practices zu einem Thema, z.B. zur Planung, zur organisationsweiten Aus- und Weiterbildung oder zur Ursachenanalyse und -beseitigung. Eine vollständige Liste der Prozessgebiete von CMMI-SVC ist in Tabelle 2–1 auf Seite 22 enthalten.

Prozessgebiete sind ausdrücklich keine Prozesse, sondern es bleibt dem jeweiligen Unternehmen selbst überlassen, wie es seine Prozesse strukturieren will. Eine Ausrichtung der Prozessstruktur an CMMI kann stellenweise sinnvoll sein, in anderen Fällen ist sie das eindeutig nicht. Offensichtlichstes Beispiel hierfür ist das Prozessgebiet »Fortgeschrittenes Management der Arbeit«, in dem die in »Planung der Arbeit« und »Verfolgung und Steuerung der Arbeit« behandelten Prozesse vertieft werden.

Eine inhaltliche Beschreibung der verschiedenen Prozessgebiete folgt in Kapitel 3. Im Folgenden geht es um deren gemeinsame Struktur.

---

1. »Darstellung in Reifegraden« bzw. »Darstellung in Fähigkeitsgraden« ist die offizielle und vom SEI bestätigte Übersetzung der Originalbegriffe »staged representation« bzw. »continuous representation«. Obwohl aus Sicht der Autoren die Übersetzung unglücklich ist, orientieren wir uns an der offiziellen Übersetzung und sprechen nicht wie in [Kneu07] von einer »stufenförmigen« (staged) bzw. »kontinuierlichen« (continuous) Darstellung des Vorgehens zur Prozessverbesserung.

Jedes Prozessgebiet umfasst eine Reihe von Zielen[2], deren Erreichung gefordert wird:

▦ Spezifische Ziele (*Specific Goals,* SG) beschreiben die spezifischen Inhalte eines Prozessgebietes und gelten daher nur für dieses Prozessgebiet. Sie werden pro Prozessgebiet durchnummeriert als SG 1, SG 2 etc.

Spezifische Ziele

▦ Generische Ziele (*Generic Goals,* GG) beschreiben die *Institutionalisierung* des Prozessgebietes, also all das, was zu tun ist, damit der Prozess und seine spezifischen Ziele regelmäßig, dauerhaft und effektiv umgesetzt werden. Diese Ziele sind übergreifend für die verschiedenen Prozessgebiete formuliert und werden daher als generisch bezeichnet. Die generischen Ziele sind also für alle Prozessgebiete gleich und beschreiben die unterschiedliche Intensität, mit der das jeweilige Prozessgebiet dauerhaft in der Praxis verankert wird.

Generische Ziele

Die beiden oben eingeführten Darstellungsformen des CMMI unterscheiden sich geringfügig in den darin enthaltenen generischen Zielen:

● In der Darstellung in Reifegraden gibt es zwei generische Ziele, nämlich eines (GG 2) für alle Prozessgebiete auf Reifegrad 2 und eines (GG 3) für alle Prozessgebiete auf den höheren Reifegraden 3 bis 5.

● In der Darstellung in Fähigkeitsgraden gibt es zusätzlich das generische Ziel GG 1, das die Erfüllung der spezifischen Ziele fordert.[3]

Jedem Ziel sind Praktiken zugeordnet, die detaillierter beschreiben, wie das Ziel erreicht werden soll. Es gibt spezifische Praktiken, die zu jeweils einem Prozessgebiet gehören und dazu dienen, ein spezifisches Ziel zu erreichen, sowie generische Praktiken, die dazu dienen, ein generisches Ziel zu erreichen.

Die Prozessgebiete werden im CMMI zu Reifegraden (in der Darstellung in Reifegraden, siehe Abschnitt 2.4) bzw. zu Kategorien (in der Darstellung in Fähigkeitsgraden, siehe Abschnitt 2.5) zusammengefasst.

---

2. Der Begriff »Ziel« (englisch »Goal«) wird in CMMI ausdrücklich nur in dieser Bedeutung der Modellkomponente verwendet. Für die erweiterte Bedeutung des Ziels einer Aufgabe oder eines Geschäftsziels wird jeweils der Begriff der »Zielsetzung« (englisch »Objective«) benutzt.
3. Bis zur Version 1.2 von CMMI gab es darüber hinaus in der Darstellung in Fähigkeitsgraden die generischen Ziele GG 4 und GG 5. Diese sind aber samt den zugehörigen Fähigkeitsgraden 4 und 5 mit Version 1.3 von CMMI weggefallen.

2.3   Geforderte, erwartete und informative Modellkomponenten

Die geforderten und erwarteten Komponenten beschreiben die Forderungen des CMMI an eine Organisation (siehe auch Abb. 2–1):

Geforderte Komponenten

Geforderte Modellkomponenten sind die (generischen oder spezifischen) *Ziele* der einzelnen Prozessgebiete. Ist eines der Ziele nicht erreicht, dann sind die Anforderungen an das gesamte Prozessgebiet nicht erfüllt und damit der entsprechende Reife- oder Fähigkeitsgrad nicht erreicht.

Erwartete Komponenten

Erwartete Modellkomponenten sind die Praktiken, die jeweils einem Ziel zugeordnet werden. Es wird erwartet, dass ein Ziel erreicht wird, indem die zugeordneten Praktiken umgesetzt werden. In Einzelfällen ist es aber zulässig, dass stattdessen andere Praktiken zum Einsatz kommen, solange das zugehörige Ziel trotzdem erreicht wird. Bis CMMI v1.2 gab es hierfür den Begriff der »alternativen Praktik«, der aber mit Version 1.3 weggefallen ist, auch wenn eine alternative Umsetzung weiterhin möglich ist.

Informative Komponenten

Darüber hinaus enthält das Modell *informative* Modellkomponenten, die weder gefordert noch erwartet werden, die aber helfen, das Modell zu verstehen und umzusetzen. Die Erläuterungen und Hilfestellungen in den informativen Modellkomponenten machen den weitaus größten Teil des Modellumfangs aus. In der Praxis gilt daher, dass auch diese Modellkomponenten zu großen Teilen berücksichtigt werden müssen, da sie die angemessene Interpretation der geforderten und erwarteten Modellkomponenten beschreiben. Man spricht hier inoffiziell auch von den »informativen, nicht ignorativen« Modellkomponenten. Die informativen Modellkomponenten umfassen unter anderem:

- Zweck eines Prozessgebietes, z.B.: »Der Zweck des Anforderungsmanagements (REQM) ist, die Anforderungen an Produkte und Produktbestandteile zu verwalten und Inkonsistenzen zwischen diesen Anforderungen und den Plänen und Arbeitsergebnissen zu erkennen.«
- Einführende Beschreibungen und Erläuterungen
- Referenzen auf andere Prozessgebiete, Ziele und Praktiken
- Namen von Zielen und Praktiken: Ziele und Praktiken haben neben ihrer Aussage auch einen Kurztitel, z.B. hat die generische Praktik GP 2.2 den Kurztitel »Arbeitsabläufe planen« und die Aussage »Pläne für die Durchführung der Arbeitsabläufe etablieren und beibehalten«.

░ Beispiele für Arbeitsergebnisse (in Version 1.2 noch als typische Arbeitsergebnisse bezeichnet)

░ Subpraktiken, also eine detailliertere Untergliederung der beschriebenen Praktiken

░ Erläuterungen der generischen Praktiken für einzelne Prozessgebiete

2.4 Darstellung in Reifegraden

Die Darstellung in Reifegraden (»staged representation«) beschreibt die Reife einer Organisation mithilfe von fünf Reifegraden, wie sie ursprünglich von Phil Crosby in [Cros79] entwickelt und später für CMM und dann CMMI übernommen wurden. In dieser Darstellung werden die Modellinhalte fünf Reifegraden zugeordnet und geben damit eine Reihenfolge der Verbesserungsschritte vor.

2.4.1 Reifegrade

In CMMI gibt es fünf Reifegrade, nämlich (vgl. Abb. 2–2):

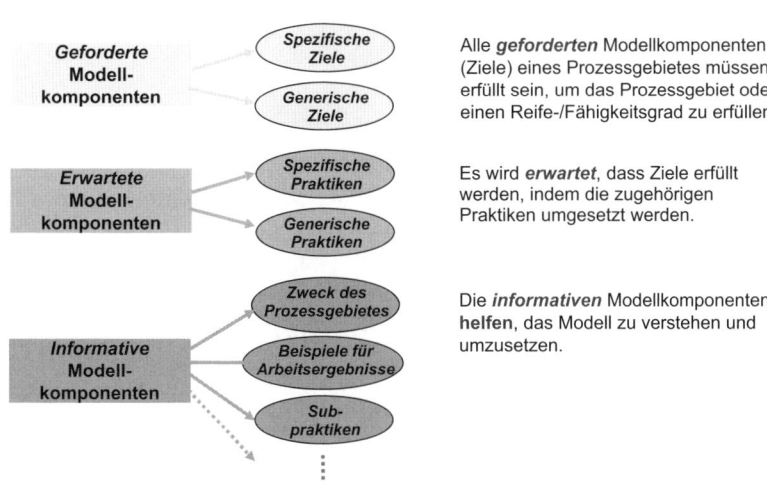

Alle **geforderten** Modellkomponenten (Ziele) eines Prozessgebietes müssen erfüllt sein, um das Prozessgebiet oder einen Reife-/Fähigkeitsgrad zu erfüllen.

Es wird **erwartet**, dass Ziele erfüllt werden, indem die zugehörigen Praktiken umgesetzt werden.

Die **informativen** Modellkomponenten **helfen**, das Modell zu verstehen und umzusetzen.

Abb. 2–1

Geforderte, erwartete und informative Modellkomponenten

░ Reifegrad 1: **Initial** (*Initial*)

░ Reifegrad 2: **Geführt** (*Managed*)

░ Reifegrad 3: **Definiert** (*Defined*)

░ Reifegrad 4: **Quantitativ geführt** (*Quantitatively Managed*)

░ Reifegrad 5: **Prozessoptimierung** (*Optimizing*)

Die fünf Reifegrade des CMMI

Prozessgebiete
(Process Areas, PAs)

Jedem dieser Reifegrade (ausgenommen Reifegrad 1) ist eine Reihe von Prozessgebieten mit konkreten Anforderungen zugeordnet, deren Erfüllung jeweils einen wichtigen Aspekt der Dienstleistungsprozesse unterstützt.

Reifegrade bauen
aufeinander auf.

Dabei sind die Reifegrade kumulativ definiert, d.h., um Reifegrad n+1 zu erreichen, muss Reifegrad n erreicht sein und es müssen zusätzliche Anforderungen für Reifegrad n+1 erfüllt werden.

Reifegrad 1

Reifegrad 1:
ad hoc

Bei Reifegrad 1 des CMMI sind die Prozesse als ad hoc oder sogar chaotisch charakterisiert. Prozesse sind wenig oder nicht definiert und der Erfolg einer Dienstleistung hängt in erster Linie vom Einsatz und der Kompetenz einzelner Mitarbeiter ab (»Helden«). Man spricht daher vom Lastwagen-sensitiven Prozess (wenn der Mitarbeiter unter einen Lastwagen gerät, bricht die ganze Dienstleistung zusammen) oder, freundlicher formuliert, vom Lotterie-sensitiven Prozess (wenn der Mitarbeiter den Hauptpreis in der Lotterie gewinnt, hat das für die Dienstleistung den gleichen Effekt). Selbst wenn man davon ausgeht, dass wichtige Mitarbeiter selten völlig ausfallen, kommt es doch vor, dass diese Urlaub nehmen, krank werden oder auch kündigen. Ein Schritt zur Verbesserung ist daher, wichtige Informationen und Vorgehensweisen nachvollziehbar zu dokumentieren.

Dem Reifegrad 1 sind keine Anforderungen und damit keine Prozessgebiete zugeordnet. Die typischen Probleme, die für Reifegrad 1 immer wieder genannt werden, sind:

ungenügende Steuerung der Arbeit mit Soll-Ist-Vergleich gegen die
Planung,

unklare und schnell wechselnde Anforderungen,

unvollständige oder unrealistische Planung insbesondere der Aufwände,

unklare Vorgehensweise und damit starke Abhängigkeit von einzelnen Mitarbeitern.

Es gibt übrigens eine inoffizielle Erweiterung des CMM (siehe
[Fink92]) um die Reifegrade 0 bis -2, die zwar nicht ganz ernst, aber
auch nicht nur spaßhaft gemeint ist. Reifegrad -2 ist u.a. dadurch charakterisiert, dass der Erfolg von Projekten aktiv verhindert wird im
Glauben, ihn zu unterstützen.

CMMI fordert Disziplin.

Zwar ist der Schwerpunkt bei jedem Prozessgebiet im CMMI unterschiedlich, aber zwei Motive durchziehen das Modell wie ein roter
Faden, nämlich »Disziplin« oder »Konsequenz« sowie »Nachvollziehbarkeit«. Hat ein Unternehmen eine gewisse Reife erreicht, dann gehen
die Mitarbeiter in ihrer Arbeit konsequent vor und setzen eigene Pläne
und Vorgaben um. Das ist umgekehrt ein Grund dafür, warum die
Erreichung von Reifegrad 2 in einem Unternehmen meist sehr lange
dauert – es ist häufig ein Kulturwandel notwendig. Hinweise dazu, wie
man diesen Kulturwandel bewerkstelligt, sind in Kapitel 4 zu finden.

Reifegrad 2

Reifegrad 2:
Projekt- und
Arbeitsmanagement

Ohne funktionierendes Projekt- und Arbeitsmanagement ist es kaum
möglich, Verbesserungen einzuführen, da dafür die Grundlagen fehlen.
So können beispielsweise kaum einheitliche Prozesse zur Umsetzung
einer Dienstleistung eingeführt werden, solange man nicht in der Lage
ist, diese zu planen und die Planung umzusetzen. Reifegrad 2 fordert
daher, die wesentlichen Managementprozesse zu etablieren, um die
Arbeit zu planen und zu steuern, einschließlich ihrer Kosten, dem zeitli-
chen Ablauf, den Verantwortlichkeiten und der geforderten Qualität
der Ergebnisse. Vereinfacht gesagt besteht Reifegrad 2 aus einer detaillierten Beschreibung dessen, was dieses Projekt- und Arbeitsmanagement ausmacht. Die Prozessgebiete von Reifegrad 2 sind in Tabelle 2–1
auf Seite 22 aufgelistet.

Reifegrad 3

Auf Reifegrad 3 verlagert sich der Schwerpunkt der Verbesserungsaktivitäten vom Management einzelner Dienstleistungen auf die Gestaltung der Dienstleistungen in der Organisation. Reifegrad 3 fordert, soweit sinnvoll möglich, standardisierte Prozesse für die gesamte Organisation einzuführen, während auf Reifegrad 2 noch jedes Arbeitsgebiet oder jede Dienstleistung weitgehend eigene, individuelle Prozesse nutzen konnte. Damit wird erreicht, dass Mitarbeiter, Daten und Erfahrungen leichter zwischen verschiedenen Dienstleistungen ausgetauscht werden können. Dabei geht es sowohl um die direkt zur Vorbereitung, Erbringung und Nachbereitung einer Dienstleistung benötigten Prozesse als auch um die Managementprozesse.

Reifegrad 3 entspricht ganz grob den Anforderungen von ISO 9001 an die Dienstleistung selbst, auch wenn es viele Unterschiede im Detail gibt. Außerdem behandelt ISO 9001 auch viele andere Prozesse, die in CMMI-SVC nicht enthalten sind, so beispielsweise das Personalwesen oder den Vertrieb. Sowohl bei ISO 9001 als auch bei CMMI-SVC ist ein Kulturwandel im Unternehmen erforderlich: Management und Mitarbeiter dürfen nicht mehr nur auf das einzelne Arbeitsgebiet und seinen Nutzen schauen, sondern auf den Nutzen für die gesamte Organisation. Das erfordert beispielsweise, vorgegebene Vorgehensweisen zu nutzen oder Informationen zu sammeln, auch wenn diese nicht sofort, sondern erst in der Zukunft, möglicherweise auch nur für andere Arbeitsgebiete, einen Nutzen bringen.

Reifegrad 4

Wenn eine Organisation einheitliche Prozesse eingeführt hat, dann empfiehlt das CMMI als nächsten Schritt auf Reifegrad 4 die intensive Nutzung von Messungen und Kennzahlen auf Basis der Bedürfnisse der Organisation und des Kunden. Ziel ist es, Ergebnisse von Arbeitsabläufen besser vorhersagen zu können (Aufwand, Fehlerquote etc.) und für die Steuerung der Arbeit zu nutzen. Auf den niedrigeren Stufen werden zwar schon Messungen verwendet, aber der volle Nutzen kann daraus erst gezogen werden, wenn mit Reifegrad 3 einheitliche Prozesse eingeführt sind und unterschiedliche Kennzahlen somit nicht mehr auf unterschiedliche Prozesse oder gar Messmethoden zurückzuführen sind. Erfahrungen von Organisationen, die diese Stufe erreicht haben, besagen, dass die Wiederverwendung von Ergebnissen und dadurch auch die Produktivität auf dieser Stufe stark ansteigt.

Die bessere Vorhersagbarkeit von Prozessen führt dazu, dass schneller erkannt wird, wenn Prozesse außerhalb der normalen Schwankungsbreite liegen, d.h. ein besonderer Grund für eine Variation der Ergebnisse vorliegt, die damit schneller behoben werden kann.

Reifegrad 5

Reifegrad 5, die höchste Stufe im Modell, legt das Hauptaugenmerk auf die kontinuierliche Verbesserung mit der systematischen Auswahl und Einführung von Verbesserungen sowie der systematischen Analyse von noch auftretenden Fehlern und Problemen. Grundlage dafür sind u.a. die in Reifegrad 4 aufgesetzten quantitativen Modelle für Prozesse der Organisation.

Reifegrad 5: kontinuierliche Verbesserung

Die zugehörigen Prozessgebiete zu diesen fünf Reifegraden sind in Tabelle 2–1 aufgelistet, wobei die Liste für Reifegrad 1 wie beschrieben leer ist.

2.4.2   Generische und spezifische Ziele

In der Darstellung in Reifegraden des CMMI gibt es zwei generische Ziele oder anders ausgedrückt: Es gibt zwei Stufen der Institutionalisierung eines Prozessgebietes:

Generische Ziele in der Darstellung in Reifegraden

▨ GG 2: Geführte Prozesse institutionalisieren
▨ GG 3: Definierte Prozesse institutionalisieren

Eine ausführlichere Beschreibung dieser generischen Ziele ist in Abschnitt 3.5 zu finden.

GG 2 ist allen Prozessgebieten des Reifegrades 2 zugeordnet, GG 3 allen Prozessgebieten auf höheren Reifegraden. GG 3 gilt also auch für die dem Reifegrad 2 zugeordneten Prozessgebiete, wenn Reifegrad 3 oder höher erreicht werden soll.

Abbildung 2–3 beschreibt die interne Struktur des CMMI in der Darstellung in Reifegraden in Form eines Daten- oder Metamodells: Jeder Reifegrad umfasst ein oder mehrere Prozessgebiete, mit Ausnahme von Reifegrad 1, der keine Anforderungen und damit auch keine Prozessgebiete umfasst. Jedes Prozessgebiet enthält ein oder mehrere spezifische Ziele, die selbst durch jeweils ein oder mehrere spezifische Praktiken umgesetzt werden. Außerdem enthält jedes Prozessgebiet genau ein generisches Ziel, das selbst einem oder mehreren Prozessgebieten zugeordnet ist.

Reifegrad		Prozessgebiete	Kürzel
5	Prozess-optimierung	Organisationsführung auf Basis der Prozessleistung (*Organizational Performance Management*)	OPM
		Ursachenanalyse und -beseitigung (*Causal Analysis and Resolution*)	CAR
4	Quantitativ geführt	Organisationsweites Prozessfähigkeitsmanagement (*Organizational Process Performance*)	OPP
		Quantitatives Management der Arbeit (*Quantitative Work Management*)	QWM
3	Definiert	Kapazitäts- und Verfügbarkeitsmanagement (*Capacity and Availability Management*)	CAM
		Störungsbehebung und -vermeidung (*Incident Resolution and Prevention*)	IRP
		Kontinuitätsmanagement (*Service Continuity*)	SCON
		Entwicklung von Dienstleistungssystemen (*Service System Development*) (optional addition)	SSD
		Betriebsüberführung (*Service System Transition*)	SST
		Strategisches Dienstleistungsmanagement (*Strategic Service Management*)	STSM
		Organisationsweite Prozessausrichtung (*Organizational Process Focus*)	OPF
		Organisationsweite Prozessentwicklung (*Organizational Process Definition*)	OPD
		Organisationsweite Aus- und Weiterbildung (*Organizational Training*)	OT
		Fortgeschrittenes Management der Arbeit (*Integrated Project Management*)	IWM
		Risikomanagement (*Risk Management*)	RSKM
		Entscheidungsfindung (*Decision Analysis and Resolution*)	DAR
2	Geführt	Anforderungsmanagement (*Requirements Management*)	REQM
		Planung der Arbeit (*Work Planning*)	WP
		Verfolgung und Steuerung der Arbeit (*Work Monitoring and Control*)	WMC
		Zulieferungsmanagement (*Supplier Agreement Management*)	SAM
		Messung und Analyse (*Measurement and Analysis*)	MA
		Prozess- und Produkt-Qualitätssicherung (*Process and Product Quality Assurance*)	PPQA
		Konfigurationsmanagement (*Configuration Management*)	CM
		Erbringung von Dienstleistungen (*Service Delivery*)	SD
1	Initial		

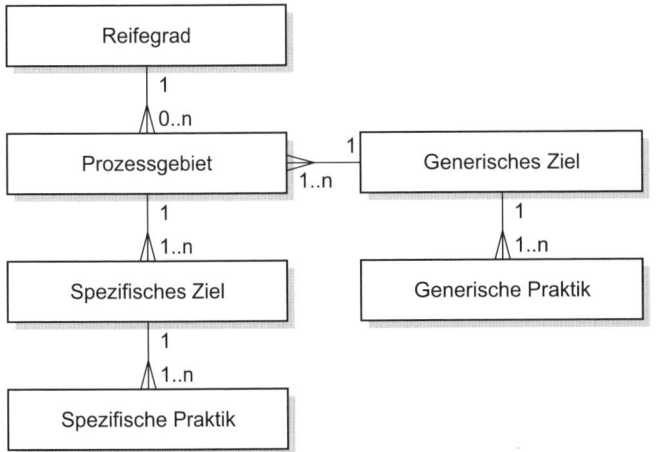

Abb. 2–3

Metamodell der

Darstellung in

Reifegraden

2.5 Darstellung in Fähigkeitsgraden

Während in der Darstellung in Reifegraden jeweils eine vorgegebene, fest definierte Sammlung von Prozessgebieten untersucht wird, betrachtet man in der Darstellung in Fähigkeitsgraden jeweils einzelne Prozessgebiete und wie gründlich diese umgesetzt (»institutionalisiert«) sind. Bei der Anwendung von CMMI kann eine Organisation die umzusetzenden Prozessgebiete und die für jedes Prozessgebiet zu erreichenden generischen Ziele (und damit den Fähigkeitsgrad) frei wählen.

2.5.1 Kategorien von Prozessgebieten

In der Darstellung in Fähigkeitsgraden sind die Anforderungen des CMMI in vier Kategorien von Prozessgebieten gegliedert. Die Prozessgebiete sind die gleichen wie in der Darstellung in Reifegraden:

Kategorien von Prozessgebieten

- *Dienstleistungsprozesse* umfassen die Prozesse, die benötigt werden, um Dienstleistungen aufzusetzen und zu erbringen.
- *Management der Projekte und der Arbeit* enthält die Prozessgebiete, die sich mit dem Management der einzelnen Dienstleistungen oder Aufgaben befassen.
- *Prozessmanagement* umfasst alle Prozessgebiete, die sich mit dem Management der für die gesamte Organisation gültigen Prozesse, der sogenannten organisationsweiten Prozesse, befassen. Dazu gehören u.a. die Definition und kontinuierliche Verbesserung dieser Prozesse.

Hier ist zu beachten, dass der Begriff »Prozessmanagement« in anderen Umfeldern nicht für das Management der Prozesse einer Organisation, sondern für das Management der Organisation durch Prozesse und deren bewusste Nutzung verwendet wird.

▪ *Unterstützungsprozesse* schließlich beinhalten eine Reihe von Querschnittsthemen, die die Arbeit in den anderen Prozessgebieten unterstützen.

Diese Kategorien dienen lediglich der Strukturierung und haben für die praktische Umsetzung des Modells keine Auswirkung.

Damit ergibt sich die in Abbildung 2–4 dargestellte Struktur: Jede der vier genannten Kategorien enthält ein oder mehrere Prozessgebiete.

Abb. 2–4

Metamodell der Darstellung in Fähigkeitsgraden

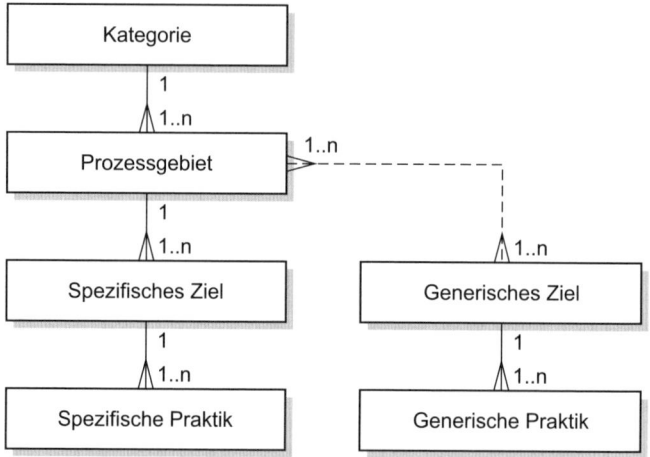

Tabelle 2–2 enthält eine Auflistung aller Prozessgebiete und ihrer Zuordnung zu diesen Kategorien.

Kategorie	Prozessgebiet	Kürzel
Dienstleistungs-prozesse	Störungsbehebung und -vermeidung	IRP
	Erbringung von Dienstleistungen	SD
	Entwicklung von Dienstleistungssystemen (optionale Ergänzung)	SSD
	Betriebsüberführung	SST
	Strategisches Dienstleistungsmanagement	STSM
Management der Projekte und der Arbeit	Anforderungsmanagement	REQM
	Planung der Arbeit	WP
	Verfolgung und Steuerung der Arbeit	WMC
	Zulieferungsmanagement	SAM
	Fortgeschrittenes Management der Arbeit	IWM
	Risikomanagement	RSKM
	Quantitatives Management der Arbeit	QWM
	Kapazitäts- und Verfügbarkeitsmanagement	CAM
	Kontinuitätsmanagement	SCON
Prozessmanage-ment	Organisationsweite Prozessausrichtung	OPF
	Organisationsweite Prozessentwicklung	OPD
	Organisationsweite Aus- und Weiterbildung	OT
	Organisationsweites Prozessfähigkeitsmanagement	OPP
	Organisationsführung auf Basis der Prozessleistung	OPM
Unterstützungs-prozesse	Konfigurationsmanagement	CM
	Prozess- und Produkt-Qualitätssicherung	PPQA
	Messung und Analyse	MA
	Entscheidungsfindung	DAR
	Ursachenanalyse und -beseitigung	CAR

Tab. 2–2
Prozessgebiete des CMMI-SVC v1.3 in der Darstellung in Fähigkeitsgraden

2.5.2   Generische Ziele und Fähigkeitsgrade

In der Darstellung in Fähigkeitsgraden gibt es drei generische Ziele oder anders ausgedrückt: Es gibt drei Stufen der Institutionalisierung eines Prozessgebietes plus die Stufe 0, falls keines der generischen Ziele erfüllt ist:

Generische Ziele in der Darstellung in Fähigkeitsgraden

- GG 1: Spezifische Ziele erreichen
- GG 2: Geführte Prozesse institutionalisieren
- GG 3: Definierte Prozesse institutionalisieren

Jedes generische Ziel ist einem Fähigkeitsgrad (*Capability Level* im Gegensatz zum Reifegrad, *Maturity Level*) zugeordnet. Ein Fähigkeitsgrad bezieht sich allerdings auf jeweils ein Prozessgebiet und nicht auf die Gesamtheit der Prozessgebiete wie ein Reifegrad. Damit ist eine wesentlich feingranularere Beschreibung möglich.

Fähigkeitsgrad und Reifegrad

Die bis Version 1.2 von CMMI enthaltenen Ziele

▥ GG 4: Quantitativ geführte Prozesse institutionalisieren
▥ GG 5: Prozessoptimierung institutionalisieren

und damit auch die zugehörigen Fähigkeitsgrade 4 und 5 sind ab Version 1.3 nicht mehr im Modell enthalten. Es gibt also einen Fähigkeitsgrad weniger als Reifegrade.

Während der Reifegrad 1 als Einstiegsstufe mit keinen Anforderungen verbunden ist, ist das Erreichen von Fähigkeitsgrad 1 in einem Prozessgebiet schon eine echte Leistung, da dafür alle spezifischen Ziele des Prozessgebietes erfüllt sein müssen.

Beziehung Fähigkeitsgrad zu generischem Ziel

Fähigkeitsgrad *n* ist für ein Prozessgebiet erreicht, wenn das generische Ziel GG *n* erfüllt ist. Ist kein generisches Ziel erreicht, so hat die Organisation auf diesem Prozessgebiet den Fähigkeitsgrad 0. Auch die Fähigkeitsgrade sind kumulativ definiert, d.h., um Fähigkeitsgrad n+1 für ein Prozessgebiet zu erreichen, muss man Fähigkeitsgrad n erreichen plus zusätzliche Anforderungen erfüllen.

Folgende Fähigkeitsgrade sind definiert:

▥ Fähigkeitsgrad 0: **Unvollständig** (*Incomplete*)
▥ Fähigkeitsgrad 1: **Durchgeführt** (*Performed*)
▥ Fähigkeitsgrad 2: **Geführt** (*Managed*)
▥ Fähigkeitsgrad 3: **Definiert** (*Defined*)

Beispiel eines Fähigkeitsprofils

Eine Organisation, die in erster Linie die Entwicklung neuer Dienstleistungen verbessern will, könnte sich z.B. auf die relevanten Prozessgebiete wie »Entwicklung von Dienstleistungssystemen« (SSD, vgl. Abschnitt 3.1.4) und »Strategisches Dienstleistungsmanagement« (STSM, vgl. Abschnitt 3.1.3) konzentrieren und hier einen relativ hohen Fähigkeitsgrad anstreben, während Themen mit geringerer Bedeutung in dieser konkreten Organisation, beispielsweise »Konfigurationsmanagement« (CM, vgl. Abschnitt 3.4.3), in geringerem Umfang bearbeitet werden (vgl. Abb. 2–5).

Abb. 2–5
Beispielprofil der Fähigkeitsgrade einer Organisation

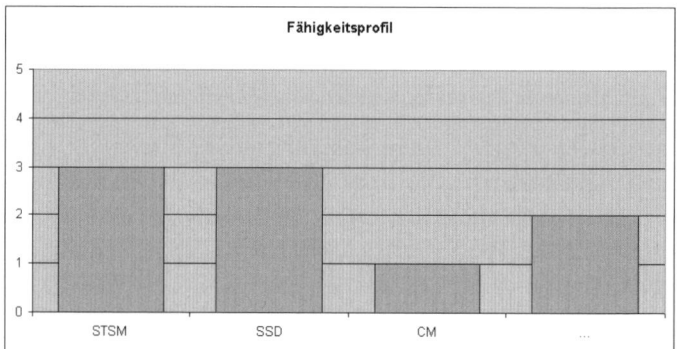

2.5.3   Beziehung zwischen der Darstellung in Reifegraden und in Fähigkeitsgraden

Bei der Definition des CMMI wurde Wert darauf gelegt, in beiden Darstellungen einheitliche Anforderungen zu stellen. Dadurch gibt es eine Abbildung, die beschreibt, welche Kombination von Prozessgebieten und Fähigkeitsgraden einem bestimmten Reifegrad entspricht (*Equivalent Staging*), oder anders ausgedrückt: Zu jedem Reifegrad gehört ein äquivalentes Mindestfähigkeitsprofil.

Für die Reifegrade 2 und 3 ist die Abbildung offensichtlich (siehe Tab. 2–3):

	GG 2	GG 3
Prozessgebiete des Reifegrades 2	ML 2	
Prozessgebiete des Reifegrades 3	ML 3	
Prozessgebiete des Reifegrades 4	ML 4	
Prozessgebiete des Reifegrades 5	ML 5	

Tab. 2–3

Beziehung zwischen Reifegrad (ML) und Fähigkeitsgrad/Erfüllung der generischen Ziele

- Um Reifegrad 2 zu erreichen, muss eine Organisation auf allen Prozessgebieten von Reifegrad 2 mindestens das generische Ziel GG 2 erfüllen, d.h. Fähigkeitsgrad 2 erreichen.
- Um Reifegrad 3 zu erreichen, muss eine Organisation auf allen Prozessgebieten von Reifegrad 3 (einschließlich der bereits auf Reifegrad 2 eingeführten Prozessgebiete) mindestens das generische Ziel GG 3 erfüllen, d.h. Fähigkeitsgrad 3 erreichen.

Für die Reifegrade 4 und 5 ist die Beziehung nicht mehr so offensichtlich:

Reifegrad 4 und 5

- Um Reifegrad 4 zu erreichen, muss eine Organisation auf allen Prozessgebieten dieses Reifegrades mindestens das generische Ziel GG 3 erfüllen, d.h. Fähigkeitsgrad 3 erreichen.
- Um Reifegrad 5 zu erreichen, muss eine Organisation auf allen Prozessgebieten dieses Reifegrades mindestens das generische Ziel GG 3 erfüllen, d.h. Fähigkeitsgrad 3 erreichen.

Die zusätzlichen Anforderungen von Reifegrad 4 und 5 werden also alleine durch weitere Prozessgebiete beschrieben, ohne zusätzliche Anforderungen an die bereits bestehenden Prozessgebiete.

3 Die Prozessgebiete des CMMI-SVC

Dieses Kapitel gibt einen Überblick über die Prozessgebiete des CMMI-SVC, sortiert nach Reifegraden und Kategorie. Es enthält für jedes Prozessgebiet eine Erläuterung der wichtigsten Ideen und Hinweise zur praktischen Umsetzung der zum Teil recht abstrakt formulierten Anforderungen und Erwartungen. Die Beschreibung der Prozessgebiete sollte jeweils im Zusammenhang mit den Zielen und Praktiken des Prozessgebietes gelesen werden, wie sie im Modell (siehe [CMMI-SVCv13]) enthalten sind; eine deutsche Übersetzung der Ziele und Praktiken für die Prozessgebiete der Kategorie »Dienstleistungsprozesse« finden Sie im Anhang A.

Um den Bezug herzustellen, wird jeweils auf die relevanten spezifischen Ziele (SG *g*) und Praktiken (SP *g.p*) sowie generischen Ziele (GG *g*) und Praktiken (GP *g.p*) des jeweiligen Prozessgebietes verwiesen.

Spezifische und generische Ziele und Praktiken (SG, SP, GG, GP)

Ergänzt wird die Beschreibung der Prozessgebiete durch eine Erläuterung der generischen Ziele und Praktiken in Abschnitt 3.5.

Eine wesentliche Neuerung in der Version 1.3 des CMMI-SVC ist der Umgang mit dem Projektbegriff. Im Englischen hat der Begriff zwei Aspekte: Zum einen bezieht er sich auf die Zusammenstellung von Ressourcen, zum anderen auf eine Sammlung von Aktivitäten mit festgelegtem Start und Ende. Da im Bereich von Dienstleistungen eher selten von »Projekten« die Rede ist und eine Dienstleistung meist keinen klar definierten Start bzw. Ende hat, werden die zwei Aspekte hier getrennt betrachtet und mit eigener Begrifflichkeit versehen:

Neu in CMMI-SVC v1.3: Arbeit und Arbeitsgruppe ersetzen den Projektbegriff.

- Die »Arbeit« steht für die Sammlung aller Aktivitäten und Aufgaben.
- Die »Arbeitsgruppe« hingegen repräsentiert eine Zusammenstellung von Ressourcen (also auch Mitarbeitern), die die Arbeit umsetzen. Die Arbeitsgruppe kann sich auf ein Unternehmen, einen Bereich, eine Organisationseinheit oder ein Team bzw. einzelne Mitarbeiter beziehen. Wenn in diesem Buch von Projekt

gesprochen wird, ist damit also eine Arbeitsgruppe gemeint, die Aktivitäten mit festgelegtem Start- und Endtermin durchführt.

Glossarbeispiel:
»Etablieren und
Beibehalten«

Im Glossar des CMMI-SVC (Appendix D des Modells) sind viele verwendete Begriffe des Modells definiert. Regelmäßiges Nachschlagen von Begriffen lohnt sich in der Regel. Ein Beispiel ist die häufig auftauchende Kombination der Begriffe »Etablieren und Beibehalten« (»Establish and Maintain«), wie in der generischen Praktik GP 2.2 (Arbeitsabläufe planen): »Pläne für die Durchführung der Arbeitsabläufe etablieren und beibehalten«. In dieser Begriffskombination sind in CMMI ausdrücklich die Dokumentation und Nutzung eingeschlossen. Im genannten Beispiel genügt es also nicht, den Plan für die Arbeit zu erstellen, sondern er muss auch nachvollziehbar sein und genutzt sowie bei Bedarf aktualisiert werden.

3.1   Prozessgebiete der Kategorie »Dienstleistungsprozesse«

Die Kategorie »Dienstleistungsprozesse« beschäftigt sich mit dem Kern der hier betrachteten Prozesse, nämlich dem Management der Dienstleistung selbst. Abbildung 3–1 stellt die Prozessgebiete im Zusammenhang dar.

Abb. 3–1
Prozessgebiete der
Kategorie Dienst-
leistungsprozesse im
Zusammenhang (nach
CMMI-SVC v1.3, §4)

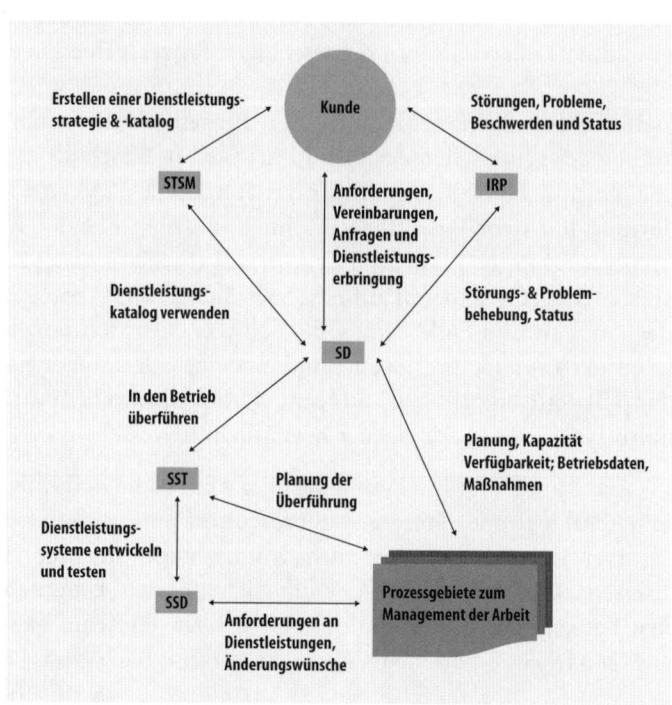

Die Abkürzungen stehen für die Prozessgebiete:

- IRP: »Störungsbehebung und -vermeidung«
  (*Incident Resolution and Prevention*, Abschnitt 3.1.2)
- SD: »Erbringung von Dienstleistungen«
  (*Service Delivery*, Abschnitt 3.1.1)
- SSD: »Entwicklung von Dienstleistungssystemen«
  (*Service System Development*, Abschnitt 3.1.4)
- SST: »Betriebsüberführung«
  (*Service System Transition*, Abschnitt 3.1.5)
- STSM: »Strategisches Dienstleistungsmanagement«
  (*Strategic Service Management*, Abschnitt 3.1.3)

3.1.1   Erbringung von Dienstleistungen

Die »Erbringung von Dienstleistungen« (*Service Delivery*, SD, Reifegrad 2) ist der Kern der Dienstleistungsthematik. Das Prozessgebiet umfasst

- die Klärung des Umfangs und des Inhalts der Dienstleistung in Form einer Vereinbarung,
- die Vorbereitung für die Erbringung
- und das Betreiben oder Erbringen der Dienstleistung selbst, also das Annehmen und Abarbeiten von Dienstleistungsanfragen.

Die Dienstleistungsvereinbarung (SG 1) beschreibt die zu erbringenden Dienstleistungen, Ziele für die Dienstleistungsgüte sowie Verantwortlichkeiten des Kunden und des Dienstleisters. Die Bandbreite reicht von implizit angenommenen Vereinbarungen (wie ein Menü im Restaurant) über mündliche Vereinbarungen (per Handschlag im Geschäft) zu detaillierten Anforderungen bis hin zu umfangreichen Verträgen. Den Rahmen für die Gültigkeit und Einklagbarkeit stellen die jeweils existierenden Rechtsgrundlagen dar, die bei international erbrachten Dienstleistungen sehr komplex bis nicht vorhanden sein können. Die Dienstleistungsvereinbarung kann sich auf definierte Ziele und Kennzahlen, auf die Festlegung der Dienstleistungsgüte (wie Verfügbarkeit), auf Anforderungen und detaillierte Arbeitsschritte und Kriterien für Ergebnisse beziehen. Vereinbarungen zur Dienstleistungsgüte können nicht nur zu externen Kunden bestehen (häufig als Service Level Agreement, SLA, bezeichnet), sondern auch innerhalb einer Organisation (Operational Level Agreement, OLA).

Dienstleistungsvereinbarung

    Der Kunde ist verantwortlich, seinen Dienstleistungsbedarf zu identifizieren, die Dienstleistung zu bezahlen und Ziele für die Dienst-

Kunde, Dienstleister und Endkunde

leistungsgüte festzulegen. Natürlich sollte dabei der Endkunde im Auge behalten werden. Die erfolgreiche Erbringung einer Dienstleistung berücksichtigt den Kunden, den Dienstleister und die Endkunden.

Referenz zu Fallbeispiel

Im Fallbeispiel der Produktwartung (siehe Kap. 7) ist der Dienstleister die Wartungsorganisation, die Kunden sind die internen Bereiche und der Endkunde ist der Käufer eines Produktes. Die Vereinbarungen zum internen Kunden sind hier über entsprechende Verfahrensanweisungen festgelegt; die Wartungsorganisation selbst hat keinen direkten Kundenkontakt. Dieser ist über Verträge, Wartungsverträge und Gewährleistung mit anderen Bereichen geregelt.

Vorbereitung für die Erbringung (SP 2.1, SP 2.2)

Festgelegte Kommunikationswege sind dabei erfolgsentscheidend, gerade auch im Fall einer Eskalation. Diese Kommunikationswege sind meist Teil eines Dienstleistungssystems, das betrieben, überwacht und gewartet werden muss. Ein wesentliches Element eines Dienstleistungssystems ist die Art und Weise, wie Anfragen nach Dienstleistungen gestellt, aufgenommen und verarbeitet werden. Die Dienstleistungsvereinbarung bildet dafür den Rahmen. Die Analyse von Vereinbarungen und die systematische Entwicklung von Dienstleistungssystemen ist im Prozessgebiet »Entwicklung von Dienstleistungssystemen« (Abschnitt 3.1.4) beschrieben. Details zur Vorbereitung und Überführung einer Dienstleistung in den Betrieb finden Sie im Prozessgebiet »Betriebsüberführung« (Abschnitt 3.1.5).

Dienstleistungsanfragen

Um die Dienstleistungsanfragen sinnvoll aufzuzeichnen, zu verfolgen und abzuarbeiten, ist meist ein Verwaltungssystem für Anfragen nötig (siehe SP 2.3). Bei der Vorbereitung und dem Betrieb dieser Verwaltungssysteme unterscheidet man häufig zwei Arten von Dienstleistungsanfragen:

Zum einen handelt es sich um Dienstleistungen, die laufend oder termingetrieben erfolgen (z.B. Betrieb eines Rechenzentrums oder Hotels). Zum anderen gibt es solche Dienstleistungen, die spontan oder ereignisgetrieben von Kunden bzw. Endbenutzern abgerufen werden. Ereignisgetrieben sind zum Beispiel die Anfrage nach einer Paketabholung, Anfragen im Rahmen einer Wartungsvereinbarung oder ein Gesundheitscheck.

Management der Arbeit

Mechanismen zur Planung und Verfolgung der Arbeit, die für die Abarbeitung von Anfragen, das Betreiben des Dienstleistungssystems und das Bereitstellen von Ressourcen entstehen, finden Sie in der Kategorie »Management des Projekts und der Arbeit« (Abschnitt 3.2).

3.1.2   Störungsbehebung und -vermeidung

Bei jeder Dienstleistungserbringung muss man mit Störungen rechnen, die im Prozessgebiet »Störungsbehebung und -vermeidung« (*Incident Resolution and Prevention*, IRP, Reifegrad 3) betrachtet werden. Diese Störungen (»Incidents«) können vielfältig sein:

Beispiele für Betriebseinschränkungen

- Wasserknappheit im Sommer im Hotel
- Erkrankung des Kochs in einem Restaurant
- Ausfall von Abrechnungssystemen in der Verwaltung oder im Personalwesen
- Notwendige Reparaturen bei einem Taxiunternehmen
- Wetterbedingte Beeinträchtigungen für Gärtnereien
- Überbuchungen oder Gepäckverlust am Flughafen
- Nicht mehr verfügbare Softwareanwendungen
- Unterbesetzung in einem Callcenter

Eine Störung kann also jeden Teil des Dienstleistungssystems betreffen. Meist sind davon die Verfügbarkeit und Kapazität von Ressourcen betroffen (siehe »Kapazitäts- und Verfügbarkeitsmanagement«). Im Katastrophenfall kann dadurch sogar die gesamte Unternehmung gefährdet sein (siehe »Kontinuitätsmanagement«). Jede dieser Unterbrechungen kann zur Nichteinhaltung von Zusagen des Dienstleisters gegenüber seinen (End-)Kunden und entsprechender Auswirkung auf deren Zufriedenheit führen. Daher ist es wichtig, sich im Rahmen der Erstellung von Dienstleistungssystemen auf derartige Risiken einzustellen und deren Behandlung zu planen.

Im Dienstleistungsumfeld spricht man in solchen Fällen von Störungen der Dienstleistungserbringung. »Störungsbehebung und -vermeidung« betrachtet dazu folgende Punkte:

Störungen

- Den Aufbau und Betrieb eines Verwaltungssystems für Störungen (SP 2.1), um Informationen über Störungen zu sammeln und zu verarbeiten. Hierbei kann es sich um dasselbe Verwaltungssystem wie das in Abschnitt 3.1.1 beschriebene Verwaltungssystem für Anfragen handeln. Dies ist beispielsweise bei IT-Dienstleistungen weit verbreitet, während es bei Dienstleistern wie einem Restaurant oder einem Taxiunternehmen eher die Ausnahme ist.

Verwaltungssystem für Störungen

- Die Analyse, Überwachung, Eskalation und Behebung von einzelnen Störungen
- Eine Ursachen- und Problemanalyse für ähnliche oder mögliche Störungen, um deren Auftreten in der Zukunft zu vermeiden. Dazu gehören auch effiziente Vorgehensweisen bei Störungseintritt (z.B. kurzfristige Umgehung – sogenannte *work arounds* – der Störung).

Problemmanagement

Kundenerwartungen zu Störungen sind meist in Anforderungen an die Dienstleistung oder explizit in Dienstleistungsvereinbarungen formuliert (siehe »Erbringung von Dienstleistungen« und »Anforderungsmanagement«).

Beschwerden

Kundenbeschwerden sind dabei ein eigener Typ von Störungen. Ein Beschwerde ist eine Wahrnehmung des Kunden über eine Dienstleistung, die nicht seinen Erwartungen entspricht, selbst wenn diese von der Dienstleistungsvereinbarung abweichen. Beschwerden werden im CMMI als Störung betrachtet, auch wenn es in der Praxis meist eigene Mechanismen für das Beschwerdemanagement gibt.

Ursachen von Störungen

Selbst wenn Störungen schnell beseitigt sind, ist es wichtig, sich über zugrunde liegende Ursachen von tatsächlichen und möglichen Störungen Gedanken zu machen. Dabei muss man zwischen Ursachen unterscheiden, die in der Hand des Dienstleisters selbst liegen (z.B. fehlende Datensicherung und Redundanzen), und solchen außerhalb der Einflussmöglichkeit des Dienstleisters (z.B. das Wetter). Ob man das direkte Problem, das eine Störung auslöst, betrachtet oder den Auslöser am Beginn der Kette, die zu einem Problem und dann einer Störung führt, hängt stark vom Geschäftsumfeld und der Art der Dienstleistung ab. In manchen Situationen kann es effizienter sein, Störungen von Fall zu Fall zu behandeln oder einfache Alternativen für die Dienstleistungserbringung vorzuhalten. Die IT-Administration an einem Standort einer großen Firma wird beispielsweise selten Einfluss auf die gesamte IT-Infrastruktur nehmen können. Sie muss bei Problemen daher Alternativen zur Dienstleistungserbringung vorhalten, um dennoch die Kundenzufriedenheit zu gewährleisten (auch wenn das ursächliche Problem nicht am Dienstleister liegt).

3.1.3   Strategisches Dienstleistungsmanagement

Das »Strategische Dienstleistungsmanagement« (*Strategic Service Management*, STSM, Reifegrad 3) betrachtet die folgenden Aktivitäten:

▪ Analyse, ob Fähigkeiten und Bedarf für die Erbringung von Dienstleistungen vorhanden sind, um den Anforderungen und Vereinbarungen von Kunden zu genügen.

▪ Aufstellung von entsprechenden Standarddienstleistungen in ausreichender Güte, die die eigenen Fähigkeiten und Möglichkeiten sowie den Bedarf widerspiegeln.

▪ Abstimmung der angebotenen Dienstleistungen mit den Geschäftszielen des Dienstleisters.

Um die Dienstleistungsstrategie aufzustellen, benutzt man Techniken und Informationsquellen wie beispielsweise Geschäftspläne, Marktforschung/-studien, Umfragen, öffentliche oder beauftragte Reviews und Prognosen, Trends, Beschwerden und Lob von Kunden, typische Störungen, Muster in Dienstleistungsanfragen, Kundenzufriedenheit, Wettbewerbsanalysen, Kernkompetenzanalyse und andere Strategieplanungstechniken (z.B. SWOT – Strength, Weakness, Opportunity and Threat Analysis).

Ableiten einer Dienstleistungsstrategie (SG 1)

Oft ist es sinnvoll, abgeleitet aus der Dienstleistungsstrategie Standarddienstleistungen zu definieren. Beispielsweise haben die Autoren als Appraisalleiter die Standarddienstleistung des Appraisals, die dann in verschiedenen Ausprägungen mit unterschiedlicher Intensität und unterschiedlicher Zielrichtung als Dienstleistung angeboten wird (vgl. Abschnitt 5.2). Ein Softwarehaus bietet beispielsweise Wartung von Softwareprodukten als Standarddienstleistung an, die dann einheitlich, aber doch im Detail als unterschiedliche Dienstleistung für unterschiedliche Softwareprodukte angeboten wird.

Standarddienstleistungen (SG2)

Solche Standarddienstleistungen helfen, das Optimum aus vorhandenen Fähigkeiten der Organisation herauszuholen und die Geschäftsziele umzusetzen. Standarddienstleistungen liefern darüber hinaus einen Beitrag zur Verbesserung der Dienstleistungsqualität, der Kundenzufriedenheit sowie zur Effizienz der Erstellung und Erbringung von Dienstleistungen. Eine entsprechend festgelegte Dienstleistungsgüte ist meist eine Schlüsselkomponente für Standarddienstleistungen. Die Festlegung der Dienstleistungsgüte beschreibt dabei die Erwartungen und Verantwortlichkeiten zwischen Dienstleister und Kunde klar, konkret und messbar.

Diese Standarddienstleistungen werden häufig in einem Dienstleistungskatalog beschrieben, der sich am Informationsbedarf der Kunden orientiert (z.B. als Menü in einem Restaurant oder als Schulungskatalog).

Dienstleistungskatalog

Aufbauend auf einer ständigen Verfolgung der Kundenzufriedenheit und mit dem Wissen über die Dienstleistungserbringung ist die Organisation in der Lage, ihre laufenden und künftigen Standarddienstleistungen anzupassen und zu verbessern. Gerade über Markt- oder Wettbewerbsbeobachtung können zusätzliche Anforderungen und Alleinstellungsmerkmale erarbeitet werden.

Laufende Anpassung der Ziele und Dienstleistungen (SP 1.1)

In Abgrenzung zum Begriff der Standardprozesse (siehe »Organisationsweite Prozessausrichtung« und »Organisationsweite Prozessentwicklung«) fokussieren sich Standarddienstleistungen auf die konkret angebotenen Dienstleistungen und nicht auf die Abläufe, die für die Erstellung und Erbringung der Dienstleistungen nötig sind.

Abgrenzung zu Standardprozessen

3.1.4   Entwicklung von Dienstleistungssystemen

Im Fall der Neu- oder Weiterentwicklung von Dienstleistungen und den dazu benötigten Systemen kommen klassische oder agile Entwicklungsprozesse zum Einsatz. So greift das Prozessgebiet der »Entwicklung von Dienstleistungssystemen« (*Service System Development*, SSD, Reifegrad 3) wesentliche Aspekte einer Entwicklungsystematik auf: Bestandteile von Dienstleistungssystemen zu analysieren, zu entwerfen, zu entwickeln, zu integrieren, zu verifizieren und zu validieren, um bestehende oder voraussehbare Vereinbarungen zu Dienstleistungen zu erfüllen.

Optionales Prozessgebiet   In manchen Fällen ist kaum oder keine Entwicklungsarbeit notwendig, da das benötigte Dienstleistungssystem schon besteht und weiter betrieben, aber nicht geändert werden soll. Aus diesem Grund ist dieses Prozessgebiet als Einziges in CMMI für Dienstleistungen optional (*addition*).

CMMI for Development   Das Prozessgebiet greift auf die Entwicklungsprozessgebiete des CMMI for Development zurück. Dort finden Sie auch weitere Details zur Methodik in der Entwicklung von Dienstleistungen.

Begriffsdefinitionen   Wichtige Festlegungen und Begrifflichkeiten werden hier definiert:

- Ein »Dienstleistungssystem« (*service system*) ist eine Zusammenstellung von verschiedenen Bestandteilen, die voneinander abhängen und die Anforderungen von Beteiligten und Betroffenen umsetzen.
- Ein »Bestandteil eines Dienstleistungssystems« (*service system components*) ist ein Arbeitsablauf, ein Arbeitsergebnis, eine Person, ein Verbrauchsgut, ein Kunde oder jegliche andere Ressource, die benötigt wird, um einen Wert zu erzeugen. Diese Bestandteile können auch dem Kunden oder einer dritten Person gehören.
- Ein »Verbrauchsgut« (*service system consumable*) steht für alles, was vom Dienstleister verwendet und durch die Dienstleistungserbringung verbraucht oder dauerhaft verändert wird.

Personen als Bestandteile des Dienstleistungssystems   Zum Dienstleistungssystem gehören auch diejenigen Personen, die Aufgaben im Rahmen der Dienstleistungserbringung oder des -betriebs erfüllen. Abhängig von der Art der Dienstleistung können einzelne Bestandteile des Dienstleistungssystems ausschließlich aus Personen und deren Arbeitsabläufen bestehen (z.B. in der persönlichen Beratung). Wichtig ist gerade hier, dass die Praktiken des CMMI im Kontext des Dienstleisters interpretiert werden, um einen Mehrwert zu erzeugen.

So bekommt zum Beispiel das Gepäck eines Vielfliegers bei der Gepäckaufgabe eine zusätzliche Markierung für die bevorzugte Behandlung. Für die Erbringung dieser Standarddienstleistung muss die Fluggesellschaft als Organisation an viele Bestandteile des Dienstleistungssystems denken, damit das Bodenpersonal die Dienstleistung erbringen kann:

- das Personal schulen,
- über die IT-Systeme den Vielfliegerstatus angezeigt bekommen bzw. überprüfen können,
- die Markierung muss an allen Schaltern bereitstehen und
- das Gepäcktransportsystem und die Mitarbeiter müssen die Markierung erkennen und das Gepäck entsprechend behandeln können.

Zur Erstellung von Standarddienstleistungen (vgl. Abschnitt 3.1.3) können die in diesem Prozessgebiet angebotenen Praktiken auch auf Organisationsebene angewandt werden, um Bestandteile von Dienstleistungssystemen zu identifizieren, zu entwickeln und zu betreiben, die benötigt werden, die Standarddienstleistungen zu erbringen. *Standarddienstleistungen*

Der Check-in für einen Flug ist eine klassische Standarddienstleistung aller Fluglinien. Als neue Variante wurde in den letzten Jahren der automatisierte Check-in-Schalter bzw. Online-Check-in entwickelt. Diese Variante reduziert den Personalaufwand aufseiten der Fluggesellschaft und die Wartezeit am Schalter als klassische Win-win-Situation für Dienstleister und Kunde. Allerdings bedeutet diese Umstellung auch hohe Marketing- und Schulungsaufwände, um diese Veränderung dem Kunden zu vermitteln. So ist eine Motivation für das elektronische Ticket die eigene Wahl des Sitzplatzes, die zum Teil auch online vor dem Flug erfolgen kann. Diese Eigenschaft der Dienstleistung muss jedoch sehr früh als Anforderung verstanden werden, damit das spätere System diese Möglichkeit auch realisieren kann. Verschiedene Alternativen müssen bei der Umsetzung berücksichtigt werden: die Art der Personenidentifizierung (Pass, Kreditkarte, Buchungsnummer) oder die Art des elektronischen Tickets (Ausdruck oder auf Handy).

Im Folgenden werden zwei spezielle Aspekte bei der Entwicklung von Dienstleistungssystemen thematisiert: Anforderungen an und Entwurf von Dienstleistungssystemen.

Die Arbeitsschritte zur Entwicklung und Analyse von Anforderungen beinhalten meist mehrere Iterationen, die viele Beteiligte und Betroffene einbinden müssen. Gerade um Anforderungen und deren Bedeutung abzustimmen, ist viel Kommunikation zu allen Seiten nötig. Die Anforderungen können auch von geänderten Kundenwünschen, -vorstellungen und -beschwerden oder von Störungen abgeleitet werden; genauso wie durch Bedürfnisse, die sich durch Betrieb, Überführung oder Entwicklung eines Dienstleistungssystems ergeben. *Anforderungsentwicklung und -analyse (SG 1)*

Eine einfache Methode, um aus der großen Wolke aller Wünsche und Anforderungen die eigentliche Problemstellung zu erkennen, ist die mehrfache Frage »Warum« an bestehende oder mögliche Kunden. Die Antwort auf diese Frage hilft zu verstehen, welches Problem durch den Dienstleister eigentlich gelöst werden soll. Erst auf Basis dieses Verständnisses können die Anforderungen an das Dienstleistungssystem und dessen Bestandteile sinnvoll heruntergebrochen werden.

Architektur und Entwurf (SG 2)

Als Gegenstück zu Anforderungen müssen entsprechende dienstleistungsorientierte Architekturen und Entwürfe erstellt werden, auf deren Basis das Dienstleistungssystem implementiert werden kann.

Eine Architektur auf oberster Ebene und Entwürfe auf unteren Ebenen beschreiben den Aufbau des Dienstleistungssystems und dessen Bestandteile. Dabei werden Beziehungen, Funktionen, Schnittstellen und deren Eigenschaften festgelegt. Ein klarer Aufbau erleichtert die Zuweisung von Anforderungen und deren Umsetzung in Entwürfen und Lösungen. So besteht beispielsweise die Architektur des Urlaubsresorts aus seinem Aufbau, den Qualitätseigenschaften und den Beziehungen zwischen den einzelnen Bereichen wie Empfang, Infrastruktur, Restaurant, Service und Wellness. Für den Empfang als Bestandteil des Dienstleistungssystems kann dann ein Entwurf erstellt werden, der sich wiederum in weitere Bestandteile (Personal, Empfangsbereich, Telefonanlage, Abrechnungssystem, Buchungssystem, Belegungssystem, Schlüssel und Schnittstellen zu anderen Bereichen) aufgliedert. Gerade in einem Urlaubsresort sind hier die Mitarbeiter und deren Verantwortlichkeiten, Zusammenarbeit, Abstimmung und Koordination ein wesentlicher Erfolgsfaktor des Dienstleistungssystems für den tatsächlichen Betrieb.

Damit entsteht ein dokumentiertes Entwurfspaket (*design package*), das die ganze Spanne an Eigenschaften und Parametern des Dienstleistungssystems enthält. Es umfasst Funktionen, Schnittstellen, Betriebsgrenzen, automatisierte versus manuelle Abläufe und andere Eigenschaften.

Für die Erstellung von Architekturen und Entwürfen werden entsprechende Vorgaben – wie Checklisten, Vorlagen, Prozessvorgaben – benötigt, um die Vollständigkeit, Konsistenz und Umsetzbarkeit zu gewährleisten.

Weitere Beispiele für Arbeitsergebnisse im Rahmen des Entwurfs von Dienstleistungssystemen sind:

▨ Rollenbeschreibungen, Zuweisungen von Verantwortlichkeiten (Pflichten) und Autorität (Rechte) sowie die Erfassung und Beschreibung von vorhandenem oder benötigtem Wissen und Fähigkeiten für die Personen, die die Dienstleistungen erbringen,

▨ Anwendungsfälle, die Rollen und Aktivitäten von Beteiligten an der Dienstleistungserbringung beschreiben,

▨ Entwürfe oder Vorlagen von Handbüchern, Formularen, Schulungsmaterial sowie

▨ Anweisungen für Endbenutzer, Betreiber und Administratoren.

Bezogen auf Mitarbeiter und andere beteiligte Personen bedeutet ein Entwurf die Festlegung von Wissen und Fähigkeiten, die für die Durchführung der Aufgaben nötig sind. Dies beinhaltet auch einen angemessenen Mitarbeiterpool und den zugehörigen Aus- und Weiterbildungsbedarf.

Bezogen auf Verbrauchsgüter bedeutet der Entwurf die Festlegung von Eigenschaften und Merkmalen, die für die Dienstleistungserbringung nötig sind. Dies schließt auch die Schätzung von benötigten Ressourcen für den Betrieb des Dienstleistungssystems mit ein. Ein Friseur legt beispielsweise fest, welche Arten von Shampoo, Haarfärbemitteln etc. benötigt werden und welche Mengen jeweils vorrätig gehalten werden sollen.

Entwicklungsschritte werden für ein Dienstleistungssystem üblicherweise wiederholt durchgeführt, bis es den Anforderungen entspricht. Solche Iterationen werden getrieben durch Anforderungsänderungen, die während der Entwicklung auftreten, oder durch Fehler und Probleme, die während der Verifizierung (Reviews und Test gegen Anforderungen), Validierung (Prüfen der Einsetzbarkeit im Dienstleistungsumfeld bzw. durch die Kundenbrille), Betriebsüberführung oder Erbringung erkannt werden. Die Mechanismen einer systematischen Dienstleistungsentwicklung helfen einer Arbeitsgruppe, eine entsprechende Qualität in der Dienstleistungserbringung sicherzustellen.

Wiederholte und iterative Entwicklung

3.1.5 Betriebsüberführung

Das Prozessgebiet »Betriebsüberführung« (*Service System Transition*, SST, Reifegrad 3) beschreibt alle Aspekte der Planung, Kommunikation, Führung, Rollout und Bestätigung einer wirksamen Überführung in den Dienstleistungsbetrieb oder einer Veränderung von Bestandteilen von Dienstleistungssystemen (ohne dass die laufende Dienstleistungserbringung darunter leidet). Unter Rollout versteht man dabei die Aktivität der Einführung eines neuen oder geänderten Dienstleistungssystems in den Betrieb, während die Betriebsüberführung die vor- und nachbereitenden Aktivitäten mit einschließt.

Voraussetzung für eine erfolgreiche Überführung in den Betrieb ist eine konsequente Planung und Einbeziehung von Beteiligten und Betroffenen. Im Rahmen der Planung sollten folgende Punkte berücksichtigt werden:

Planung
- Bereitschaft eines neuen Bestandteils des Dienstleistungssystems für die Einführung (z.B. neues Taxi betriebsbereit, geändertes Menü, neue Applikation). Dies wird unterstützt durch das Prozessgebiet »Entwicklung von Dienstleistungssystemen«.
- Definierte Kategorie des Rollouts: neu, Ersatz oder Stilllegung eines Bestandteils
- Bei Bedarf die geregelte Beschaffung von nötigen Zulieferteilen zur Erbringung oder zum Betrieb der Dienstleistung (z.B. Navigationssystem für ein Taxi, spezielle Zutaten für ein Menü, Programmierung von Schnittstellen)
- Vorgehen zur Installation, Schulung und Einführung der Dienstleistung, z.B. Schulung von Fahrern, Koch oder Administratoren, Erstellung von Checklisten oder Drehbüchern für die schrittweise Überführung
- Erkennung und Behandlung von Gewährleistungsaspekten, soweit für die zu erbringende Dienstleistung relevant
- Rollout-Schritte, die Abhängigkeiten zwischen Bestandteilen des Dienstleistungssystems (z.B. im Restaurant die Stimmigkeit zwischen ausgedruckten Menüs und Menüs auf der Homepage) und Randbedingungen von Kunden oder Gesetzen berücksichtigen
- Abnahmekriterien für Rollout-Schritte
- Mögliche Einschränkungen hinsichtlich vorhandener und verfügbarer Ressourcen
- Vorläufige Bereitstellung von Verbrauchsgütern
- Rollback bzw. Rückfallmechanismen, um bei Bedarf wieder auf einen funktionierenden Stand des Dienstleistungssystems zurückfallen zu können (z.B. wenn eine neue Heilmethode beim Patienten nicht anschlägt)
- Kommunikationsmechanismen für Beteiligte und Betroffene (z.B. Betreiber und Anwender)
- Auswirkungsanalyse auf andere bestehende Dienstleistungssysteme
- Dokumenten- und Versionslenkung sowie die Verbindung zu einer entsprechenden Planung der Freigabe einer Dienstleistung oder eines Dienstleistungssystems (siehe »Konfigurationsmanagement«, Abschnitt 3.4.3).

3.2   Prozessgebiete der Kategorie »Management der Projekte und der Arbeit«

Die Prozessgebiete dieser Kategorie befassen sich mit dem Management der verschiedenen Aktivitäten im Umfeld der Dienstleistungen, also in erster Linie der Planung der Arbeit und der Verfolgung und Steuerung dieser Arbeit, ergänzt und vertieft durch eine Reihe verwandter Prozessgebiete.

In CMMI-DEV heißt diese Kategorie »Projektmanagement«, da die Arbeit in einer Entwicklungsumgebung meist in Form von Projekten durchgeführt wird. Im Dienstleistungsumfeld ist dies oft nicht angemessen, sodass der Name dieser Kategorie in CMMI-SVC v1.3 gegenüber v1.2 und CMMI-DEV geändert wurde.

Geänderte Bezeichnung gegenüber CMMI-SVC v1.2 und CMMI-DEV

Das Management der Projekte und der Arbeit wird zu einem großen Teil auf Reifegrad 2 eingeführt, da diese Aktivitäten die Grundlage für viele weitere Verbesserungsschritte bilden. Auf Reifegrad 3 werden dann einige dieser Aspekte weiter vertieft, d.h., die Prozessgebiete dieser Kategorie auf Reifegrad 3 behandeln nicht neue Prozesse, sondern vertiefen Prozesse, die bereits mit Reifegrad 2 betrachtet wurden.

Mit dem Prozessgebiet »Quantitatives Management der Arbeit« auf Reifegrad 4 wird eine quantitative, also auf quantitativen Modellen beruhende Vorgehensweise zum Management der Arbeit eingeführt. Wie alle Prozessgebiete von Reifegrad 4 und 5 wird dieses Prozessgebiet hier aber nicht weiter beschrieben.

3.2.1   Anforderungsmanagement

»Anforderungsmanagement« (*Requirements Management,* REQM, Reifegrad 2) stellt sicher, dass während der gesamten Dienstleistungserstellung und -erbringung alle Anforderungen, Arbeitsergebnisse und Pläne untereinander konsistent gehalten werden.

Das Prozessgebiet behandelt dazu folgende drei Aspekte:

Drei Aspekte des Anforderungs-managements

- Anforderungen verstehen und mit Anforderungsänderungen umgehen
- Die Nachvollziehbarkeit von/zwischen Anforderungen, Arbeit und Plänen sicherstellen
- Das Erkennen von Unstimmigkeiten im Projektverlauf

Grundlage einer erfolgreichen Dienstleistung ist natürlich, dass die Anforderungen und Wünsche an die Dienstleistung selbst, aber auch an das interne Dienstleistungssystem und seine Bestandteile, verstanden sind. Es handelt sich bei den Anforderungen also nicht nur um die

Anforderungen verstehen

expliziten Kundenforderungen, sondern auch um alle internen und externen Schnittstellen (z.B. die Kommunikationswege vom oder zum Kunden) und Rahmenbedingungen (z.B. gesetzliche Vorgaben, verfügbare Ressourcen).

Anforderungs-
management und
Entwicklung von
Dienstleistungssystemen

Im Gegensatz zum Prozessgebiet »Entwicklung von Dienstleistungssystemen« von Reifegrad 3 geht es beim Anforderungsmanagement darum, explizit gestellte Anforderungen entgegenzunehmen und zu bearbeiten. Die tatsächlichen, aber nicht formulierten Anforderungen zu analysieren und zu validieren ist Aufgabe der Anforderungsanalyse als Teil der Entwicklung (siehe Abschnitt 3.1.4). Das Anforderungsmanagement fokussiert auf die Analyse der Konsistenz, auf Auswirkungen, Umsetzbarkeit etc. der Anforderungen, und nicht auf systematische Marktanalyse, Validierung und detaillierte Zerlegung von Anforderungen.

Häufig muss bei der Analyse der Anforderungen entschieden werden, ob, wann und wie eine Anforderung umgesetzt wird.

Entscheidung über die
Umsetzung von
Anforderungen

Typische Ergebnisse dieser Entscheidung sind:

- Die Anforderung wird im laufenden Projekt umgesetzt.
- Die Anforderung wird später (in einem Folgeprojekt oder einer Folgeversion) umgesetzt.
- Die Anforderung wird nicht umgesetzt.
- Die Anforderung wird zurückgestellt.

Nach der Bewertung der Anforderung werden alle Beteiligten informiert und die Anforderung wird ggf. umgesetzt. Aufgabe des Anforderungsmanagements in diesem Stadium ist es, sicherzustellen, dass die Anforderung korrekt umgesetzt wird.

Wer ist der Kunde?

Eine Schwierigkeit beim Anforderungsmanagement ist die Rolle der verschiedenen Kunden und deren unterschiedliche Sichtweise auf die Dienstleistungen. Gerade bei Dienstleistungen gibt es »den Kunden« oft nicht, sondern es gibt sehr unterschiedliche Beteiligte, oft sogar einen Unterschied zwischen dem Empfänger der Dienstleistung und demjenigen, der die Dienstleistung bestellt und bezahlt, beispielsweise bei IT-Dienstleistungen im Unternehmen oder beim öffentlichen Nahverkehr, wo die Leistungen zum großen Teil durch die öffentliche Hand bezahlt werden. Gerade in solchen Fällen haben die unterschiedlichen Kunden meist sehr unterschiedliche Ansichten darüber, was eine Dienstleistung leisten und beinhalten soll. Der Empfänger der Dienstleistung will typischerweise eine schnelle und umfassende Reaktion auf seine Anfrage, während für den Besteller die Kosten der Umsetzung eine wesentlich höhere Rolle spielen. Die Arbeitsgruppe, die für diese Umsetzung verantwortlich ist, hat also die schwierige Aufgabe, aus den verschiedenen Ansichten, Wünschen und Anforderungen eine konsistente Dienstleistung bereitzustellen.

Anforderungsmanagement nimmt die Ergebnisse der Anforderungsanalyse auf, die beispielsweise für einen konkreten Kunden (z.B. über einen Wartungsvertrag) vor Beginn der Dienstleistung durchgeführt wird. Wichtig ist jedoch, dass Anforderungen laufend analysiert und aktualisiert werden. Dies kann entweder durch einen separaten Bereich eines Dienstleisters erfolgen, durch die Arbeitsgruppe, die die Dienstleistung erbringt, oder auch durch die Ersteller von Dienstleistungsbestandteilen. Durchaus erlaubt ist dabei auch die Entscheidung, eine Anforderung nicht umzusetzen. Entscheidend ist, dass es sich um eine *bewusste* Entscheidung handelt und die Anforderung nicht beispielsweise im Schreibtisch des Gruppenleiters vergessen wurde.[1]

Anforderungs-management ist Daueraufgabe.

Da die Anforderungen zu Beginn häufig nur unvollständig bekannt sind, ist deren Verfeinerung und Konkretisierung wichtig für das Verständnis der Anforderungen. Besonders ausgeprägt gilt dies für Beratungs- oder Wartungstätigkeiten. In der Beratung tauchen immer wieder globale, nicht quantifizierte Ziele auf, z.B. die Verbesserung bestimmter Geschäftsprozesse. In diesen Fällen ist nicht erkennbar, welche konkreten Leistungen tatsächlich erbracht werden sollen. Ähnliches gilt für Wartungsarbeiten: Hier weiß man zu Beginn nur, dass die im Laufe des Feldeinsatzes gefundenen Änderungswünsche und Fehler bearbeitet werden sollen, aber man kann im Voraus nicht sagen, welche und wie viele das sein werden. Hier bekommt das Anforderungsmanagement eine besondere Bedeutung und man benötigt genau festgelegte und abgestimmte Prozesse für die Genehmigung von Anforderungen und Anfragen (siehe auch das Fallbeispiel zur Produktwartung in Kap. 7).

Konkretisierung von Anforderungen

Wesentlicher Bestandteil des Anforderungsmanagements ist auch der Umgang mit Anforderungsänderungen (SP 2.3), z.B. aufgrund neuer Kundenwünsche, von Störungen, veränderten internen Systemen zum Betrieb der Dienstleistung oder von veränderten Kommunikationswegen. Für den Erfolg einer nachhaltigen Dienstleistungserbringung ist es entscheidend, laufend zu wissen, welche Anforderungen gültig sind bzw. wo und wie diese umgesetzt sind. Auf der einen Seite ist es also notwendig, zu wissen, wo aktuelle Anforderungen, Pläne, Arbeitsergebnisse (alle Elemente eines Dienstleistungssystems) dokumentiert und abgelegt sind, einschließlich Status und Änderungshistorie. Diese Integrität von Arbeitsergebnissen wird durch das Prozessgebiet »Konfigurationsmanagement« unterstützt. Auf der anderen Seite

Erfolgsfaktor Änderungsmanagement

---

1.   Dieses Beispiel ist leider nicht so absurd, wie es klingt, sondern stammt wie die meisten anderen Beispiele in diesem Buch aus dem wahren Leben.

benötigt man nachverfolgbare Beziehungen zwischen Anforderungen und Arbeitsergebnissen.

Bidirektionale
Nachverfolgbarkeit
etablieren

Die größten Schwierigkeiten bei der Interpretation und Umsetzung von CMMI verursacht vielen Unternehmen das Konzept der bidirektionalen Nachverfolgbarkeit (SP 1.4). Die geforderte bidirektionale Nachverfolgbarkeit der Anforderungen bezieht sich darauf, dass

▨ einerseits jeder Anforderung alle von ihr betroffenen Arbeitsergebnisse zugeordnet werden können, also klar ist, welche Bestandteile des Dienstleistungssystems (z.B. Konzepte, Werkzeuge, Ressourcen) wegen dieser Anforderung bereitgestellt bzw. geändert wurden. Ziel ist, dass man sich vorab überlegt, welche Auswirkungen eine bestimmte Anforderung hat und was deshalb erstellt bzw. geändert werden muss.

▨ Andererseits den erstellten Arbeitsergebnissen die zugehörige Anforderung zugeordnet werden kann, man also jederzeit klar sagen kann, warum ein bestimmtes Ergebnis erstellt oder geändert wurde. Dies hilft, den sogenannten »Requirements Creep«, also die schleichende und ungeplante Aufnahme zusätzlicher Anforderungen, unter Kontrolle zu halten: Wenn man nicht ständig darauf achtet, besteht die große Gefahr, dass der Umfang der Anforderungen laufend steigt und man schließlich nicht mehr mit dem geplanten Budget und in der geplanten Zeit fertig werden kann.

Neben dieser Nachverfolgbarkeit zwischen Anforderungen und Folgeergebnissen umfasst SP 1.4 auch die Nachverfolgbarkeit der Beziehungen zwischen Anforderungen, um Inkonsistenzen zu vermeiden.

Während SP 1.4 die Dokumentation der Nachverfolgbarkeit erwartet, baut SP 1.5 darauf auf und erwartet, dass man die Nachverfolgbarkeit nutzt, um sicherzustellen, dass die Pläne und Arbeitsergebnisse an den Anforderungen ausgerichtet werden und bleiben. Es geht also beispielsweise darum, zu prüfen, dass es zu jeder Anforderung einen Testfall gibt oder dass auch tatsächlich die versprochene Verfügbarkeit und Kapazität interner Ressourcen gegeben ist.

3.2.2   Planung der Arbeit

Dienstleistungsstrategie
als Basis für die Planung

Die »Planung der Arbeit« (*Work Planning*, WP, Reifegrad 2) basiert auf erfassten Anforderungen, verfügbaren Ressourcen und Budget sowie in der Vergangenheit benötigtem Umfang erbrachter Dienstleistungen und setzt diese in eine Arbeitsplanung um. Essenziell ist dabei eine durchdachte Dienstleistungsstrategie (vgl. Abschnitt 3.1.3), die unter anderem Folgendes berücksichtigen sollte:

- Ziele und Leistungsumfang der zu erbringenden Dienstleistung
- Vorüberlegungen zu benötigter Infrastruktur, Fähigkeiten, Kosten und Risiken
- Geschäftsplanung (Markt- und Kosten/Nutzen-Betrachtungen)
- Geschäftsumfeld, also z.B. Kernkompetenzen, Rechte Dritter, Trends, verfügbare Technologien
- Organisationsaufbau und -struktur
- Wesentliche interne und externe Beteiligte und Betroffene
- Grundsätzliche Gestaltung der Vereinbarungen mit Kunden (siehe auch das Prozessgebiet »Erbringung von Dienstleistungen«)
- Überlegungen zu Daten- und Personensicherheit (*safety and security*)

Besonderen Wert legt CMMI dabei auf nachvollziehbare Schätzungen von Aufwand und Kosten für die Entwicklung und die Erbringung der Dienstleistungen. Nicht das Bauchgefühl Einzelner, sondern zähl- oder messbare Eigenschaften von Arbeitsergebnissen und Tätigkeiten stehen hier im Vordergrund. Diese Schätzung geschieht normalerweise auf Basis von historischen Daten, die dazu aber erst einmal erfasst worden sein müssen. Beispiele für relevante Eigenschaften von Arbeitsergebnissen und Aufgaben sind u.a.:

Schätzung von Aufwand und Kosten

- Vereinbarte Dienstleistungsgüte
- Anzahl interner/externer Schnittstellen
- Verfügbarkeit einzelner Dienstleistungen
- Datenvolumen
- Festlegungen von Reaktions- und Bearbeitungszeiten für Wartungsanfragen (vgl. Kap. 8)
- Anzahl und Dauer von Anrufen in einem Callcenter
- Häufigkeit und Dauer von Beratungsgesprächen in einem Kinderhaus (vgl. Kap. 10)

Umfänge können beispielsweise abgeschätzt werden für das Betreiben und Überwachen des Dienstleistungssystems, für Schulungen der Mitarbeiter bzw. Kunden, laufende Behandlung von Störungen, Logistik und Infrastruktur.

Grundgedanke dieses Vorgehens ist, dass die Schätzung von Aufwand und Kosten nicht direkt durchgeführt wird, sondern über den Zwischenschritt der Abschätzung wesentlicher Attribute wie der Größe oder der Komplexität der Ergebnisse und Aufgaben (SP 1.3). Diese Vorgehensweise ist vor allem dann sinnvoll, wenn eine erste Schätzung zu einem frühen Zeitpunkt stattfindet, bevor eine detaillierte Schätzung der Detailaktivitäten möglich ist, beispielsweise in einer Angebotsphase oder bei der Jahresplanung. Es wird jedoch meist

Schätzung als iterativer Prozess

notwendig sein, Schätzungen mehrfach durchzuführen und die dazu dokumentierten Annahmen regelmäßig zu überprüfen. Dies gilt für die gesamte Dienstleistungsorganisation bis hin zur Abschätzung von einzelnen Aufgaben auf Team- oder Personenebene. Hilfreich dabei ist, sich Gedanken zur Arbeitsstruktur (*Work Breakdown Structure*, WBS, SP 1.2) zu machen. Diese Arbeitsstruktur umfasst auf oberster Ebene meist schon konkrete Annahmen über Größe und Komplexität der Aktivitäten und wird dann in die erforderlichen Einzelschritte und deren Aufwand heruntergebrochen. Dies kann für die Schätzung genügen, wenn die Arbeitsstruktur ausreichend detailliert ist und die Zeit- und Budgetplanung tatsächlich auf dieser Basis stattfindet (und nicht bereits vorher dem Kunden Termine und Kosten ohne umfangbasierte Abschätzungen zugesagt wurden).

Lebenszyklen   Eine weitere Eingabe für die Schätzung sind wiederkehrende Arbeitsabläufe und deren Reihenfolge. Diese Lebenszyklen können sich auf die Organisation beziehen (z.B. Jahres- und Monatsplanungszyklen), auf eine bestimmte Art von Dienstleistungen oder auf die Arbeitsgruppe und Person. Häufig folgen auch standardisierte Dienstleistungen einem entsprechenden Lebenszyklus von Anfrage, Analyse, Bewertung von Dringlichkeit/Kritikalität/Risiko über Zuweisung der Umsetzung und Bearbeitung bis hin zum Abschluss.

Schätzgenauigkeit   Aus Sicht des Managements haben Verbesserungen der Schätzgenauigkeit oft ähnlich große Bedeutung wie Verbesserungen der Produktivität. Höhere Zuverlässigkeit der Kostenschätzungen und das reduzierte Risiko von Störungen haben selbst einen (auch finanziellen) Wert. Wird die Dienstleistung dagegen teurer bzw. später als geplant erbracht, so muss, je nach Vertrag und Rahmenbedingungen, der Kunde oder der Dienstleister die zusätzlichen Kosten tragen, was im Endergebnis meist für beide Parteien ziemlich unerfreulich ist. Dazu kommt, dass bei zu niedrigen Schätzungen oft im Lauf der Dienstleistungserbringung ein erheblicher Druck entsteht, die definierten Prozesse und Vorgehensweisen zu überspringen oder nur unvollständig umzusetzen. Es ist also essenziell, die Schätzungen frühzeitig und realistisch durchzuführen (hier helfen umfangbasierte Schätzungen), Annahmen zu dokumentieren und diese regelmäßig zu hinterfragen.

Inhalte der
Arbeitsplanung   Auf Basis dieser Schätzungen entsteht Stück für Stück die Planung der Arbeit auf den verschiedenen Ebenen der Organisation. Diese Planung sollte mindestens die Faktoren Budget, Zeitplan, Datenmanagement, Projektrisiken, Projektressourcen, benötigtes Wissen und Fähigkeiten sowie Beteiligung der Betroffenen umfassen. Die Planung von Kapazität und Verfügbarkeit wird im Prozessgebiet »Kapazitäts- und Verfügbarkeitsmanagement« (siehe Abschnitt 3.2.6) vertieft.

Schlussendlich werden Zusagen zur Planung benötigt, d.h., die Planung der Arbeit wird von allen Beteiligten und Betroffenen geprüft und genehmigt.

Zusagen zur und Durchsicht der Planung

Verständnisprobleme im Rahmen der Planung bereitet häufig das Thema Datenmanagement. Aufgabe des Datenmanagements ist es, alle anfallenden Daten und Informationen zu verwalten sowie allen Beteiligten die benötigten Informationen zur richtigen Zeit bereitzustellen. Zu diesen Informationen und Daten gehören typischerweise neben Kennzahlen im engeren Sinne auch alle für die Dienstleistung anfallenden Dokumente, beispielsweise:

Datenmanagement

▨ Protokolle und Statusberichte. Diese werden meist im Rahmen des Konfigurationsmanagements mit verwaltet.
▨ E-Mails und protokollierte Telefonanrufe, insbesondere solche, die an einzelne Kollegen und Kunden gehen. Meist kommen hier entsprechende Werkzeuge für das Kundenkontaktmanagement zum Einsatz, mindestens aber entsprechend gepflegte Ablagestrukturen und gesicherte Archive.
▨ Papierdokumente, wie z.B. unterschriebene Versionen des Auftrags oder von Abnahmeerklärungen

Zum Management dieser Daten gehört die Definition von Ablagestrukturen, Namenskonventionen und Zugangsberechtigungen zu den Daten. Es gibt hier also einen engen Bezug zum Prozessgebiet »Konfigurationsmanagement« und die beiden Themen werden in der Praxis oft gemeinsam umgesetzt. Bei größeren Datenmengen kann auch die Bereitstellung von ausreichend Speicherkapazität eine wichtige Aufgabe des Datenmanagements sein (siehe dazu auch das Prozessgebiet »Kapazitäts- und Verfügbarkeitsmanagement«).

Daten- und Konfigurationsmanagement

Zum Management dieser Daten gehört auch, einen geeigneten Kommunikationsfluss zu planen, der dazu dient, dass alle Beteiligten die benötigten Informationen bekommen und effizient auffinden können.

Neben dem Prozessgebiet »Planung der Arbeit« gibt es noch die verwandte generische Praktik GP 2.2 »Arbeitsabläufe planen« in jedem Prozessgebiet. Während sich die Planung der Arbeit auf die gesamte Dienstleistungserstellung und -erbringung bezieht, vertieft die generische Praktik die Planung des einzelnen Prozessgebietes. Je nach Prozessgebiet kann das ebenfalls ein Teil der Arbeitsplanung, in Überschneidung mit dem Prozessgebiet »Planung der Arbeit«, sein (dies gilt vor allem für die Prozessgebiete der Kategorie Dienstleistungsprozesse) oder auch eine Aufgabe auf Ebene der gesamten Organisation sein (vor allem die Prozessgebiete der Kategorie Prozessmanagement). Manche

GP 2.2 Arbeitsabläufe planen

dieser Planungen werden häufig als eigenständige Pläne erstellt, so z.B. der Konfigurationsmanagementplan oder der Qualitätssicherungsplan, während die anderen eher als Bestandteil einer Gesamtplanung der Organisation betrachtet werden.

Darüber hinaus gibt es in einigen Prozessgebieten spezifische Erwartungen in Bezug auf die Planung, z.B. zur Planung bestimmter Aufgaben beim »Risikomanagement« (Abschnitt 3.2.7) oder der »Organisationsweiten Prozessentwicklung« (Abschnitt 3.3.2). Diese spezifischen Praktiken ergänzen die allgemeinen Anforderungen an die Planung um einzelne Aspekte.

3.2.3   Verfolgung und Steuerung der Arbeit

Das Prozessgebiet »Verfolgung und Steuerung der Arbeit« (*Work Monitoring and Control,* WMC, Reifegrad 2) dient dazu, die Arbeit gemäß der Planung durchzuführen und bei Abweichungen von der Planung zu reagieren.

CMMI erwartet nichts Überraschendes.

Wie bei allen anderen Prozessgebieten fordert das CMMI auch hier nichts Überraschendes, sondern formuliert als Anforderungen, was sich in der Praxis als wesentlich für den Erfolg herausgestellt hat und was man zum großen Teil in fast jedem Lehrbuch über Dienstleistungsmanagement nachlesen kann. Vieles klingt wie eine Selbstverständlichkeit und erst, wenn man versucht, alle diese Selbstverständlichkeiten gleichzeitig und durchgängig umzusetzen, wird einem bewusst, wie schwierig dies ist.

Die wichtigsten Ziele bei der Verfolgung und Steuerung der Arbeit sind:

- Die tatsächliche Arbeitsleistung und der tatsächliche Fortschritt der Arbeit werden gegenüber der Planung überwacht (SG 1).
- Korrekturmaßnahmen werden ergriffen und bis zum Abschluss geführt, wenn Arbeitsleistung oder Arbeitsergebnisse signifikant vom Plan abweichen (SG 2).

Laufende Überwachung der geplanten Arbeit

Zur Überwachung gehört der laufende Soll-Ist-Abgleich aller wichtigen Planungsparameter, also in erster Linie Größe/Umfang der Ergebnisse und Aufgaben, Aufwand, Kosten, Zeitplan und Risiken. Im Normalfall wird es dazu regelmäßige Statusberichte geben. Es reicht also nicht, einen Plan zu haben, sondern man muss ihn umsetzen bzw. bei Bedarf explizit anpassen.

Länge der Überwachungszyklen

Je nach Dienstleistung und überwachten Apekten muss diese Überwachung in kürzeren oder längeren Intervallen erfolgen. Eine Taxizentrale wird beispielsweise kontinuierlich die Auslastung der Taxis und der Fahrer überwachen, um an Tagen mit geringer Auslastung Fahrer nach Hause zu schicken oder ihnen andere Aufgaben zu geben. Bei hoher Auslastung werden dagegen Fahrer aus dem Bereitschaftsdienst abgerufen. In größeren Intervallen, beispielsweise monatlich, werden finanzielle Parameter wie Einnahmen und Ausgaben oder Kosten überwacht, aber auch die Tendenz der Auslastung (müssen neue Fahrer eingestellt, neue Wagen gekauft werden?).

Eine zentrale Frage, die jeder Teamleiter bzw. Servicemanager überzeugend beantworten können sollte, ist dabei: »Es sind jetzt 50% der Zeit und des Budgets verbraucht. Woher wissen Sie, dass auch 50% der geplanten Dienstleistung abgerufen sind und nicht erst 40%?« Diese Frage macht deutlich, dass eine wirksame Steuerung ohne geeignete Kennzahlen nicht möglich ist, wobei andererseits auch Kennzahlen nur einen Teilbereich des Projektfortschritts abdecken können und durch weiche Faktoren wie Zufriedenheit der Mitarbeiter und Kunden unterstützt werden müssen.

Kennzahlen

Im Dienstleistungsumfeld muss man mehrere Bereiche der Überwachung berücksichtigen:

Alle Bereiche der Arbeit sind zu steuern.

- Umsetzung einer einzelnen Dienstleistung bzw. einer Gruppe von gleichartigen Dienstleistungen (also das Umsetzen oder Beantworten einer Dienstleistungsanfrage). Hier helfen oft entsprechende Werkzeuge mit klaren Statusdefinitionen für die einzelnen Anfragen, siehe auch das Prozessgebiet »Erbringung der Dienstleistung«. Die Überwachung einer einzelnen Dienstleistung ist im Idealfall bereits Teil des Lebenszyklus eines Dienstleistungsvorhabens.
- Arbeitsleistung eines Teams (Arbeitsgruppe, *work group*) oder eines Bereichs, der bestimmte Dienstleistungen erbringt. Dies erfolgt meist über regelmäßige Statussitzungen.
- Verfügbarkeit und Kapazität von Ressourcen zur Dienstleistungserbringung. Mehr dazu finden Sie im Prozessgebiet »Kapazitäts- und Verfügbarkeitsmanagement«.
- Bereitschaft des gesamten Dienstleistungssystem zur Erbringung der Dienstleistungen (siehe auch das Prozessgebiet »Erbringung von Dienstleistungen«)
- Erstellung einer Dienstleistung bzw. eines Systems oder Bestandteils von Dienstleistungen (zu Entwicklungsmethodik siehe das Prozessgebiet »Entwicklung von Dienstleistungssystemen«)
- Überführung einer entwickelten Dienstleistung in den tatsächlichen Betrieb (z.B. Hochfahren eines Rechenzentrums). Siehe auch das Prozessgebiet »Betriebsüberführung«.
- Kundenzufriedenheit als ständiger Gradmesser der Dienstleistungsgüte

Meilensteine

Oft hilft es, sich für jede Art der Arbeit bzw. Dienstleistungserbringung konkrete Meilensteine zu überlegen. Dies können definierte Statusübergänge im Lebenzyklus einer einzelnen Dienstleistung sein oder regelmäßige bzw. ereignisgetriebene Zeitpunkte. Einen Meilenstein zu erreichen bedeutet, dass vorher definierte Kriterien zu Inhalt, Zeit, Kosten und Qualität auf ihren Umsetzungsstatus geprüft werden. Der Begriff »Meilenstein« ist hier sehr nah an seinem ursprünglichen Sinn angelehnt: zu wissen was man hinter sich gelassen hat und was noch ansteht.

»Die Dienstleistung ist erbracht.«

Eigentlich trivial, aber häufig unterschätzt ist die Definition der Aussagen »ich bin fertig« oder »die Dienstleistung ist erbracht«. Immer wieder führt ein unterschiedliches Verständnis dieser Aussagen zu Konfusion und nicht realistischer Einschätzung des Arbeitsstatus. Ein mehr oder weniger großer Teil der internen Aufwände und Tätigkeiten fällt erst an, nachdem der Kunde seine Dienstleistung erhalten hat (z.B. für Abrechnung, Dokumentation der durchgeführten Dienstleistung, Umgang mit Störungen). Daher ist ein gemeinsames Verständnis essenziell, gerade für ein einheitliches Verständnis von Meilensteinen und deren Status.

GP 2.5
Aus- und Weiterbilden

Übrigens auch ein Grund, warum im CMMI die generische Praktik GP 2.5 jedes einzelne Prozessgebiet unterstützt: Es muss sichergestellt sein, dass alle Mitarbeiter (und ggf. auch Kunden) das entsprechende Wissen und die Fähigkeiten haben, um ihre Aufgaben angemessen durchführen zu können.

SG 2
Korrekturmaßnahmen einleiten und abschließen

Die Durchführung von Korrekturmaßnahmen ist der wichtigste Aspekt der Arbeitsverfolgung und -steuerung, denn natürlich wird es auch bei sehr guter Planung immer wieder Abweichungen vom Plan geben. Durch den laufenden Abgleich stellt man diese Abweichungen frühzeitig fest, solange sie noch klein sind und eine Möglichkeit besteht, einzugreifen und sie zu beheben.

Zu den hier behandelten Korrekturmaßnahmen gehört auch die Behebung von Feststellungen aus Kunden-Feedback, internen Reviews, Audits, Appraisals und anderen Qualitätssicherungsmaßnahmen, die naturgemäß nicht vorab detailliert geplant werden können.

Je nach konkreter Situation können sehr unterschiedliche Korrekturmaßnahmen angemessen sein, und das CMMI schreibt bewusst keine konkreten Maßnahmen vor. Infrage kommende Maßnahmen sind z.B. stärkere Fokussierung auf die wichtigsten Aufgaben, zusätzliche Ressourcen (oder auch Abgabe von Ressourcen), Anpassung der Zeitplanung oder der zugesagten Dienstleistungsgüte sowie der Verfügbarkeit und Kapazität. Auch wenn dies natürlich alles keine Allheilmittel sind, so haben sie doch (bei realistischer Planung) eine gute Chance, das Problem zu beheben. Voraussetzung ist, dass die Maßnahmen frühzeitig durchgeführt werden und nicht erst kurz vor Ende festgestellt wird, dass noch ein erheblicher Teil der geplanten Ergebnisse fehlt. Im Extremfall kann aber auch eine komplette Neuplanung oder Abbruch einer Dienstleistung als Korrekturmaßnahme angemessen sein.

Eine Störung (*service incident*) steht im CMMI für einen Hinweis auf eine tatsächliche oder mögliche Beeinträchtigung einer Dienstleistung. Störungen beziehen sich also auf den Betrieb bzw. die Erbringung einer konkreten Dienstleistung und werden im Prozessgebiet »Störungsbehebung und -vermeidung« behandelt. Meist können für die Dokumentation und Verfolgung von Problemen, Störungen, Fehlern, Anfragen, Vorhaben etc. ähnliche Werkzeuge und Mechanismen verwendet werden.

Störungen

Der Knackpunkt aus CMMI-Sicht ist dabei die Nachvollziehbarkeit des tatsächlichen Status der Arbeit. Dazu gehört auch das Wissen über noch relevante bzw. tatsächlich abgeschlossene Korrekturmaßnahmen, egal aus welcher Quelle oder Hierarchie einer Organisation.

Nachvollziehbarkeit des tatsächlichen Status

Ähnlich der Projektplanung gibt es auch bei der Steuerung und Verfolgung der Arbeit eine generische Praktik (GP 2.8), die die Steuerung und Verfolgung der Arbeitsabläufe der einzelnen Prozesse im Vergleich zum Plan erwartet.

GP 2.8
Arbeitsabläufe überwachen und steuern

3.2.4   Zulieferungsmanagement

Wird ein Teil der Erstellung, der Erbringung oder des Betriebs einer Dienstleistung nicht von der Organisation selbst durchgeführt, sondern an einen (internen oder externen) Lieferanten weitergegeben, oder werden wesentliche Aspekte zugekauft, so muss man sicherstellen, dass auch diese Arbeit und ihre Ergebnisse den Anforderungen (wie z.B. der Dienstleistungsgüte) entsprechen. Dazu gehört beispielsweise ein Beratungsunternehmen, das einen externen Berater als Unterauftragnehmer einsetzt, oder ein Taxiunternehmen, das ein Taxi einkauft. Dabei kann es sich auch um fertige Standardprodukte[2] wie verwendete Hard- oder Software handeln.

Vergabe von Aufträgen an Lieferanten

Dieses Thema wird im »Zulieferungsmanagement« (*Supplier Agreement Management*, SAM, Reifegrad 2) behandelt. Der Zweck des Zulieferungsmanagements besteht darin, die Beschaffung von Produkten von Lieferanten zu leiten und zu lenken. Es umfasst die Auswahl geeigneter Lieferanten sowie deren Steuerung, beginnend mit der Vereinbarung von Rechten und Pflichten beider Seiten. Zu dieser Ver-

---

2.   CMMI spricht hier von *Commercial-off-the-shelf*-(COTS-)Produkten.

einbarung gehört üblicherweise die Erstellung einer Abschätzung und Planung durch den Lieferanten, die beidseitig überprüft und genehmigt wird und gegen die Status und Fortschritt überprüft werden. Diese regelmäßige Überprüfung umfasst beispielsweise Reviews auf Managementebene, technische Reviews sowie Reviews auf den Arbeitsfortschritt und Kennzahlen.

Formen von Lieferanten-
vereinbarungen

Die von SAM behandelten Lieferantenvereinbarungen werden u.a. benötigt für:

▦ die externe Erstellung oder Bereitstellung von Dienstleistungsbestandteilen (im weitesten Sinne), die in die Dienstleistung eingehen,

▦ die Erbringung von einzelnen oder ganzen Teilen von Dienstleistungen,

▦ den Kauf von Bestandteilen des Dienstleistungssystems (wie Hard- oder Software) bzw. dessen Entwicklung,

▦ die Beschaffung wichtiger Werkzeuge für die Umsetzung oder Verfolgung von Dienstleistungen (z.B. Kundenkontaktsysteme, Systeme für die Abarbeitung von Anfragen, Störungen und Problemen),

Lieferanten innerhalb der
Organisation

▦ Zulieferungen aus anderen Bereichen der eigenen Organisation, z.B. aus anderen, parallel laufenden Dienstleistungen oder aus zentralen Abteilungen (wie Qualitätssicherung und Test): Auch hier sind geeignete Vereinbarungen notwendig, wer wem wann was zu liefern hat, auch wenn die Anforderungen zur Auswahl der Lieferanten möglicherweise nur sehr eingeschränkt greifen. Die geforderte kriterienbasierte Lieferantenauswahl ist auch in diesem Fall möglich, wobei allerdings das Kriterium »Konzernvorgabe« o.Ä. sehr hohe Priorität bekommt. Es sollte aber nicht das einzige Kriterium sein, sondern zumindest »Lieferfähigkeit« und »Erfahrungen aus der Vergangenheit« sollten mit berücksichtigt werden.

Im Bereich der IT-Dienstleistungen, vor allem bei Nutzung von ITIL (siehe Abschnitt 6.2), spricht man bei solchen Lieferantenvereinbarungen meist von »Underpinning Contracts« bzw. »Operational Level Agreements (OLA)« (nach [ITIL07]):

Underpinning Contract

▦ Ein »Underpinning Contract« ist ein Vertrag zwischen einem IT-Serviceprovider und einer Drittpartei. Die Drittpartei stellt Waren oder Services zur Verfügung, die die Bereitstellung eines IT-Service für einen Kunden unterstützen. Der Underpinning Contract definiert Ziele und Verantwortlichkeiten, um die in einem SLA vereinbarten Service-Level-Ziele zu erreichen.

Operational Level
Agreement (OLA)

▦ Ein »Operational Level Agreement« ist eine Vereinbarung zwischen einem IT-Serviceprovider und einem anderen Teil derselben Organisation. Ein OLA unterstützt die Bereitstellung von IT-Ser-

vices durch den IT-Serviceprovider für den Kunden. Das OLA definiert die zu liefernden Waren oder Services und die Verantwortlichkeiten der beiden Parteien.

Die Bedeutung von Lieferantenvereinbarungen ist weitgehend unabhängig von den Kosten der Zulieferung, d.h., auch kostenlose Zulieferungen wie Open-Source-Software können darunter fallen. Auch hier
muss eine geeignete und kriterienbasierte Auswahl getroffen werden
und es sind beispielsweise Lizenzregeln zu berücksichtigen.

SAM gilt unabhängig von den Kosten der Zulieferung.

Dieses Prozessgebiet wird häufig gemeinsam mit der jeweiligen
Einkaufsabteilung umgesetzt (wenn diese existiert): Die Arbeitsgrup-
pen definieren die Anforderungen an Lieferanten und überwachen den
Arbeitsfortschritt, während die Einkaufsabteilung die Auswahl der
Lieferanten zumindest steuert, evtl. sogar selbst trifft, außerdem Erfah-
rungen mit den Lieferanten von den Arbeitsgruppen abfragt und für
zukünftige Anfragen auswertet und bereitstellt sowie schließlich die
Lieferantenvereinbarungen in Form eines Vertrages abschließt.

Rolle einer Einkaufsabteilung

Um eine konstante Dienstleistungs- bzw. Liefergüte zu gewährleisten, ist es wichtig, nicht nur Vereinbarungen mit dem Lieferanten über
die Zusammenarbeit zu schließen und diese dann umzusetzen, sondern
auch ausgewählte Prozesse des Lieferanten zu bewerten und auf ihre
Eignung zu analysieren sowie ausgewählte Arbeitsergebnisse zu
bewerten (SP 2.1). Eine solche Bewertung von Arbeitsergebnissen ist
meist sinnvoll, um frühzeitig sicherzustellen, dass die benötigten und
erwarteten Endergebnisse geliefert werden.[3]

Bewertung von Lieferantenprozessen und Arbeitsergebnissen

Zum Abschluss werden die gelieferten Ergebnisse oder erbrachten
Leistungen abgenommen (SP 2.2) und in die eigene Umgebung überführt
(SP 2.3). Eine solche Abnahme kann sehr unterschiedlich ausgeprägt sein:
sie kann über Rückmeldungen an den Lieferanten, Stichproben, Audits,
Testläufe, Prüfschritte oder explizit eingebaute Freigaben erfolgen, je nach
Art der erbrachten Leistung. Sinnvollerweise dient die in der Vergangenheit tatsächlich gelieferte Qualität bzw. Dienstleistungsgüte des Lieferanten als Grundlage für die Lieferantenauswahl bei zukünftigen Aufträgen.

Abnahme von Ergebnissen

Die Aufgaben der Organisation bei der Steuerung von laufenden
Zulieferungen entsprechen also in etwa denen des Managements einer
Arbeit im eigenen Haus. Die dafür nötigen Aufwände werden häufig
unterschätzt und daher nicht eingeplant. CMMI erinnert an deren Pla-

Aufwand für die Überwachung

---

3.   In Version 1.2 von CMMI-SVC wurde dieser Aspekt noch höher bewertet und es
     gab eigene spezifische Praktiken für die Überwachung von Lieferantenprozessen
     und die Bewertung von Arbeitsergebnissen. In Version 1.3 sind diese Aktivitäten
     nur noch als Subpraktiken enthalten, dienen also zur Erläuterung, wie die
     Abnahme typischerweise zu verstehen ist.

nung über die generischen Praktiken, wie zum Beispiel GP 2.2 »Arbeitsabläufe planen«, GP 2.3 »Ressourcen bereitstellen« und GP 2.8 »Arbeitsabläufe überwachen«.

Anwendbarkeit von Zulieferungsmanagement

Eine Schwierigkeit ist die Festlegung, was überhaupt unter Zulieferungsmanagement fällt. In manchen Organisationen, wo alle wesentlichen Ergebnisse selbst erarbeitet werden, kann dieses Prozessgebiet nicht anwendbar sein. Zulieferungsmanagement ist seit CMMI v1.2 das einzige Prozessgebiet, das für eine Organisation als »nicht anwendbar« bewertet werden darf und bei dem die Organisation trotzdem noch Reifegrad 2 oder höher erreichen kann. Entscheidend ist die Kritikalität und der Umfang der Zulieferungen: In der Praxis ist es immer anwendbar, wenn Zeit, Kosten und Qualität der Dienstleistungserbringung betroffen sind. Hier kann also eine Risikobetrachtung und bewusste Entscheidung in der Organisation nötig sein, ob Zulieferungsmanagement zum Umgang mit den erkannten Risiken nötig ist. Aus CMMI-Sicht muss Zulieferungsmanagement angewandt werden, wenn eingekaufte Bestandteile/Dienstleistungen an den Kunden ausgeliefert werden.

Behandlung externer Mitarbeiter

Normalerweise fallen externe Mitarbeiter, die nach den gleichen Spielregeln wie interne Mitarbeiter mitarbeiten, nicht unter Zulieferungsmanagement im Sinne von CMMI. Für diese gelten ja bereits die entsprechenden internen Regelungen. Hier ist allerdings darauf zu achten, dass man diese externen Mitarbeiter auch tatsächlich angemessen einbindet und sie beispielsweise die benötigten Schulungen zu internen Prozessen und den Zugriff auf die Definition dieser Prozesse erhalten. Wenn externe Mitarbeiter im größeren Umfang eingesetzt werden, ist es ratsam, Mechanismen zum Kompetenzerhalt und Wissenstransfer einzuführen.

3.2.5   Fortgeschrittenes Management der Arbeit

Auf dem Reifegrad 2 wurden bereits einige Prozessgebiete betrachtet, die die grundsätzliche Planung und Steuerung der Arbeit sicherstellen. Das »Fortgeschrittene Management der Arbeit« (*Integrated Work Management*, IWM, Reifegrad 3) stellt die Integration verschiedener Bereiche und Arbeitsgruppen sicher und passt beschriebene Standardarbeitsabläufe der Organisation auf die konkrete Arbeit an; dies bedeutet im Detail:

Tailoring

▒ Die *Ausgestaltung und Anpassung* (*Tailoring*) relevanter Standardprozesse, die auf der Organisationsebene beschrieben sind: Mehr zur Erstellung von Standardprozessen finden Sie im Prozessgebiet »Organisationsweite Prozessentwicklung«. Wesentlicher Aspekt ist dabei, dass für die Durchführung und Erstellung von Dienstleistungen auf standardisierte Abläufe zurückgegriffen wird, und nicht jedes Mal das Rad neu erfunden wird. Dazu gehören unter anderem die Verwendung von Erfahrungswerten und -wissen, Vorlagen, Werkzeugen, Rollen, Abläufen, Arbeitsergebnissen. Klare Spielregeln für die Ausgestaltung der Prozesse für die konkrete Arbeit sollten dabei zur Anwendung kommen.

▪ Die kontinuierliche *Verbesserung* und der Ausbau der organisationsweiten Prozesse (SP 1.7, ähnlich den Erwartungen von GP 3.2 in allen Prozessgebieten), indem bei der Dienstleistungserbringung bzw. -entwicklung angefertigte und von anderen nutzbare Arbeitsergebnisse der Organisation zur Verfügung gestellt werden: Das Gleiche gilt für Ergebnisse von Messungen, die dann auf der Ebene der Organisation ausgewertet werden und z.B. in ein verbessertes Schätzmodell einfließen, sowie für dokumentierte Erfahrungen, die dazu beitragen, identifizierte Probleme zu vermeiden und die definierten Prozesse zu verbessern und zu ergänzen. Dieser Punkt ist oft schwierig umzusetzen, da er zu einem Zusatzaufwand für den Einzelnen führt, ohne dass dieser selbst einen unmittelbaren Nutzen davon hat (sehr wohl aber die Organisation). Aus diesem Grund sollte der Beitrag zu den Prozess-Assets der Organisation (vgl. Abschnitt 3.3.2) von vornherein als Aufgabe für den Einzelnen bzw. die Arbeitsgruppe mit eingeplant werden; hilfreich ist auch, wenn das dafür benötigte Budget von der Organisation bereitgestellt und z.B. über Gemeinkostenzuschläge finanziert wird.

Kontinuierliche Verbesserung der Abläufe der Organisation

▪ Die *Integration* aller relevanten Pläne zu einer übergreifenden Planung der Arbeit: Solche verschiedenen Pläne (Budgetplan, Ressourceneinsatzplan, Verfügbarkeitsplanung, Qualitätsmanagementplan, Konfigurations- oder Releasemanagementplan etc.) ergeben sich u.a. aus der generischen Praktik GP 2.2, die für jedes Prozessgebiet eine Planung der Arbeitsabläufe erwartet. Die geforderte gemeinsame und integrierte Planung muss nicht ein einzelnes Dokument sein. Meist ist es sinnvoll, übergreifende und statische Inhalte in einer Gesamtplanung festzuhalten (z.B. in einem Handbuch) und sich auf sich öfter ändernde Planungsaspekte zu konzentrieren (z.B. Ressourceneinsatz, Risiken, Probleme). Wie immer im CMMI geht es auch hier darum, die Erwartungen *sinnvoll* umzusetzen, damit sie einen echten Nutzen bringen.

Integration aller relevanten Pläne

▪ Die *Zusammenarbeit* einer Arbeitsgruppe mit den anderen am Erfolg der Arbeit beteiligten Gruppen, wie z.B. andere Dienstleistungsbereiche, Backoffice, First/Second/Third-Level-Support, Vertrieb, Marketing, Qualitätswesen oder Rechenzentrum und

Zusammenarbeit der Beteiligten und Betroffenen

Betriebsführung, Abrechnung/Buchhaltung: Um eine Dienstleistung erfolgreich zu erstellen und zu erbringen, erwartet CMMI hier die klare und abgestimmte Aufteilung der Verantwortlichkeiten, bewusste Identifikation von Abhängigkeiten, eine geplante bzw. laufende Kommunikation der beteiligten Gruppen sowie klare Eskalationswege bei Konflikten.

Teaming   ▥   Die *Zusammenarbeit innerhalb der Arbeitsgruppe (Teaming)* auf Basis gemeinsam erstellter Grundsätze, Werte, Ziele und Spielregeln zur Zusammenarbeit: Ein einfaches Phasenmodell zum Teaming kommt von Bruce Tuckman [Tuck65]:

1. Orientierungsphase (forming)
2. Konfrontationsphase (storming)
3. Kooperationsphase (norming)
4. Wachstumsphase (performing)
5. Auflösungsphase (adjourning)

Zentrales Ziel aller Teams ist es, als Team mehr leisten zu können als die Summe der einzelnen Mitglieder. Ein Team ist eine hierarchieübergreifende kleine strukturierte Arbeitsgruppe und durch einen ausgeprägten Gemeinschaftsgeist und einen starken Zusammenhalt geprägt.

Vernetzung in CMMI   Gerade das Prozessgebiet »Fortgeschrittenes Management der Arbeit« zeigt, wie stark einzelne Ziele und Praktiken verschiedener Prozessgebiete vernetzt sind. Auf der einen Seite werden Standardprozesse benötigt, die Abläufe, Aktivitäten, Rollen, Vorlagen, Checklisten, Werkzeuge und Erfahrungsdaten bereitstellen. Um diese für die einzelne Aufgabe oder Dienstleistung auszugestalten, werden Tailoring-Kriterien und -Richtlinien erwartet. Standardprozess und Tailoring werden dazu in spezifischen Praktiken des Prozessgebiets »Organisationsweite Prozessentwicklung« behandelt. Auf der anderen Seite werden grundlegende Managementaktivitäten erwartet, die in den Prozessgebieten »Planung der Arbeit« (WP) und »Verfolgung und Steuerung der Arbeit« (WMC) beschrieben sind.

Beispiel Stakeholder (SG 2)   Die Einbindung von Beteiligten und Betroffenen (Stakeholder) taucht ebenfalls sowohl in den spezifischen Praktiken (WP SP 2.6, WMC SP 1.5) als auch bei jedem Prozessgebiet in der generischen Praktik GP 2.7 auf. Für eine erfolgreiche Umsetzung von CMMI-SVC ist es daher essenziell, diese Zusammenhänge zu erkennen und zu nutzen. Der Mehrwert im »Fortgeschrittenen Management der Arbeit« (IWM) ist, dass sich die Organisation bereits Gedanken zu typischen Rollen und Funktionen gemacht hat, die für den Erfolg der Arbeit wichtig sind. Für die einzelne Dienstleistung bzw. Arbeitsgruppe müssen dann lediglich die Personen hinter diesen Rollen/Funktionen identifiziert werden. Hinzu kommt, dass über IWM auch entsprechende vordefinierte Eskalationspfade und -mechanismen erkannt und festgelegt werden. Diese helfen sowohl bei Arbeit zwischen Arbeitsgruppen als auch bei der Dienstleistungserbringung, z.B. im Umgang mit Störungen und Beschwerden im Prozessgebiet »Störungsbehebung und -vermeidung«.

»Fortgeschrittenes Management der Arbeit« fungiert hier als eine wesentliche Schnittstelle zwischen den Arbeitsabläufen zum Durchführen der Arbeit und der Prozessverankerung auf Organisationsebene. Abbildung 3–2 zeigt die zwei Ansichtsebenen und deren Zusammenhänge. »Fortgeschrittenes Management der Arbeit« wendet über Tailoring die Standardprozesse an und gibt über prozessbezogene Erfahrungen notwendige Informationen zur Prozessverbesserung an die Organisation zurück. »Prozess- und Produkt-Qualitätssicherung« hingegen stellt sicher, dass die in der Arbeit umgesetzten Tätigkeiten und Ergebnisse auch den Standards, Verfahrensanweisungen und Qualitätskriterien der Organisation genügen. Um das zu erreichen, müssen natürlich die Mitarbeiter ausreichend aus- und weitergebildet werden (siehe »Organisationsweite Aus- und Weiterbildung«).

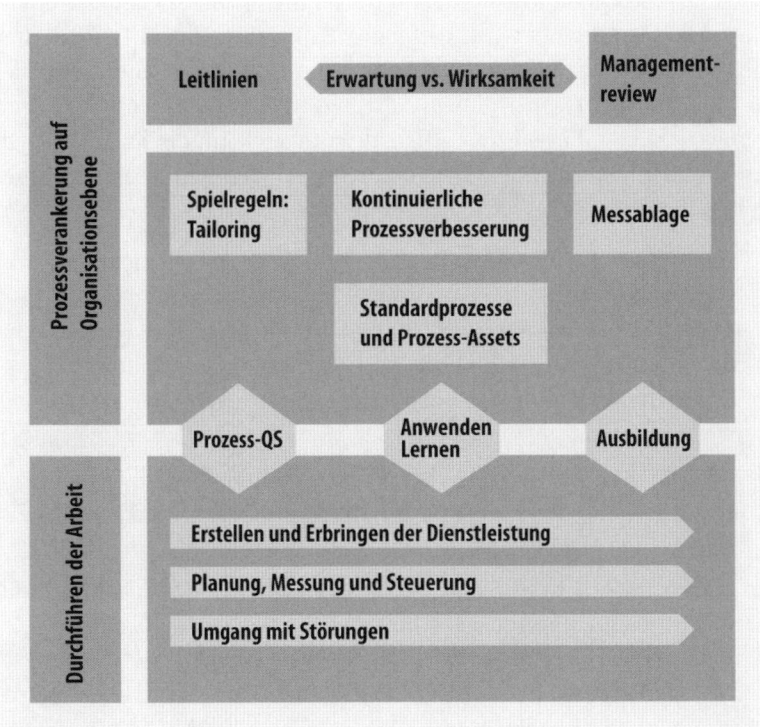

Abb. 3–2

Zusammenhänge zwischen Abläufen auf Organisations- und Arbeitsebene

3.2.6   Kapazitäts- und Verfügbarkeitsmanagement

Effiziente
Ressourcennutzung

Dreh- und Angelpunkt für die effiziente und effektive Nutzung vorhandener Ressourcen und Systeme ist das Management von Kapazität und Verfügbarkeit. Als einfaches Beispiel kann hier eine Reinigungsfirma dienen, die Zusagen darüber macht, wie viel Fläche in einer Stunde zu einem bestimmten Preis gereinigt werden kann (Kapazität). Die Kapazität macht jedoch keine Aussage darüber, ob zu dem gewünschten Zeitpunkt auch Reinigungskräfte zur Verfügung stehen. Für die Reinigungsfirma ist es geschäftsentscheidend, das Personal bestmöglich auszulasten, ohne (zu viele) Kundenanfragen ablehnen zu müssen.

Grundvoraussetzung für das Prozessgebiet »Kapazitäts- und Verfügbarkeitsmanagement« (*Capacity and Availability Management*, CAM, Reifegrad 3) sind daher die Beherrschung von Arbeitsplanung und -verfolgung sowie erhobene Kennzahlen auf den verschiedenen Organisationsebenen: auf Organisations-, Bereichs-, Arbeitsgruppen- bzw. Dienstleistungsebene.

Kapazität

Im Dienstleistungskontext bezieht sich der Begriff Kapazität meist auf die maximale Menge an erfolgreich erbringbaren Dienstleistungen bzw. bearbeitbaren Anfragen in einem gegebenen Zeitraum. Kapazität ist dabei eine Qualitätseigenschaft, die häufig in Dienstleistungsvereinbarungen festgehalten wird. Auf jeden Fall sollte sich ein Dienstleister Gedanken zur eigenen Kapazität machen, um entsprechende Anforderungen an die eigenen Dienstleistungssysteme abzuleiten und zu berücksichtigen. Für einzelne Dienstleistungen kann die Kapazität sich auf die maximale Größe, das Volumen oder den Durchsatz einzelner Systembestandteile beziehen. Hier ein paar Beispiele:

- Anzahl von Fahrzeugen, die innerhalb eines Arbeitstages gewartet werden können.
- Anzahl von Kreditanträgen, die pro Stunde bearbeitet werden können.
- Datenvolumen, das pro Zeiteinheit verarbeitet oder gespeichert werden kann.
- Größe der Fläche, die in einer Stunde gereinigt werden kann.
- Anzahl von Anrufen pro Stunde, die von einem Callcenter bearbeitet werden können.

Im Rahmen der Erstellung einer Strategie für das »Kapazitäts- und Verfügbarkeitsmanagement« sollten beispielsweise die folgenden Ressourcen, die die Verfügbarkeit von Dienstleistungen und Dienstleistungssystemen betreffen, berücksichtigt werden: Mitarbeiter, Hardware, Strom, verfügbarer Raum.

Im Dienstleistungskontext beschreibt Verfügbarkeit die Menge an Zeitpunkten, Orten und anderen Umständen, zu denen Dienstleistungen erbracht und Anfragen bearbeitet werden können.

Verfügbarkeit

Wie die Kapazität ist auch die Verfügbarkeit eine Qualitätseigenschaft, für die es unterschiedliche Definitionen und Messungen für verschiedene Arten von Dienstleistung und Dienstleistungssystemen gibt. Dabei müssen auch unterschiedliche Perspektiven berücksichtigt werden: die Geschäftssicht (Organisation, Bereiche und Arbeitsgruppen), die Endbenutzersicht, die Kundensicht und die Dienstleistersicht. Die Festlegung der jeweiligen Verfügbarkeit basiert auf einem entsprechenden Verständnis, wie einzelne Bestandteile eines Dienstleistungssystems zur Erfüllung von Dienstleistungsanforderungen beitragen. Meist stehen Anforderungen an die Verfügbarkeit sowie deren Messung im Zusammenhang mit anderen verwandten Qualitätseigenschaften, wie Wartbarkeit, Zuverlässigkeit, Nachhaltigkeit und Sicherheit. Im Folgenden sind Beispiele für Systembestandteile, die von Verfügbarkeitsüberlegungen betroffen sein können, aufgeführt:

- Narkotika in einem Operationssaal
- Mitarbeiter in einem Taxiunternehmen oder Callcenter
- Vorratshaltung
- Fahrzeuge wie Busse, Taxis und Lastwagen bei einem Transportunternehmen
- IT-Systeme (Rechenzentren, Datenbanken, redundante Systeme)

Die Verfügbarkeit einer Dienstleistung hängt von vielen Faktoren ab, z.B. der Verfügbarkeit einzelner Systembestandteile, der Widerstandsfähigkeit und Robustheit von Bestandteilen des Dienstleistungssystems, der Qualität der Wartungsarbeiten an einem System oder der Wirksamkeit der Dienstleistungsprozesse.

Das Kapazitätsmanagement fokussiert darauf, wie man am besten Ressourcen bereitstellen kann, um den Kundenwunsch nach der Erbringung einer Dienstleistung zu erfüllen. Verfügbarkeit der Ressourcen wird benötigt, um die Dienstleistung mit der gewünschten Qualität und im Rahmen der Vereinbarungen zu Zeitpunkt, Dauer und Umfang zu erbringen. Kapazität und Verfügbarkeit hängen stark voneinander ab. Aus Kundensicht besteht natürlich der Wunsch nach sofortiger Verfügbarkeit beliebiger Kapazitäten. Für den Dienstleister bedeutet es eine Gradwanderung: auf der einen Seite teuer bezahlte Kapazitäten und Verfügbarkeit, auf der anderen die Kundenzufriedenheit.

Kapazität und Verfügbarkeit

Die Tatsache, dass Dienstleistungen gleichzeitig erbracht und verbraucht werden und daher nicht auf Vorrat produziert und gespeichert werden können, stellt das »Kapazitäts- und Verfügbarkeitsmanage-

Herausforderungen

ment« vor einige Herausforderungen: Ohne entsprechende Verfügbarkeit und Kapazität entstehen Wartezeiten und zusätzliche Kosten, die zu sinkender Kundenzufriedenheit führen. Kosten können umgekehrt aber auch durch Überkapazitäten entstehen, wenn eine entsprechende Nachfrage ausbleibt. Ein Beispiel für Herausforderungen im Kapazitätsmanagement ist eine sinnvolle Auslastung bei Fluglinien (Umgang mit Überbuchungen). Mögliche Störungen in der Verfügbarkeit einer Dienstleistung reichen von Fehlplanung (z.B. in der Logistik) über den Verschleiß (z.B. des Taxis) zu Krankheit und Urlaub kritischer Ressourcen (z.B. des Taxifahrers).

Darstellungsweisen und Modelle von Dienstleistungssystemen

Ein zentrales Element für »Kapazitäts- und Verfügbarkeitsmanagement« ist die (quantitative) Beschreibung oder Modellierung von Dienstleistungssystemen. Die daraus entstehenden Modelle unterstützen

- Verhandlungen zu Dienstleistungsvereinbarungen,
- Schätzungen und Planungen,
- Festlegung von Korrekturmaßnahmen,
- Ressourcenzuweisung und -planung sowie
- Planung zukünftiger Dienstleistungsangebote.

Eine solche Darstellung eines Dienstleistungssystems basiert meist auf Simulationen, Graphen oder Prototypen. Bei entsprechender Gestaltung geben diese Darstellungen oder Modelle eine (quantitative) Einsicht in das Verhalten des Dienstleistungssystems und können eine Grundlage für die Reifegrade 4 und 5 bilden.

Erwartete Aktivitäten

»Kapazitäts- und Verfügbarkeitsmanagement« umfasst nach CMMI-SVC die folgenden Aktivitäten:

- Aufstellen einer entsprechenden Strategie
- Erstellen und Nutzen von Darstellungsweisen von Dienstleistungssystemen
- Bereitstellen angemessener Ressourcen
- Überwachen, Analysieren und Berichten des aktuellen und zukünftigen Bedarfs an Dienstleistungen, Ressourcennutzung, Kapazität, Leistungsfähigkeit des Dienstleistungssystems und der Dienstleistungsverfügbarkeit
- Bestimmen von entsprechenden Korrekturmaßnahmen, um Kapazität und Verfügbarkeit sicherzustellen.

3.2.7 Risikomanagement

Ein Risiko ist definiert als ein mögliches, noch nicht eingetretenes Ereignis, das eine (Schadens-)Auswirkung hat. Die Größe eines Risikos ist gegeben durch:

Definition Risiko

> Risiko = (Höhe des potenziellen Schadens) × (Wahrscheinlichkeit des Eintretens)

In der Sprache der Wahrscheinlichkeitslehre handelt es sich um den Erwartungswert für die Schadenshöhe.

Nicht zu den Risiken gehören Ereignisse oder Schäden, die mit Sicherheit eintreten werden, bei denen also die Eintrittswahrscheinlichkeit 100 % beträgt (also klassische Probleme oder Störungen des Betriebs).

Unterscheidung Risiko – Schaden

Beim »Risikomanagement« (*Risk Management*, RSKM, Reifegrad 3) geht es darum, Risiken, die den Arbeitserfolg beeinträchtigen oder sogar verhindern können, zu managen und den Erfolg trotz der Risiken sicherzustellen.

In diesem Prozessgebiet werden die bereits auf Reifegrad 2 vorhandenen Erwartungen zu Identifikation, Analyse und Verfolgung von Risiken ausgebaut (siehe »Planung der Arbeit« (SP 2.2) und »Verfolgung und Steuerung der Arbeit« (SP 1.3)).

Ziel des Risikomanagements ist es, potenzielle Probleme (Schäden) zu identifizieren, bevor sie eingetreten sind, und nach Bedarf Korrekturmaßnahmen zu planen und umzusetzen. Eine Korrekturmaßnahme kann dabei zwei unterschiedliche Aspekte beinhalten: die Minderung der Eintrittswahrscheinlichkeit bzw. Rückfallmaßnahmen im Falle des Eintritts des Risikos. Wichtigste Parameter für die Entscheidung über mögliche Korrekturmaßnahmen sind üblicherweise

- die Größe des Risikos bzw., genauer gesagt, der durch die Korrekturmaßnahme erreichte Unterschied in der Größe des Risikos und
- die Kosten der Korrekturmaßnahme.

Entscheidung über Maßnahmen gegen Risiken

Auf dieser Basis entscheidet man, inwieweit man bereit ist, ein bestimmtes Risiko zu tragen, bzw. inwieweit man Gegenmaßnahmen ergreift.

Diese Identifikation von Gegenmaßnahmen zu Risiken im Rahmen der Dienstleistungserstellung, -überführung und -erbringung ist wichtig, stellt aber nur den ersten Schritt beim Risikomanagement dar. Mindestens genauso wichtig ist die laufende Überwachung der Risiken, um zu prüfen, ob neue Risiken dazugekommen und ob beste-

Laufende Überwachung der Risiken

hende Risiken größer oder kleiner geworden sind, ob also neue Gegenmaßnahmen notwendig sind oder bereits gestartete Gegenmaßnahmen
eingestellt werden können. Gerade für ein systematisches Risikomanagement ist es nötig, klare Mechanismen auf jeder Hierarchieebene
einer Organisation vorzuhalten.

3.2.8   Kontinuitätsmanagement

Risiken auf Organisationsebene, die den laufenden Betrieb signifikant
gefährden (Katastrophenfälle), behandelt das Prozessgebiet »Kontinuitätsmanagement« (*Service Continuity*, SCON, Reifegrad 3). Ziel ist
es, sich als Organisation auf mögliche Katastrophenfälle vorzubereiten
und Mechanismen vorzuhalten, auf die im Katastrophenfall zurückgegriffen werden kann, um zumindest einen grundlegenden Dienstleistungsbetrieb zu gewährleisten.

Bevor eine Planung für die Aufrechterhaltung der Dienstleistungskontinuität erstellt wird, sollten folgende Aspekte identifiziert und
analysiert werden:

- Unternehmenskritische Dienstleistungen
- Essenzielle Funktionen, die die zu erbringenden Dienstleistungen
  unterstützen
- Kritische Ressourcen und deren Priorität für die Aufrechterhaltung
  der Dienstleistungen
- Mögliche Risiken und Gefahren für diese Ressourcen
- Die Anfälligkeit des Dienstleisters für diese Risiken
- Die Auswirkungen der Risiken/Gefahren für das Aufrechterhalten
  von Dienstleistungen

Kritische Ressourcen   Die Art der kritschen Ressourcen hängt stark von der Art der erbrach-
ten Dienstleistung ab. Die Spanne reicht von unternehmenswichtigen
Personen (Nachfolgeregelungen, Abhängigkeiten, Partner) über
Dienstleistungsbestandteile (z.B. Hardwarekomponenten, Lieferwege,
logistische Informationen, Rechenzentren) und Aufzeichnungen (wie
Kundeninformationen, Verträge, Datenschutz, jegliche Art von IT-
Datenbanken, Abrechnungsinformationen) bis hin zu Versicherungen
und rechtlichen Absicherungen.

Kontinuitätsplanung   Auf Basis dieser Vorüberlegung kann ein entsprechender Kontinu-
itätsplan erstellt werden. Vorgehensweisen und Mechanismen für den
Katastrophenfall müssen aufgesetzt und implementiert werden (ggf.
unterstützt durch das Prozessgebiet »Entwicklung von Dienstleistungssystemen«). Die entsprechenden Rückfallmaßnahmen müssen
natürlich geplant, geschult und immer wieder auch in der Praxis getes-

tet werden (d.h. den Stecker tatsächlich einmal ziehen). Beispiele für Maßnahmen sind redundante Systeme, Vertretermechanismen, Nachfolgeregelungen, Backups, Notfallpläne, definierte Kommunikations- und Eskalationswege.

Es besteht eine enge Verwandtschaft mit dem Prozessgebiet »Risikomanagement«. Hier finden Sie mehr zu Risikoparametern und Umgang mit Korrekturmaßnahmen.

In Summe muss die Fortführung der Geschäftstätigkeit unter Krisenbedingungen oder zumindest unvorhersehbar erschwerten Bedingungen abgesichert sein.

3.3 Prozessgebiete der Kategorie »Prozessmanagement«

Prozessgebiete der Kategorie »Prozessmanagement« behandeln die Einführung, Nutzung und Verbesserung standardisierter Prozesse in der Organisation. Diese Aspekte werden mit Reifegrad 3 relevant, während es auf Reifegrad 2 noch keine Prozessgebiete in dieser Kategorie gibt.

Wie bereits in Abschnitt 2.5.1 erläutert, ist dieses Verständnis des Begriffs »Prozessmanagement« von dem in anderen Umfeldern verwendeten Verständnis des Prozessmanagements als Management der Organisation durch Prozesse und deren bewusste Nutzung zu unterscheiden.

Zusätzlich zu den im Folgenden beschriebenen Prozessgebieten auf Reifegrad 3 gibt es noch zwei Prozessgebiete auf höheren Reifegraden, nämlich:

Prozessmanagement auf Reifegrad 4 und 5

- Organisationsweites Prozessfähigkeitsmanagement (Reifegrad 4)
- Organisationsführung auf Basis der Prozessleistung (Reifegrad 5)

Da der Schwerpunkt dieses Buches auf den Grundlagen von CMMI-SVC liegen soll, werden diese fortgeschrittenen Themen hier nicht weiter behandelt.

3.3.1 Organisationsweite Prozessausrichtung

Aufgabe der »Organisationsweiten Prozessausrichtung« (*Organizational Process Focus*, OPF, Reifegrad 3) ist die kontinuierliche Verbesserung der Prozesse der Organisation. OPF unterstützt damit die Definition und Aufrechterhaltung der Standardprozesse, die durch die generische Praktik GP 3.1 in allen Prozessgebieten ab Stufe 3 sowie im Prozessgebiet »Organisationsweite Prozessentwicklung« (siehe Abschnitt 3.3.2) erwartet werden, und nutzt dazu unter anderem die gemäß GP 3.2 (siehe Abschnitt 3.5.3) gesammelten Verbesserungsinformationen.

Verbesserungs-
informationen

Verbesserungsinformationen als Grundlage für Entscheidungen über Verbesserungen (siehe auch Kap. 4 zur Vorgehensweise bei der Prozessverbesserung) können aus vielen Quellen stammen, beispielsweise:

Rückmeldungen
der Benutzer

▓ *Rückmeldungen der Benutzer der Prozesse*, also derjenigen Mitarbeiter, die nach diesen Prozessen arbeiten (sollen). Wenn man es schafft, dass die Mitarbeiter sofort ihre Anmerkungen zu den Prozessen geben, wenn ihnen ein Fehler, eine unvollständige Beschreibung oder eine andere Verbesserungsmöglichkeit auffällt, dann bekommt man auf diese Weise hilfreiche Rückmeldungen zur Qualität und zur Nutzung der Prozesse und eine ständige Quelle von Verbesserungsvorschlägen. Um das zu erreichen, ist es wichtig, den Mitarbeitern die Rückmeldung mit wenig Aufwand zu ermöglichen. Wer erst ein umständliches Formular ausfüllen und dann lange nach einem Verantwortlichen für die Bearbeitung der Verbesserung suchen muss, wird sich diese Mühe nur bei hohem Leidensdruck oder großem Engagement machen. Wesentlich mehr Rückmeldungen wird man dagegen bekommen, wenn Mitarbeiter ihre Verbesserungsideen sehr einfach einbringen können. Dies kann beispielsweise im Rahmen einer Teambesprechung geschehen oder über die Möglichkeit, direkt am Rechner von der elektronischen Prozessbeschreibung aus per Knopfdruck eine Mail an die Verantwortlichen zu schreiben. Voraussetzung dafür ist natürlich, dass diese Verbesserungsideen auch aufgegriffen und kurzfristig umgesetzt werden bzw. deren Ablehnung oder verzögerte Umsetzung begründet wird. Nur dann bleibt die Motivation der Mitarbeiter erhalten, solche Vorschläge einzureichen.

Einschränkend muss man sagen, dass man bei diesen Rückmeldungen hauptsächlich kleine Verbesserungsvorschläge erhält, die meistens dazu führen, dass die Beschreibung der Prozesse ausgebaut und damit größer wird. Eine Reduzierung und Vereinfachung ist auf diesem Weg eher die Ausnahme, auch wenn die pauschale Aussage »Die Prozessdokumentation ist zu umfangreich« immer wieder zu hören ist.

Messdaten

▓ *Messdaten aus Messungen* der Abläufe, die belegen, dass ein bestimmtes Problem besteht und der Ablauf verbessert werden sollte. Gibt es beispielsweise viele Rückfragen oder unberechtigte Störungsmeldungen von Kunden zu einer Dienstleistung, so könnte

das auf einen umständlichen Ablauf oder auf Lücken in der
Beschreibung der Leistung hinweisen.

■ *Ergebnisse von Qualitätssicherungsmaßnahmen wie beispielsweise* *Ergebnisse von Reviews*
Audits. Werden hierbei systematische, immer wieder auftretende *und Qualitätssicherung*
Probleme aufgedeckt, dann sollte man geeignete Prozessverbesse-
rungen prüfen. Zu diesen Qualitätssicherungsmaßnahmen gehören
auch Prozessbewertungen, sogenannte Appraisals (vgl. Abschnitt
5.2), die besonderen Wert auch auf die Identifizierung von Verbesserungsmöglichkeiten legen. Die Begutachtung der Prozesse, beispielsweise durch ein solches Appraisal, wird entsprechend der spezifischen Praktik SP 1.2 erwartet.

■ *Rückmeldungen von Kunden.* Da Dienstleistungen meist im direk- *Rückmeldungen von*
ten Kontakt mit Kunden erbracht werden, sind deren Rückmel- *Kunden*
dungen hier auch besonders relevant für eine Bewertung und Verbesserung der Prozesse. Diese Rückmeldungen können über
Kundenbefragungen, Rückmeldebögen bei Abschluss einer Dienstleistung und natürlich auch durch Sammlung und Auswertung von
direkten Kommentaren bei der Leistungserbringung sowie von
Beschwerden und Reklamationen gesammelt werden. Siehe dazu
auch den in Abschnitt 6.3.2 behandelten SERVQUAL-Ansatz.

Wenn die definierten Prozesse wirklich genutzt und die Verbesserungs- *Auswahl, Planung und*
vorschläge ernsthaft gesammelt werden, bekommt man sehr schnell *Umsetzung von*
mehr Vorschläge zusammen, als man umsetzen kann und will. Manche *Verbesserungen*
davon werden sich widersprechen oder keine echte Verbesserung sein
bzw. nicht den Aufwand rechtfertigen. Aus diesem Grund umfasst die
spezifische Praktik SP 1.3 zuerst die Sammlung der vorgeschlagenen
Prozessverbesserungen und anschließend die Analyse und Entscheidung, welche davon tatsächlich umgesetzt werden sollen. Daraus folgt
der nächste Schritt, nämlich die Planung und Umsetzung der ausgewählten Verbesserungen und schließlich deren Einführung in der
Organisation.

Unter den »Prozess-Assets der Organisation« versteht CMMI die *Prozess-Assets der*
Erzeugnisse (*artifacts*), die sich auf die Beschreibung, Umsetzung und *Organisation*
Verbesserung der Prozesse beziehen, also neben den Standardprozes-
sen selbst und ihren Beschreibungen eine Sammlung oder »Bibliothek«
(siehe SP 1.5 der »Organisationsweiten Prozessentwicklung«,
Abschnitt 3.3.2) dieser Standardprozesse und Beschreibungen mit den
zugehörigen Vorlagen, Beispielen, Checklisten und Schulungsmateria-
lien. Zumindest einen wesentlichen Teil der Prozess-Assets findet man
bei ISO-9001-zertifizierten Organisationen üblicherweise im QM-
Handbuch und seinen Anhängen (Arbeitsanweisungen etc.). Außer-

dem gehören zu den Prozess-Assets noch die gesammelten Daten erhobener Messungen.

Asset   Mit dem Begriff »Asset« soll dabei verdeutlicht werden, dass es sich bei den Prozess-Assets um Werte handelt, in die die Organisation investiert hat.

3.3.2   Organisationsweite Prozessentwicklung

Im Prozessgebiet »Organisationsweite Prozessentwicklung« (*Organizational Process Definition*, OPD, Reifegrad 3) werden die in der Organisation zu nutzenden Prozesse bereitgestellt, damit sie (im Rahmen des »Fortgeschrittenen Managements der Arbeit«) für die einzelnen Dienstleistungen übernommen und nach Bedarf angepasst werden können.

Definition der Prozesse abhängig vom Nutzen   Dazu gehört vor allem die Aufgabe, alle wichtigen Prozesse der Organisation zu definieren und diese Definitionen zu pflegen. Dabei ist jeweils individuell zu entscheiden, welche Prozesse als ausreichend wichtig angesehen werden und wie detailliert die Definition sein soll. Wichtigstes Kriterium ist dabei der Nutzen, den die Organisation aus der Definition der Prozesse zieht, was allerdings einen großen Interpretationsspielraum lässt. Einen hohen Nutzen zieht man typischerweise vor allem aus der Definition solcher Arbeitsabläufe, die ein hohes Risiko beinhalten oder die sehr häufig durchgeführt werden, sowie gruppenübergreifender Prozesse mit hohem Abstimmungsbedarf.

Die wichtigsten zu entwickelnden Prozesse sind sicher die, die sich direkt auf die Erbringung der Dienstleistung beziehen. Relevant sind aber auch andere Prozesse, einschließlich der Prozesse zur Verbesserung und zur Definition der Dienstleistungsprozesse selbst.

Bei der in diesem Prozessgebiet behandelten Vorgehensweise zur Definition der verschiedenen Prozesse geht es beispielsweise um Fragen wie die, wer einen Prozess definiert und wer ihn dann genehmigt, wie er eingeführt und verbindlich gemacht wird oder in welchem Format der Prozess definiert wird.

Format der Prozessdefinition   Für das Format dieser Prozessdefinitionen gibt es viele sehr unterschiedliche Möglichkeiten. Mit Abstand am weitesten verbreitet ist sicher die Beschreibung als Textdokument, evtl. ergänzt durch ein Ablaufdiagramm, in dem die einzelnen Schritte mit ihren Ergebnissen und den verantwortlichen Rollen dargestellt sind. Dieses Dokument wird dann je nach Organisation als Verfahrensanweisung, Richtlinie, Rundverfügung o.Ä. veröffentlicht.

Der Kern praktisch jeder Prozessdefinition besteht aus den Komponenten Aktivität, Ergebnis und Rolle, unabhängig davon, in welchem Format der Prozess beschrieben wird. Lediglich die Schwerpunkte werden unterschiedlich gelegt und verschiedene zusätzliche Informationen aufgenommen.

Prozessdefinition besteht in erster Linie aus Aktivitäten, Ergebnissen und Rollen.

Neben der Festlegung und Umsetzung geeigneter Vorgehensweisen zur Definition, Abnahme und Verbesserung von organisationsweiten Prozessen umfasst OPD die Einrichtung einer Prozessbibliothek. In einer solchen Bibliothek werden die Prozesse den Benutzern, also den Mitarbeitern, die die Prozesse umsetzen (sollen), bereitgestellt.

Die Umsetzung dieser definierten Arbeitsabläufe ist dann nicht mehr Bestandteil dieses Prozessgebietes, sondern des »Fortgeschrittenen Managements der Arbeit«.

Ebenfalls Teil von OPD ist die Messablage der Organisation, in der Kennzahlen zu Dienstleistungen und Abläufen gesammelt werden, um sie für die Bewertung und Verbesserung von Vorgehensweisen sowie die Schätzung der Arbeitsaufwände verfügbar zu machen. Entscheidend ist an dieser Stelle, dass die Daten nicht nur in einer Ablage verschwinden, sondern wirklich verfügbar sind und genutzt werden.

Messablage der Organisation

Aus der generischen Praktik GP 2.3 »Ressourcen bereitstellen« ergibt sich die Forderung, eine Gruppe von Mitarbeitern zu benennen, die die Verantwortung für die Erarbeitung und Bereitstellung der Prozesse trägt.

Prozessgruppe

3.3.3 Organisationsweite Aus- und Weiterbildung

Aufgabe der »Organisationsweiten Aus- und Weiterbildung« (*Organizational Training*, OT, Reifegrad 3) ist es, interne und externe Mitarbeiter so weiterzuentwickeln, dass sie ihre Aufgaben effektiv und effizient wahrnehmen können.

Aus- und Weiterbildung ist auf verschiedenen Ebenen relevant:

Ebenen des Trainingsbedarfs

- Auf der Ebene der Organisation: Diese strategische Sicht ist der Schwerpunkt dieses Prozessgebietes, das das Aufsetzen sowie die Durchführung übergreifender Aus- und Weiterbildungsmaßnahmen behandelt. Insbesondere besuchen hier nicht nur einzelne Mitarbeiter eine externe Schulung, sondern die Organisation führt die Schulungen selbst für einen größeren Kreis von Teilnehmern durch, häufig in Kooperation mit einem externen Schulungsanbieter.

Organisationsebene

- Auf der Ebene der Aufgabe oder der Dienstleistung: Wenn ein Mitarbeiter eine Aufgabe übernimmt, z.B. eine bestimmte Dienstleistung teilweise oder ganz zu erbringen, dann ist zu klären, ob er die

Ebene der Aufgabe oder Dienstleistung

benötigte Qualifikation bereits hat oder ob irgendwelche Schulungsmaßnahmen erforderlich sind. Dieser Aspekt wird in CMMI in erster Linie im Rahmen der Planung der Arbeit (siehe Abschnitt 3.2.2) und in der generischen Praktik GP 2.5 (siehe Abschnitt 3.5.2) behandelt.

Mitarbeiterebene   ▥ Auf der Ebene der einzelnen Mitarbeiter: Mitarbeiter wollen oder sollen sich in eine bestimmte Richtung weiterentwickeln, beispielsweise für eine Führungsaufgabe qualifiziert werden, oder sie wollen eine Schulung besuchen, um ihre derzeitigen Aufgaben besser durchführen zu können oder neue Entwicklungen kennenzulernen. Diese Ebene wird bei vielen Unternehmen durch jährliche Mitarbeitergespräche umgesetzt. In CMMI wird diese Ebene allerdings nicht direkt abgedeckt.

Natürlich sind diese Ebenen nicht unabhängig voneinander, aber sie betrachten unterschiedliche Sichtweisen, wobei jede für sich wichtig ist.

Beispiel 3–1
Ausbildung für eine neue
Dienstleistung

Mit dem neuen §8a des Sozialgesetzbuches VIII (SGB VIII) wurde 2005 der Auftrag an Kinder- und Jugendhilfeeinrichtungen ausgebaut, die betreuten Kinder und Jugendlichen vor Misshandlung und Vernachlässigung zu schützen. Wenn »das Wohl eines Kindes gefährdet ist«, dann müssen die Einrichtungen unter anderem zur Abstimmung der weiteren Maßnahmen eine »insoweit erfahrene Fachkraft« (Kinderschutzfachkraft) hinzuziehen.

Für diese neue Dienstleistung, nämlich den erweiterten Schutz der Kinder vor Gefährdung, ergibt sich daraus der Bedarf, solche Kinderschutzfachkräfte auszubilden bzw. die benannten Kinderschutzfachkräfte für diese neue Rolle auszubilden.

Aus CMMI-SVC-Sicht taucht dieser Bedarf zuerst einmal bei der Planung der Arbeit auf (Prozessgebiet »Planung der Arbeit«, SP 2.5) sowie bei der Forderung nach der Aus- und Weiterbildung der Mitarbeiter, die diese neue Dienstleistung erbringen sollen (generische Praktik GP 2.5, Prozessgebiet »Dienstleistungserbringung«).

Für ein Jugendamt einer größeren Stadt geht es hierbei aber nicht um einzelne Personen, die zu einer externen Schulung geschickt werden, sondern es handelt sich um eine größere Anzahl von Mitarbeitern, die qualifiziert werden müssen. Daher lohnt es sich ggf. auch aufgrund der Bedeutung der Aufgabe, gemeinsam mit anderen selbst ein entsprechendes Ausbildungsprogramm aufzusetzen bzw. ein vorhandenes Programm ausbauen. Hierbei handelt es sich dann um eine organisationsweite Aus- und Weiterbildung im Sinne des entsprechenden Prozessgebietes von CMMI-SVC.

Aufgrund der hohen Bedeutung des Verhaltens der Mitarbeiter für die Erbringung einer Dienstleistung ist auch eine entsprechende Qualifikation der Mitarbeiter notwendig. Dabei geht es einerseits um die fachliche Qualifikation, andererseits aber ganz wesentlich auch um deren »Soft Skills«, also die Fähigkeit der Mitarbeiter, angemessen auf die Wünsche und Bedürfnisse der Kunden einzugehen.

Unter Aus- und Weiterbildung wird im CMMI nicht nur Schulung im engeren Sinne verstanden, sondern alle Maßnahmen zur Qualifizierung der Mitarbeiter. Dazu gehören beispielsweise auch:

- *Training-on-the-Job*, allerdings im Sinne eines echten systematischen Trainings und nicht als Vorwand, Mitarbeiter ohne Training »ins kalte Wasser zu werfen«. Systematisches Training-on-the-Job umfasst eine Planung der zu trainierenden Inhalte, eine Festlegung der Vorgehensweise beim Training sowie eine Überprüfung des Trainingserfolges zum Abschluss.

  Training-on-the-Job

- *Coaching*, also die Durchführung der zu trainierenden Aufgaben mit Unterstützung und Anleitung eines »Coaches«, üblicherweise eines erfahrenen Mitarbeiters. Coaching ist vor allem geeignet für Aufgaben, bei denen weniger Fachwissen als Erfahrung gefragt ist, beispielsweise als Ergänzung einer theoretischen Ausbildung.

  Coaching

- *Training durch Studium von Dokumentation* ist eine weitere Schulungsmethode, die im entsprechenden Rahmen sehr sinnvoll sein kann, bei der aber ähnlich dem Training-on-the-Job die Gefahr besteht, sie als Deckmantel dafür zu benutzen, dass keine Schulung stattfindet. Andererseits ist es gerade der Sinn der Dokumentation von Prozessen, dass man sie nachlesen kann und nicht darauf angewiesen ist, sie von jemand anderem, z.B. einem Trainer, erläutert zu bekommen. In diesem Fall sollte zumindest ein kompetenter Ansprechpartner für Fragen bereitstehen.

  Training durch Studium von Dokumentation

Erster Schritt bei der organisationsweiten Aus- und Weiterbildung ist die Klärung des Schulungsbedarfs der Organisation, basierend u.a. auf der strategischen Planung der Organisation und auf den Schulungsbedürfnissen, die sich aus der in jedem Prozessgebiet in GP 2.5 (siehe Abschnitt 3.5.2) erwarteten Schulung der beteiligten Personen und den einzelnen Mitarbeitergesprächen ergeben. Dazu müssen beispielsweise die verschiedenen an den Prozessen beteiligten Rollen und die für diese Rollen benötigten Qualifikationen geklärt werden.

Im nächsten Schritt wird ein Schulungsplan der Organisation erstellt, in CMMI als »operativer Aus- und Weiterbildungsplan« bezeichnet. Hierbei handelt es sich um die Planung der von der Organisation verantworteten Trainingsaktivitäten, um gemeinsame Schulungsbedürfnisse der verschiedenen Dienstleistungen abzudecken.

Trainingsplan

Der letzte Vorbereitungsschritt (SP 1.4) stellt die benötigte Aus- und Weiterbildung bereit. Für organisationsspezifische Themen wird man diese Schulungen selbst entwickeln und durchführen müssen, während man für Standardthemen meist besser externe Standardschulungen nutzt, die bei Bedarf für die eigenen Rahmenbedingungen und Vorgehensweisen angepasst werden.

Durchführung des Trainings

Auf Grundlage dieser Vorbereitung wird dann das benötigte Training durchgeführt. Neben der Durchführung der Schulungen im engeren Sinne gehört dazu auch, dass man Aufzeichnungen über die durchgeführten Schulungen führt, um nachvollziehen zu können, dass die benötigten Schulungsmaßnahmen tatsächlich stattgefunden und die Mitarbeiter die benötigten Qualifikationen erhalten haben.

Bewertung der Effektivität des Trainings

Nach Abschluss wird die Effektivität der Aus- und Weiterbildung überprüft, ob also die Mitarbeiter auch tatsächlich die benötigte Qualifikation bekommen haben. Eine häufig verwendete Methode dazu sind Fragebögen, die die Teilnehmer am Schluss einer Schulung ausfüllen. Diese sind aber nur begrenzt aussagekräftig zur Effektivität der Aus- und Weiterbildung, da deren Ergebnis stark von anderen Faktoren wie der Stimmung der Teilnehmer abhängt. Aussagekräftiger, aber wesentlich schwieriger auszuführen sind ähnliche Fragebögen, die nach mehreren Monaten zur Umsetzung der Schulungsinhalte ausgefüllt werden, evtl. sogar nicht (nur) von den Teilnehmern selbst, sondern auch von deren Vorgesetzten.

3.4   Prozessgebiete der Kategorie »Unterstützungsprozesse«

Die Kategorie »Unterstützungsprozesse« enthält eine Reihe von Prozessgebieten, die nicht direkt zur Erbringung der Dienstleistungen beitragen, sondern die die anderen Prozessgebiete unterstützen. So beschreibt das erste Prozessgebiet dieser Kategorie, »Messung und Analyse«, beispielsweise die notwendige Infrastruktur, um Kennzahlen zu definieren und zu nutzen, die dann bei der Umsetzung eines Prozesses wie der Projektverfolgung und -steuerung oder der Erbringung von Dienstleistungen benötigt werden.

Viele dieser Prozessgebiete sind auch direkt verbunden mit einer generischen Praktik (siehe Abschnitt 3.5), beispielsweise das Prozessgebiet »Prozess- und Produkt-Qualitätssicherung« mit der generischen Praktik GP 2.9 »Prozesseinhaltung objektiv bewerten«. Die generische Praktik kann hier als Erinnerung verstanden werden, das unterstützende Prozessgebiet »Prozess- und Produkt-Qualitätssicherung« auf die Ergebnisse aller betrachteten Prozessgebiete anzuwenden.

3.4.1   Messung und Analyse

Zweck von »Messung und Analyse« (*Measurement and Analysis,* MA, Reifegrad 2) ist es, dem Management und den Mitarbeitern Informationen als Basis von Entscheidungen bereitzustellen.

Hierbei handelt es sich um ein Prozessgebiet auf Stufe 2 in der Kategorie »Unterstützungsprozesse«, in dem keine Messungen vorgegeben sind, sondern die Festlegung der zu erhebenden Messungen am Informationsbedarf ausgerichtet wird. »Messung und Analyse« hat also die Aufgabe, Informationsbedürfnisse aus den anderen Prozessgebieten zu befriedigen und Fragen zu diesen zu beantworten. Dieses Prozessgebiet stellt den Rahmen zur Verfügung, wie die Messungen nach einem einheitlichen Vorgehen definiert und Messwerte erhoben und ausgewertet werden.

Messung und Analyse als eigenes Prozessgebiet

Dieses Vorgehen ist stark am *Goal-Question-Metric*-Ansatz (GQM, siehe [BaRo88]) orientiert, bei dem man, ausgehend von den Zielen der Messung, Fragen identifiziert, die zum Erreichen der Ziele beantwortet werden müssen. Diese Fragen werden im nächsten Schritt weiter in konkrete Messungen heruntergebrochen.

Goal Question Metric

Ein verbreiteter Fehler in diesem Zusammenhang ist, eben nicht zuerst die Informationsbedarfe zu identifizieren und dann dazu passende Messungen zu definieren, sondern dass man einzelne, oft bereits vorhandene Messungen identifiziert und dann zusammen mit der Messung den damit gedeckten Informationsbedarf dokumentiert. Damit erhält man aber keinen Überblick, ob alle Informationsbedarfe abgedeckt oder ob manche vielleicht sogar übererfüllt sind, während andere wichtige Informationen möglicherweise fehlen.

Typische mit Messungen abzudeckende Informationsbedarfe beziehen sich auf

Mit Messungen abzudeckende Informationsbedarfe

- Statusinformation, z.B. Budgetverbrauch, Störungen und Unterbrechungen, tatsächliche Verfügbarkeit, Kundenrückmeldungen,
- Erfahrungswerte als Grundlage für Aufwands- und Kostenschätzungen,
- Verbesserungsmöglichkeiten und Probleme in den genutzten Prozessen. Beispielsweise können Messungen helfen, zwischen zwei Prozessalternativen zu entscheiden oder Probleme zu identifizieren und ihre Behebung zu überwachen.

Messungen zur Identifizierung von Verbesserungsmöglichkeiten

Die mit Messungen abzudeckenden Informationsbedürfnisse sollten zumindest teilweise aus den Leitlinien der Organisation (entsprechend der generischen Praktik GP 2.1, vgl. Abschnitt 3.5.2) abgeleitet sein bzw. umgekehrt dazu beitragen, die Umsetzung dieser Leitlinien im Rahmen der Managementreviews (GP 2.10) zu überwachen.

Messungen und GP 2.1/ GP 2.10

Messung der
Kundenzufriedenheit

Für Dienstleistungen hat die Messung der Kundenzufriedenheit, also der subjektiven Sicht der Kunden auf die gelieferte Dienstleistung, eine besondere Bedeutung. Diese kann direkt gemessen werden durch Befragung des Kunden, z.B. auf Basis des SERVQUAL-Ansatzes (siehe Abschnitt 6.3.2). Meist weniger aufwendig sind indirekte Messungen der Kundenzufriedenheit, beispielsweise über den Anteil der Kunden, die wiederkommen, oder die durch Empfehlungen bestehender Kunden gewonnen wurden. Auch der Anteil der Reklamationen und Beschwerden erlaubt eine Aussage über die Zufriedenheit der Kunden.

Die Nutzung von Messungen ändert sich mit der erreichten Prozessreife:

Messungen auf
Reifegrad 1

- Auf Reifegrad 1 (auf dem es aus CMMI-SVC-Sicht noch keine Forderungen und Erwartungen gibt, aber natürlich die meisten Organisationen trotzdem schon mit Kennzahlen arbeiten) beschränkt sich die Nutzung von Kennzahlen meist auf einzelne Kennzahlen zur Überwachung der Arbeitsabläufe, hauptsächlich zur Einhaltung von Budget- und Zeitvorgaben und evtl. zur punktuellen Erfassung von Störungen.

Messungen auf
Reifegrad 2

- Auf Reifegrad 2 dienen Messungen ebenfalls in erster Linie der Überwachung der Arbeitsabläufe, sind aber anspruchsvoller und umfassender. Die verwendeten Messungen und Analysen betrachten beispielsweise Kundenzufriedenheit, Störungen oder Fehlerzahlen aus Qualitätssicherungsmaßnahmen (PPQA, siehe Abschnitt 3.4.2) und anderen Quellen.

Messungen auf
Reifegrad 3

- Auf Reifegrad 3 kommt die Überwachung der Prozesse der Kategorie »Prozessmanagement« dazu; außerdem kann man hier in größerem Umfang auch dienstleistungsübergreifende Messungen einsetzen und Ergebnisse vergleichen.

Messungen auf
Reifegrad 4

- Auf Reifegrad 4 werden die vorhandenen Messungen wesentlich weiter ausgebaut und die Nutzung von Messungen für Vorhersagen (über Ressourcenbedarf, Verfügbarkeit, ...) wird zum zentralen Thema. Der Fokus der Verbesserungen liegt darauf, die Varianz in den wesentlichen Kennzahlen zu reduzieren, d.h. in den meisten Fällen Prozessfehler auszumerzen.

  Die erhobenen Messungen sind auf Reifegrad 4 sehr viel aussagekräftiger als auf niedrigeren Reifegraden, da sie sich auf (in Stufe 3 eingeführte) einheitliche Prozesse beziehen. Vorher ist die Gefahr sehr groß, durch Messungen Daten zu bekommen, die nicht sinnvoll ausgewertet werden können bzw. bei denen man Äpfel mit Birnen vergleicht.

Messungen auf
Reifegrad 5

- Auf Reifegrad 5 schließlich dienen Kennzahlen und Messungen ganz wesentlich dazu, Prozesse quantitativ zu untersuchen und auf dieser Basis zu verbessern, indem beispielsweise mehrere Varianten durchgerechnet werden und dann die effizienteste Prozessvariante ausgewählt wird. Voraussetzung dafür ist, dass die Prozesse auch tatsächlich unter gleichartigen Rahmenbedingungen ausreichend häufig durchgeführt werden, um statistische Aussagen darüber zu treffen. Je nach Aufgabenstellung ist diese Voraussetzung manchmal nur für wenige ausgewählte Teilprozesse erfüllbar.

Neben der Gefahr der Fehlinterpretation von Messdaten ist auch zu berücksichtigen, dass allein die Erhebung einer Messung schon den gemessenen Prozess beeinflusst (Hawthorne-Effekt). Das kann zu einer lokalen Optimierung des Prozesses auf Kosten des Gesamtprozesses führen (siehe Beispiel 3–2).

Erhebung von Messungen beeinflusst den gemessenen Prozess

Ein Softwarehaus hat für die Bearbeitung von Kundenanfragen zu seinen Produkten, insbesondere Problemmeldungen, einen Kundendienst mit zwei Ebenen eingeführt. Die erste Ebene (*First-Level-Support*) nimmt die Meldungen entgegen, versucht die Probleme zu reproduzieren und bearbeitet die einfacheren selbst. Schwierige Probleme werden an die zweite Ebene (*Second-Level-Support*) weitergegeben und dort bearbeitet. In diesem Softwarehaus wurde nun begonnen, die Zeit zu messen, die ein Bearbeiter für die Bearbeitung einer Meldung benötigte. Die Bearbeiter der ersten Ebene wurden daraufhin im Durchschnitt tatsächlich schneller; allerdings stieg gleichzeitig der Anteil der Probleme an, die an die zweite Ebene weitergeleitet wurden, da die Bearbeiter jetzt im Zweifelsfall Probleme lieber weiterleiteten, statt sie selbst zu lösen. In der Summe stiegen die Kosten an, da die Bearbeiter der zweiten Ebene höher qualifiziert und teurer waren.

Beispiel 3–2
Verschlechterung von Prozessen durch Nutzung von Messungen

Insgesamt gilt also, dass Messungen ein wichtiges und nützliches Hilfsmittel sind, aber auch erhebliche Risiken bergen, vor allem auf den niedrigeren CMMI-Stufen. Man muss bei der Einführung entsprechend vorsichtig vorgehen und darauf achten, nicht zu viel in die Daten hineinzuinterpretieren. Wenn man mit der Nutzung von Messungen anfängt, dann muss man außerdem darauf achten, nicht nur einzelne Teilaspekte zu messen, um die Gefahr der lokalen Optimierung auf Kosten der Gesamtqualität zumindest zu reduzieren. Ein verbreiteter Ansatz dafür ist beispielsweise die *Balanced Scorecard*, BSC (siehe [KaNo96]), die allerdings als Steuerungswerkzeug noch wesentlich über die reine Messung hinausgeht.

Für den Bereich der IT-Dienstleistungen liefert ITIL eine Reihe von Beispielkennzahlen, allerdings ohne explizite Aussage, welchem Zweck diese Kennzahlen dienen sollen. Die meisten dieser Kennzahlen dienen entweder der Planung und Steuerung der Abläufe oder sie

Kennzahlen für IT-Dienstleistungen

beziehen sich auf die Messung der Häufigkeit von verbreiteten Fehlern und Problemen beim Management von IT-Dienstleistungen.

3.4.2　Prozess- und Produkt-Qualitätssicherung

Prüfung der formalen Korrektheit

Das Prozessgebiet »Prozess- und Produkt-Qualitätssicherung« (*Process and Product Quality Assurance*, PPQA, Reifegrad 2) umfasst nur einen Teil dessen, was üblicherweise unter Qualitätssicherung verstanden wird. Thema der Qualitätssicherung nach CMMI ist die Prüfung, dass Vorgaben für Prozesse und Arbeitsergebnisse eingehalten werden, also die Einhaltung von definierten Prozessen, ggf. rechtlichen Vorgaben (z.B. Datenschutz) oder Normen und externen Standards, Vereinbarungen über die Dienstleistungsgüte (SLAs) etc. Insbesondere (aber nicht nur) im letzten Fall wird die Qualitätssicherung oft auch durch Auswertungen entsprechender Kennzahlen geschehen, vgl. dazu das Prozessgebiet »Messung und Analyse« (Abschnitt 3.4.1).

GP 2.9 Prozesseinhaltung objektiv bewerten

In diesem Prozessgebiet wird die objektive Prüfung der Arbeitsergebnisse und der zugehörigen Dienstleistungsprozesse gefordert. Zusätzlich erwarten alle Prozessgebiete im Rahmen der generischen Praktik GP 2.9 die objektive Bewertung der Einhaltung des jeweiligen Prozesses, also die Anwendung der Qualitätssicherung auf diesen Prozess.

Objektivität/ Unabhängigkeit der Qualitätssicherung

Zu beachten ist, dass nicht eine unabhängige, sondern eine »objektive« Prüfung gefordert ist. Dahinter steckt der permanente Konflikt zwischen einer wirklich unabhängigen Prüfung, die sich sehr schwer tut, Kompetenz über das zu prüfende Ergebnis aufzubauen, und einer Prüfung durch Prüfer, die der Aufgabe nahestehen und sehr viel mehr Kompetenz über das zu prüfende Ergebnis haben, dadurch aber nicht mehr vollständig unabhängig sind.

Häufigkeit von PPQA-Prüfungen

Diese Prüfungen können als einzelne Bewertung über alle Prozesse durchgeführt werden, die dann in relativ kurzen Zeitabständen (einige Wochen bis wenige Monate) wiederholt werden muss, oder sich auf jeweils einzelne (Teil-)Prozesse konzentrieren und in größeren Zeitabständen durchgeführt werden. Der angemessene zeitliche Abstand zwischen Bewertungen hängt u.a. davon ab, inwieweit die überprüften Vorgehensweisen eingeführt sind und wie viele Abweichungen dementsprechend jeweils gefunden werden.

Wichtige Aktivitäten, aber eindeutig keine objektive Überprüfung im Sinne von PPQA, sind die Überwachung der Aktivitäten durch den Linienvorgesetzten, einen Mitarbeiter oder gegenseitige Reviews von zwei Beteiligten.

3.4.3   Konfigurationsmanagement

Aufgabe des »Konfigurationsmanagements« (*Configuration Manage-ment*, CM, Reifegrad 2) ist es, die Arbeitsergebnisse, zum Beispiel Pläne und Dokumentation, zu verwalten und ihre Integrität sicherzustellen. Je nach individuellem Bedarf müssen dazu Zugriffsbeschränkungen, Versi-onierung, Sicherung und Wiederherstellung, Kategorien von Arbeitser-gebnissen sowie Auswertungen berücksichtigt werden.

Ein Unternehmen bietet Schulungen zu unterschiedlichen Themen an. Dazu werden pro Schulung eine Reihe von Unterlagen benötigt, wie zum Beispiel:

- Ankündigung und Beschreibung der Schulung
- Lehrplan oder andere Vorgaben zu den Inhalten, beispielsweise für Schu-lungen, die zu einer Zertifizierung führen
- Trainerhandbuch (Detailplanung der Schulung mit Zeitplanung, Planung der aktiven Einheiten, Aufstellung der benötigten Ressourcen wie Beamer und Flipchart etc.)
- Verwendeter Foliensatz (in elektronischer Form und ausgedruckt als Teil-nehmerunterlagen)
- Verwendete Flipcharts
- Vorlagen für Teilnehmerzertifikate

All diese Unterlagen müssen gelegentlich aktualisiert und daher versioniert werden, damit bei einer bestimmten Schulung immer die korrekte Fassung aller Unterlagen verwendet wird. Dies darf aber nur kontrolliert geschehen, damit die einzelnen Komponenten weiterhin zusammenpassen.

Beispiel 3–3
Konfigurations-management bei Schulungsanbieter

Definitionsgemäß handelt es sich bei Dienstleistungen um nicht greif-bare Produkte, die damit auch selbst nicht dem Konfigurationsma-nagement unterliegen können. Konfigurationsmanagement bezieht sich in diesem Zusammenhang in erster Linie auf Beschreibungen und Aufzeichnungen der für die Dienstleistung notwendigen Rahmenbe-dingungen und Infrastruktur, das sogenannte Dienstleistungssystem. Hierbei handelt es sich beispielsweise um Beschreibungen der Dienst-leistungen, Vereinbarungen zur Dienstleistungsgüte (SLAs), erforderli-che Hilfsmittel und Unterlagen, Werkzeuge zur Verwaltung von Kun-denanfragen oder Unterlagen für den Kunden (siehe Beispiel 3–4 für den speziellen Fall der IT-Dienstleistungen). Abhängig von der Dienst-leistung kann das Konfigurationsmanagement eine wichtige Aufgabe sein oder auch, mit Ausnahme der Entwicklung der Dienstleistung (vgl. »Entwicklung von Dienstleistungssystemen«, Abschnitt 3.1.4), relativ geringe Bedeutung haben, wie beispielsweise bei dem in der Fallstudie in Kapitel 9 beschriebenen Heilpraktiker. Durch die für alle Prozessgebiete gültige generische Praktik GP 2.6 (»Arbeitsergebnisse

Konfigurationsmanage-ment bei Dienstleistungen

verwalten«, siehe Abschnitt 3.5.2) wird auch die Anwendung des Konfigurationsmanagements in angemessenem Umfang erwartet. Streng genommen ist in GP 2.6 allerdings nicht von Konfigurationsmanagement die Rede, sondern von »angemessener Lenkung der Dokumente und Daten«.

<table>
<tr><td>

Beispiel 3–4
Konfigurationsmanagement im IT-Service

</td><td>

Die IT-Abteilung eines großen Konzerns betreibt u.a. die IT-Infrastruktur für den Konzern mit Servern, Benutzer-Clients etc. Dabei orientiert sie sich an ITIL, will jetzt aber zusätzlich auch CMMI-SVC nutzen, da der Softwareentwicklungsbereich schon seit Längerem erfolgreich mit CMMI-DEV arbeitet.

Da ein umfangreiches Konfigurationsmanagement nach ITIL (CM-ITIL) schon seit mehreren Jahren betrieben wird, geht man zuerst davon aus, dass damit auch die Ziele und Praktiken von Konfigurationsmanagement nach CMMI (CM-CMMI) abgedeckt sind. Eine genauere Analyse zeigt aber, dass es viele Gemeinsamkeiten, aber auch deutliche Unterschiede zwischen den beiden Formen von »Konfigurationsmanagement« gibt:

- In CM-ITIL werden als Objekte (Konfigurationseinheiten) die verschiedenen Infrastrukturelemente wie Server, Clients, Bildschirme, Festplatten, Anwendungen etc. mit ihren Beziehungen (»Anwendung A läuft auf Server X«) betrachtet. In CM-CMMI sind die Objekte die verschiedenen Arbeitsergebnisse und auch hier geht es um deren Beziehungen und Abhängigkeiten, hier aber in Form von Baselines.
- Für die Bearbeitung von Störungen und Problemen (Prozessgebiet »Störungsbehebung und -vermeidung«, siehe Abschnitt 3.1.2) ergibt sich daraus, dass CM-CMMI relativ geringe Anforderungen stellt, die durch CM-ITIL weitgehend abgedeckt sind. Daneben gibt es aber auch andere Prozesse, die einen stärkeren Projektcharakter haben, beispielsweise das Management von Änderungen an der IT-Infrastruktur oder die Einführung neuer Releases. Hier beschränkt sich CM-ITIL auf die Bereitstellung von Informationen über die aktuelle Infrastruktur und die Anpassung dieser Informationen bei Änderungen an der Infrastruktur.
- Für die IT-Abteilung bedeutet das, dass sie für derartige Aufgaben definieren muss, welche Ergebnisse dabei entstehen und wie diese zusammenhängen. Bei einem Rollout sind dies beispielsweise die auszurollende Anwendung mit Testergebnissen oder Rollout-Plan inkl. Ressourcenplanung.

</td></tr>
</table>

Wichtig ist dabei nicht ein bestimmter Prozess oder ein bestimmtes Werkzeug, sondern die bewusste und der eigenen Situation angemessene Definition und Umsetzung des Konfigurationsmanagements.

Baseline   Zentrale Grundlage des Konfigurationsmanagements, die gleich im ersten spezifischen Ziel angesprochen wird, ist der Begriff der *Baseline*. Dieser Begriff ist schwer ins Deutsche zu übersetzen: Gelegentlich spricht man von einer »Referenzkonfiguration«, aber üblicherweise nutzt man auch im Deutschen den englischen Begriff der »Baseline«, so auch in der deutschen Fassung des CMMI.

Eine Baseline fasst einen konsistenten Stand von Arbeitsergebnissen wie Plänen und anderen Dokumenten zusammen als Basis für die weitere Arbeit. So kann es beispielsweise eine Anforderungsbaseline geben, in der die Anforderungsdokumente sowie die darauf basierende Planung zusammengefasst werden. Die Dokumente werden auf Korrektheit, Vollständigkeit, Konsistenz etc. geprüft und dann als Gesamtheit abgenommen. Diese Baseline bildet dann die Grundlage für die nächsten Arbeitsschritte, beispielsweise das Design.

Baseline = Konsistenter Stand von Arbeitsergebnissen als Basis für die weitere Arbeit

Wichtige Eigenschaften einer Baseline sind also:

▥ Eine Baseline fasst alle zusammengehörigen Ergebnisse zusammen, die dann gemeinsam weiterbearbeitet werden. Hierbei kann es sich beispielsweise um Papierdokumente, Einträge in einer Datenbank oder elektronische Dokumente handeln.

Vollständigkeit der Baseline

▥ Damit eine Baseline als Grundlage für die weitere Arbeit dienen kann, wird sie nach Erstellung auf Korrektheit, Vollständigkeit, Konsistenz etc. geprüft und durch ein entsprechendes Gremium freigegeben. Wie üblich gibt CMMI-SVC dafür keine Kriterien vor, sondern man legt sie selbst fest, abhängig von der weiteren Verwendung der Baseline.

Prüfung und Freigabe von Baselines

▥ Nach Erstellung der Baseline dürfen die darin enthaltenen Ergebnisse nur noch kontrolliert geändert werden. Solche Änderungen können beispielsweise bei einer Änderung der Anforderungen oder bei einer Fehlerbehebung notwendig sein.

Änderung der in einer Baseline enthaltenen Ergebnisse

Diese Steuerung der Änderungen wird üblicherweise durch ein Entscheidungsgremium (manchmal als Change Control Board bezeichnet) umgesetzt, das Änderungswünsche auf ihre Auswirkungen überprüft (müssen z.B. bei Änderung eines Anforderungsdokumentes auch Designergebnisse geändert werden?) und dann über die Änderung entscheidet. Nach Umsetzung der Änderung wird dann eine neue Baseline bzw. eine neue Version der Baseline erstellt.

▥ Typischerweise werden Baselines an wichtigen Meilensteinen, beispielsweise bei Ende eines wichtigen Zwischenschritts beim Erbringen einer Dienstleistung, erstellt, im Beispiel 3–5 geschieht dies nach Fertigstellung der Schulungsunterlagen. Sie können für den internen Gebrauch oder auch zur Lieferung nach außen, also z.B. an den Kunden, erstellt werden.

Baselines und Meilensteine

Beispiel 3–5
Konfigurationsmanage-
ment bei Schulungs-
anbieter (Fortsetzung
von Beispiel 3–3)

Das oben beschriebene Schulungsunternehmen erstellt pro Schulung eine Baseline. Dazu werden jeweils alle genannten Unterlagen (mit Ausnahme der Ausdrucke der Folien) gemeinsam geprüft auf Konsistenz (entspricht die Schulung der Beschreibung und dem Lehrplan?), Vollständigkeit der Unterlagen, inhaltliche Korrektheit, pädagogische Aufbereitung etc. Die Prüfung wird gemeinsam von Experten für das Schulungsthema, anderen Trainern, dem Schulungskoordinator und dem QM-Beauftragten des Schulungsunternehmens durchgeführt.

Wenn die Unterlagen akzeptiert werden, dann werden sie auf einem Laufwerk abgelegt, auf das nur noch der Schulungskoordinator Schreibzugriff hat. Für häufig durchgeführte Schulungen wird eine größere Anzahl von Teilnehmerunterlagen vorab gedruckt, für seltener gehaltene Schulungen geschieht dies jeweils kurzfristig vor der Schulung.

Ab diesem Zeitpunkt unterliegen die gesamten Unterlagen einer Änderungskontrolle und dürfen nur noch in Abstimmung geändert werden. Sollen die Unterlagen geändert werden, so wird eine neue Baseline erstellt, die je nach Art und Umfang der Änderungen von allen oder einem Teil der genannten Personen erneut geprüft wird.

Häufig ist es auch hilfreich, im Rahmen des Konfigurationsmanagements verschiedene Attribute der einzelnen Ergebnisse einzuführen, mit deren Hilfe die Ergebnisse bestimmten Kategorien zugeordnet werden können. Solche Attribute können beispielsweise die Unterscheidung zwischen internen und an den Kunden auszuhändigenden Dokumenten aufzeigen oder technische Gegebenheiten wie die Auflösung bei den in Schulungsfolien aus Beispiel 3–3 verwendeten Grafiken. Auch externe Abhängigkeiten können auf diesem Weg dargestellt werden, beispielsweise von externen Standards, um bei Änderungen der externen Vorgaben leicht erkennen zu können, welche Ergebnisse geändert werden müssen. Bei Beispiel 3–3 könnten dies die verwendeten (externen) Lehrpläne und andere Vorgaben für Zertifizierungsschulungen sein, deren Änderung auch zu einer Überprüfung und ggf. Anpassung der betroffenen Schulungen führen sollten.

3.4.4   Entscheidungsfindung

»Entscheidungsfindung« (*Decision Analysis and Resolution*, DAR, Reifegrad 3) dient der Unterstützung der anderen Themen, indem es eine systematische Vorgehensweise bei der Entscheidungsfindung fordert und unterstützt. Genutzt wird dies beispielsweise bei der Lieferantenauswahl im »Zulieferungsmanagement«, SP 1.2.

Bewertung von
Alternativen

DAR hat ein einziges spezifisches Ziel, nämlich die Bewertung von Alternativen nach Kriterien. Die erste spezifische Praktik bezieht sich auf die gesamte Organisation und fordert eine Richtlinie für die Entscheidungsanalyse, in der u.a. festgelegt wird, bei welchen Entscheidungen ein systematisches Vorgehen genutzt werden soll und bei welchen das übertrieben wäre (»nehme ich heute den blauen oder den schwarzen Kugelschreiber?«).

Die weiteren Praktiken beschreiben das Vorgehen bei einer konkreten Entscheidung, von der Festlegung der Bewertungskriterien über die Identifikation der Lösungsalternativen bis hin zur Entscheidung für eine bestimmte Lösung.

Geeignete und verbreitete Methoden zur Entscheidungsfindung sind beispielsweise die Kräftefeldanalyse (siehe [BrRi94]) oder die Entscheidungsanalyse nach Kepner-Tregoe (siehe [KeTr81]).

3.5 Generische Ziele und Praktiken

Generische Ziele beschreiben die Institutionalisierung der in den Prozessgebieten aufgeführten spezifischen Ziele und Praktiken.

Institutionalisierung

3.5.1 Generische Ziele und Praktiken: Fähigkeitsgrad 1

Für den Fähigkeitsgrad 1 gibt es eine einzige generische Praktik GP 1.1, die die Umsetzung der spezifischen Praktiken fordert. Im Gegensatz dazu gibt es für den Reifegrad 1 keine Anforderungen, insbesondere auch keine generischen Ziele und Praktiken.

GG 1
Spezifische Ziele erreichen
GP 1.1
Spezifische Praktiken durchführen

3.5.2 Generische Ziele und Praktiken: Fähigkeitsgrad 2

Das zum Fähigkeitsgrad 2 gehörende generische Ziel GG 2 umfasst die folgenden generischen Praktiken:

GG 2
Geführte Prozesse institutionalisieren

▦ In GP 2.1 geht es um die Festlegung der organisationsweiten Erwartungen an die Vorgehensweise für das jeweilige Prozessgebiet in einer Leitlinie (englisch »Policy«). Zu beachten ist, dass hier eine Leitlinie erwartet wird, also eine weniger detaillierte Festlegung im Vergleich zur projektspezifischen Planung (siehe GP 2.2) und den definierten Prozessen, wie sie mit GP 3.1 für Fähigkeitsgrad 3 erwartet werden.

GP 2.1
Organisationsweite Leitlinien etablieren

Aus der Tatsache, dass die Leitlinie organisationsweit gelten soll, folgt, dass sie von einer hinreichend hohen Managementebene mit Verantwortung für die gesamte Organisation in Kraft gesetzt werden muss. Soweit die einzelnen Mitarbeiter mit dem Prozess in irgendeiner Form zu tun haben, müssen sie die Leitlinie kennen. Es muss geeignete Maßnahmen geben, um die Leitlinien umzusetzen und diese Umsetzung zu überwachen, damit es sich um eine echte Leitlinie und nicht nur um Wunschdenken handelt.

Ein häufiges Problem bei der Umsetzung von GP 2.1 ist, dass die organisationsweiten Leitlinien entsprechend den CMMI-Prozessgebieten formuliert werden und nicht auf Basis der tatsächlichen Prozesse des Unternehmens. Das Unternehmen sollte seine Prozesse und die zugehörigen Leitlinien an der Struktur der tatsächlichen Arbeit ausrichten und nicht an der Struktur des CMMI. Damit macht es zwar die Bewertung der Prozesse gegen das Modell (beispielsweise in einem Appraisal, siehe Kap. 5) schwieriger, aber es erleichtert die tägliche Arbeit der Mitarbeiter, und das ist entscheidend.

Die folgenden beiden Beispiele beziehen sich zwar auf SW-Entwicklungsunternehmen und nicht auf Dienstleister, aber für die Betrachtung der organisationsweiten Leitlinien ist dieser Unterschied irrelevant. Da es sich bei beiden Beispielen um echte Unternehmen handelt, wurde die Branche der Unternehmen beibehalten und nicht angepasst.

Beispiel 3–6
Organisationsweite Leitlinie – Negativbeispiel

Im Rahmen der CMMI-Einführung in einem SW-Entwicklungsunternehmen beschließt das Unternehmen, Leitlinien für die verschiedenen Prozesse einzuführen. Es sammelt die verschiedenen schon vorhandenen Vorgaben und ergänzt sie mit detaillierten Erwartungen des Managements an die Prozesse, die zu wesentlichen Teilen Ziele und Praktiken des CMMI wiedergeben. In einem Memo an die Mitarbeiter werden diese Leitlinien als verbindlich verkündet und die Mitarbeiter aufgefordert, die Leitlinien umzusetzen.

In einem Appraisal wird festgestellt, dass damit zwar die geforderten Leitlinien rein formal vorhanden sind, aber es gibt eine ganze Reihe von Schwächen:

- Die Leitlinien für die SW-Entwicklung umfassen rund 70 Seiten, ergänzt durch spezifische Leitlinien der einzelnen Bereiche. Der Charakter einer Leitlinie als knappe Festlegung der wesentlichen Vorgaben an den Prozess wird dadurch verfehlt.
- Als Resultat des Umfangs dieser Leitlinien kennt keiner der befragten Mitarbeiter konkrete Inhalte der Leitlinien, viele wissen nicht einmal von deren Existenz.
- Es gibt keinerlei Mechanismen, die Leitlinien nachdrücklich in die praktische Arbeit der Organisation einzuführen. Weder wird die Einhaltung in irgendeiner Form überprüft, noch gibt es Kennzahlen zum Erfolg der Einführung, und auch bei den definierten Prozessen der Organisation gibt es keinen systematischen Zusammenhang mit den Leitlinien, sondern nur eher zufällige Übereinstimmungen bei der Beschreibung der Prozesse.

Damit wird deutlich, dass die Leitlinien in diesem Unternehmen nicht »etabliert und beibehalten« werden im von CMMI genutzten Sinne dieser Formulierung (vgl. S. 30).

Die in diesem Beispiel beschriebene Organisation ist die Softwareentwicklungsabteilung eines größeren Unternehmens, in der mit ca. 30 Mitarbeitern ein Softwareprodukt zur Steuerung des Hauptproduktes des Unternehmens in Form von jährlichen Releases weiterentwickelt wird.

Einer der ersten Schritte zur Verbesserung der Softwareprozesse dieser Abteilung war eine kurze Beschreibung des verwendeten Entwicklungszyklus von ca. 5 Seiten. Darin wurden die wesentlichen Vorgaben für die Releaseprojekte festgelegt, von der Abstimmung der umzusetzenden Anforderungen mit dem Mutterunternehmen, der darauf aufsetzenden Planung, den Entwicklungsphasen bis hin zur Auslieferung. Nebenbei wurden dabei auch die wesentlichen Vorgaben zur Ergebnisablage und dem Konfigurationsmanagement benannt.

Als dann einige Zeit später beim Abgleich der Prozesse gegen CMMI festgestellt wurde, dass für die relevanten Prozessgebiete Leitlinien benötigt wurden, wollte man zuerst entsprechende Dokumente neu erstellen, erkannte dann aber, dass diese bereits weitgehend mit der Beschreibung des Entwicklungszyklus abgedeckt waren.

Lediglich die Prozessgebiete »Prozess- und Produkt-Qualitätssicherung« und »Messung und Analyse« waren nicht berücksichtigt, da auch die entsprechenden Prozesse zu diesem Zeitpunkt noch nicht eingeführt waren.

Für PPQA wurde daher später eine eigene Leitlinie definiert, während die Vorgaben zu MA im Einleitungskapitel eines unternehmensweiten Messplanes festgelegt wurden.

Dies ist ein gutes Beispiel dafür, dass es bei den Leitlinien nicht um zusätzliche Bürokratie geht, sondern darum, die Erwartungen der Organisation zu klären und klar zu kommunizieren und umzusetzen – und das unabhängig davon, wie nahe diese Erwartungen den Inhalten von CMMI kommen.

Beispiel 3–7
Organisationsweite
Leitlinie – Positivbeispiel

GP 2.2 erwartet die Planung der Arbeitsabläufe, analog zu der im gleichnamigen Prozessgebiet geforderten Planung der Arbeit.

Dabei ist zu beachten, dass eine angemessene Planung auch die zu verwendenden Prozesse festlegt und damit bereits auf Stufe 2 Aspekte einer Prozessdokumentation erforderlich sind. Diese Festlegung kann sehr projektspezifisch und deutlich oberflächlicher sein als auf Stufe 3. Häufig wird sie auch nicht als eigenes Dokument erstellt, sondern durch eine entsprechend detaillierte Planung der gesamten Arbeit abgedeckt.

GP 2.2
Arbeitsabläufe planen

Um die geplanten Aktivitäten durchzuführen, müssen die benötigten Ressourcen bereitgestellt werden (GP 2.3). Insbesondere werden Mitarbeiter dafür benötigt, die für die jeweilige Aufgabe qualifiziert sind und Zeit dafür haben, also ggf. im benötigten Umfang von anderen Aufgaben freigestellt werden. Darüber hinaus benötigt man teilweise noch andere Hilfsmittel wie z.B. unterstützende Software, Räume oder andere Werkzeuge.

GP 2.3
Ressourcen bereitstellen

Auf Basis der Prozessplanung werden nach GP 2.4 Verantwortliche für die einzelnen Aufgaben des Prozessgebietes benannt, die dann natürlich auch als »Ressource« zur Verfügung stehen müssen. Es kann pro Dienstleistung getrennte Verantwortlichkeiten geben – das passt vor allem bei den Themen zum »Management der Arbeit und der Dienstleistungen«. Alternativ definiert man Mitarbeiter, die das Prozessgebiet in der gesamten Organisation verantworten, was beispielsweise für das Prozessmanagement sinnvoll sein kann.

Auch wenn die Praktiken GP 2.2, GP 2.3 und GP 2.4 als getrennte Praktiken formuliert sind, werden sie in der praktischen Umsetzung sinnvollerweise gemeinsam behandelt. Die Planung der Aktivitäten zu einem Prozess legt auch fest, wer für diese Aktivitäten verantwortlich ist (GP 2.4), und stellt sicher, dass diese Verantwortlichen in ausreichendem Umfang zur Verfügung stehen (GP 2.3).

In einem Unternehmen wurden PPQA-Aufgaben von einer kleinen zentralen QS-Gruppe durchgeführt. Für jedes Projekt wurde daher ein Mitglied dieser QS-Gruppe als verantwortlich für die Prüfung von Prozessen und Arbeitsergebnissen benannt, d.h., GP 2.4 für PPQA war erst einmal erfüllt. Es war allgemein bekannt, dass diese Mitarbeiter überlastet waren, aber da die Planung in getrennten Projekten geschah und nicht zusammengeführt wurde, hatte bis zum CMMI-Appraisal auch niemand festgestellt, dass die Mitglieder dieser Gruppe laut Planung schon zu weit über 200% ausgelastet waren. Den Projekten standen die benötigten Ressourcen also tatsächlich nicht in ausreichendem Umfang zur Verfügung, d.h., PPQA GP 2.3 war nicht erfüllt.

Soweit die Mitarbeiter (und andere Beteiligte) die benötigte Qualifikation für die Aufgaben des Prozessgebietes noch nicht haben, müssen sie dafür geschult werden. Schulung der Mitarbeiter wird systematisch im Prozessgebiet »Organisationsweite Aus- und Weiterbildung« (Abschnitt 3.3.3) behandelt. Diese generische Praktik befasst sich jedoch nur mit der Schulung von Mitarbeitern für das spezielle Prozessgebiet. Die Mitarbeiter werden damit befähigt, die jeweiligen Aufgaben zu erledigen.

Je nach Einzelfall kann die geforderte Schulung mit einer kurzen E-Mail zur Information ausreichend abgedeckt sein, falls es zum Beispiel um eine kleinere Prozessänderung geht, oder auch ein längeres Schulungsprogramm erfordern.

Im Rahmen der Umsetzung der Prozessgebiete entstehen normalerweise Arbeitsergebnisse, die dann verwaltet werden müssen. Dazu gehören in erster Linie die verschiedenen Arten von Dokumenten wie Pläne, Aufzeichnungen über durchgeführte Aktivitäten, Messergebnisse etc. Aufgabe hier ist die Klärung, inwieweit die Ergebnisse kontrolliert verwaltet werden müssen (Versionskontrolle, Zugriffsschutz etc.). Dazu gibt es mit dem »Konfigurationsmanagement« im Reifegrad 2 ein eigenes Prozessgebiet (Abschnitt 3.4.3), das in seinen Inhalten allerdings noch etwas weiter geht als GP 2.6.

Von einem Prozess können viele Personen betroffen sein, die in der einen oder anderen Form beteiligt werden sollten, z.B. Kunden, IT-Produktion/Betriebsführung, Qualitätsmanagementgruppe, Marketing und Vertrieb etc. Die Aufgabe der generischen Praktik GP 2.7 besteht darin, diese Betroffenen (»Stakeholder«) zu identifizieren, zu entscheiden, welche davon wie einbezogen werden sollen, und diese Entscheidung umzusetzen. Beispielsweise sind bei der Entwicklung einer neuen Dienstleistung frühzeitig die Organisationseinheiten einzubinden, die diese Dienstleistung später erbringen sollen, um deren Anforderungen aufzunehmen und zu berücksichtigen. Solche Anforderungen können sich zum Beispiel auf notwendige Berichte beziehen, um zu Ende gehende Ressourcen oder andere entstehende Probleme rechtzeitig zu erkennen.

GP 2.7
Relevante Stakeholder identifizieren und einbeziehen

Auch hier gibt es ein Prozessgebiet, das diese Anforderung systematisch aufgreift, nämlich das »Fortgeschrittene Management der Arbeit« auf Reifegrad 3. Bereits auf Reifegrad 2 wird die Einbindung der Betroffenen in den Prozessgebieten »Planung der Arbeit« und »Verfolgung und Steuerung der Arbeit« behandelt, dort allerdings natürlich weniger gründlich.

Um den für die Umsetzung des Prozessgebietes erstellten Plan (vgl. GP 2.2) durchzuführen, wird er überwacht und gesteuert. Die entsprechende Erwartung in GP 2.8 entspricht in etwa den Forderungen des Prozessgebietes »Verfolgung und Steuerung der Arbeit«, allerdings angewendet auf die Aktivitäten des gerade betrachteten Prozessgebietes.

GP 2.8
Arbeitsabläufe überwachen und steuern

Die Festlegung eines Prozesses, sei es durch Leitlinien, projektinterne oder projektübergreifende Definitionen, hat nur dann einen Nutzen, wenn diese Festlegung auch umgesetzt und eingehalten wird. Im Normalfall werden die Beteiligten selbst behaupten und vielleicht auch glauben, dass sie das tun, auch wenn es nicht der Fall ist. Daher benötigt man eine objektive Prüfung der Einhaltung der festgelegten Prozesse entsprechend den Forderungen des Prozessgebietes »Prozess- und Produkt-Qualitätssicherung«.

GP 2.9
Prozesseinhaltung objektiv bewerten

Bei der Umsetzung seiner Vorgaben an die Prozesse hat das Management die Aufgabe, diese Umsetzung laufend zu fördern und zu fordern. Dazu benötigt es Einblick in den Prozess, seine praktische Umsetzung und die damit erzielten Erfolge und vorhan-

GP 2.10
Umsetzung mit dem höherem Management prüfen

denen Probleme. Aus diesem Grund fordert CMMI, dass das höhere Management den Status des Prozessgebietes einem Review unterzieht. Dieser Review dient dazu, sicherzustellen, dass die definierten Prozesse angemessen sind und umgesetzt werden und dass bestehender Handlungsbedarf aufgegriffen wird. Insbesondere sollte hier auch ein Bezug zu den in GP 2.1 festgelegten Leitlinien hergestellt werden.

Unter dem »höheren Management« (*Higher Level Management*) sind dabei diejenigen Managementebenen zu verstehen, die oberhalb der einzelnen Dienstleistungen stehen und Verantwortung für die langfristige Entwicklung der Organisation tragen, nicht aber die operative Verantwortung für den Erfolg einzelner Teams oder Dienstleistungen.

Der Detaillierungsgrad dieser Prüfung muss der Managementebene angemessen sein, denn natürlich werden höhere Managementebenen nicht oder nur stichprobenweise die Einhaltung des Prozesses im Detail überprüfen. Grundlage des Reviews sollten daher zusammenfassende Auswertungen zum Thema sein, z.B. eine Auswertung der durchgeführten Reviews zur »Prozess- und Produkt-Qualitätssicherung« (vgl. Abschnitt 3.4.2), Ergebnisberichte von Appraisals (vgl. Abschnitt 5.3), Ergebnisse von »Messung und Analyse« (vgl. Abschnitt 3.4.1), Statusberichte von Prozessverbesserungsprojekten und Aktionsplänen aus früheren Reviews etc.

Bei vielen dieser generischen Praktiken wurde ein direkter Bezug zu einem der Prozessgebiete, vor allem von Reifegrad 2, deutlich. Dies ist insbesondere bei Nutzung der Darstellung in Fähigkeitsgraden zu berücksichtigen. Entscheidet man sich, ein Prozessgebiet der Stufe 2, beispielsweise »Prozess- und Produkt-Qualitätssicherung«, nicht umzusetzen, so wird die Umsetzung der damit verbundenen generischen Praktik, im Beispiel also GP 2.9, sehr erschwert, auch wenn sie natürlich trotzdem möglich ist. Man sollte daher bei der Auswahl der umzusetzenden Prozessgebiete sehr genau überlegen, ob man wirklich von der durch die Reifegrade vorgegebenen Reihenfolge abweichen will.

3.5.3 Generische Ziele und Praktiken: Fähigkeitsgrad 3

Für Fähigkeitsgrad 3 gibt es das generische Ziel GG 3 mit zwei generischen Praktiken. Im Gegensatz zu Fähigkeitsgrad 2 wird also nicht nur ein geführter, sondern ein definierter Prozess gefordert. Dieser ist durch die folgenden zusätzlichen generischen Praktiken gekennzeichnet:

GG 3
Definierte Prozesse institutionalisieren

- Der genutzte Prozess muss definiert werden, analog der Anforderung des Prozessgebietes »Organisationsweite Prozessentwicklung« (Abschnitt 3.3.2). Insbesondere schließt dies die Dokumentation der Prozesse auf Ebene der Organisation und deren Anpassung auf die einzelne Dienstleistung ein.

GP 3.1
Definierte Prozesse etablieren

- Um die Prozesse des betrachteten Prozessgebietes verbessern zu können, müssen die dafür relevanten Informationen gesammelt werden. Diese Informationen bilden dann eine wesentliche Grundlage für die Aktivitäten der Prozessgebiete »Organisationsweite Prozessausrichtung« (Abschnitt 3.3.1) und »Organisationsweite Prozessentwicklung« (Abschnitt 3.3.2).

GP 3.2
Verbesserungs- informationen sammeln

4 Vorgehen zur Prozessverbesserung

Im Abschnitt 1.1 wurde eine erfolgreiche Prozessverbesserung in einem Urlaubsresort skizziert. Jedoch ist in der Praxis das Erkennen und Umsetzen von Veränderungen in Abläufen und Technologien meist sehr komplex und schwierig zu vermitteln, angefangen mit dem häufig fehlenden Bewusstsein für ständige Prozessverbesserung bis hin zum Umgang mit Widerständen und Ängsten der Betroffenen und Beteiligten.

4.1 Grundlagen der Prozessverbesserung

Ansätze zu kontinuierlicher Prozessverbesserung sind nicht neu; sehr bekannt ist beispielsweise der PDCA-Zyklus (Plan-Do-Check-Act nach Deming). Allen erfolgreichen Ansätzen liegen folgende generischen Schritte zugrunde (siehe [SEI10]):

Herausforderung für kontinuierliche Prozessverbesserung

- Bestimmen Sie Ihren aktuellen Standort.
- Legen Sie fest, wo Sie hinkommen möchten.
- Machen Sie einen Plan.
- Setzen Sie den Plan um.
- Lernen Sie aus den Erfahrungen und führen Sie den Zyklus erneut durch .

1996 hat das Software Engineering Institute ein eigenes Modell zur Prozessverbesserung vorgestellt, das sogenannte IDEAL™-Modell (siehe [McFe96]). Es ist allgemein anwendbar für jede Art von Prozessverbesserung und beinhaltet auch Ansätze zum Umgang mit den weichen Faktoren bei der Organisationsentwicklung.

Das IDEAL-Modell beschreibt fünf wesentliche Phasen einer kontinuierlichen Prozessverbesserung (vgl. Abb. 4–1):

1. **Initiating** (Auslösen):
   Basis für die erfolgreiche Prozessverbesserung legen, Führungsverantwortung definieren

2. **Diagnosing** (Diagnose):
   Zielsetzung, Standortbestimmung, Ableiten von Handlungsbedarf

3. **Establishing** (Vorbereiten):
   Planen, wie die gesetzten Ziele des Verbesserungsprojektes erreicht werden

4. **Acting** (Handeln):
   Umsetzung der Planung

5. **Learning** (Lernen):
   Auswertung der gemachten Erfahrungen und Verbesserung der eigenen Vorgehensweise für die Zukunft

Abb. 4–1

IDEAL™-Modell

(siehe [McFe96])

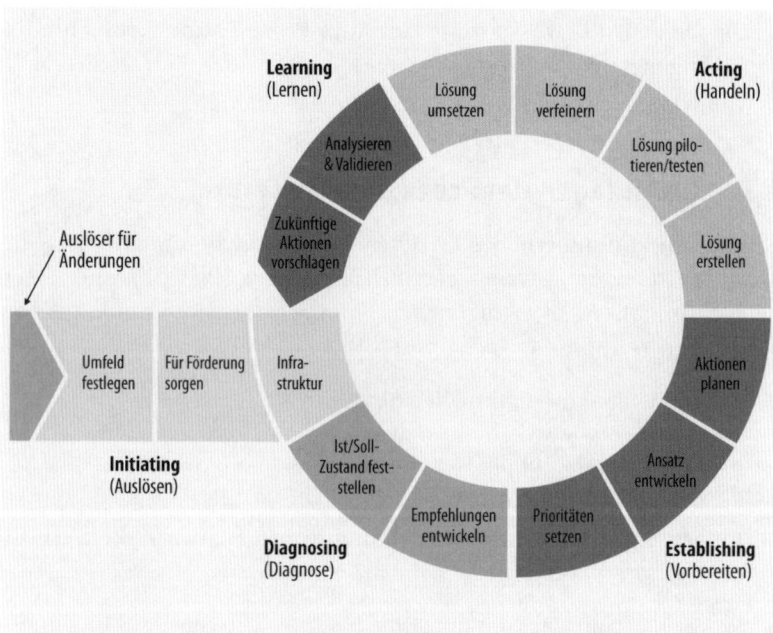

Im Folgenden werden Voraussetzungen und Hinweise zur Umsetzung sowie der Bezug zum Verbesserungsmodell für jede dieser Phasen dargestellt. Bitte beachten Sie, dass diese Phasen nur Hinweise zur Prozessverbesserung geben. Jede Phase beinhaltet wichtige Informationen, beschreibt jedoch nicht das konkrete Vorgehen für Ihre Organisation.

4.2 Auslösen: Voraussetzungen für erfolgreiche Prozessorientierung schaffen

Für das Auslösen nachhaltiger Veränderungen benötigt man nicht nur einen Sponsor aus dem Management mit Zeit und Geld, sondern vor allem den Willen und die Bereitschaft, diese Veränderungen durchzusetzen. Eine Grundvoraussetzung für jede erfolgreiche Prozessorientierung ist die proaktive Führung von Prozessen. Die verschiedenen Führungsebenen

Auslösen

- geben Geschäftsziele und -kontext für die Prozessverbesserung vor,
- sind verantwortlich für die Umsetzung der jeweiligen Prozesse,
- bringen sich über klare Erwartungshaltungen zur Prozessorientierung ein (Leitlinien),
- nehmen an periodischen Durchsprachen zur Wirksamkeit der Prozesse aktiv teil,
- sind in Prozessverbesserungsaktivitäten eingebunden, z.B. in Lenkungsausschüssen, und
- tragen die Kosten für Bewertungen, einschließlich der Zusage von internen und externen Ressourcen zur kontinuierlichen Prozessverbesserung.

Proaktive Führung

Es ist natürlich kein Zufall, dass sich viele dieser Aspekte auch in den generischen Praktiken von CMMI wiederfinden.

Die Versuchung, Prozessverantwortung abzugeben, ist für Führungskräfte sehr hoch. Damit geben sie aber auch eine zentrale Führungsaufgabe ab, nämlich die Verantwortung wahrzunehmen für die Arbeitsweise des von ihnen geführten Bereiches. Darüber hinaus führt eine Delegation an Stabsstellen (z.B. Qualitätsmanagement) schnell zu perfektionistischen Prozessen, die den Bezug zu den Geschäftszielen und den tatsächlichen Bedürfnissen zur Prozessorientierung verlieren. Dies hat häufig zur Folge, dass für die Mitarbeiter der Eindruck entsteht, Prozesse nur für CMMI und nicht zum Nutzen des Geschäfts einzusetzen.

Prozessverbesserung wird meist aus einem gegebenen Anlass gestartet, der innerhalb oder außerhalb der Organisation liegt. Im Idealfall ist sich die Geschäftsführung der Notwendigkeit kontinuierlicher Prozessverbesserung bewusst. Jedoch entsteht der Druck zu Veränderungen häufig durch äußere Umstände.

Gerade in kritischen Unternehmenssituationen oder auf Kundendruck hin entsteht die nötige Einsicht, doch dann ist es häufig schon zu spät. Wichtig ist daher, die Dringlichkeit zu laufender Verbesserung in der Unternehmenskultur zu verankern und den Fokus auf die Früherkennung von Schwierigkeiten zu legen. CMMI selbst verführt durch

Notwendigkeit zu Prozessverbesserung

seine Reifegrade zu einer Fixierung von Verbesserungszielen auf das formale Erreichen einer Reifegradstufe. Der Reifegrad ist jedoch kein Selbstzweck, sondern Vision oder Benchmark für erreichte Prozessverbesserung. Konkrete Ziele der Prozessverbesserung sollten sich daher aus dem Geschäftszweck und den Geschäftszielen ableiten. Diese Ziele können beispielsweise umfassen: Kostenreduktion, schnellere Verarbeitungszeit und -qualität einzelner Dienstleistungsanfragen oder Störungen, erhöhte Kundenzufriedenheit, kürzere Wartezeiten, Kommunikationswege und Schnittstellen, höhere Qualifikation der Mitarbeiter, bessere Kundenansprache, planbare Ressourcen/Kapazitäten, höhere Verfügbarkeit. Einzelne Prozessgebiete mit entsprechendem Fähigkeitsgrad können diese dann gezielt unterstützen.

Ziele der Prozessverbesserung

In den meisten größeren Organisationen gibt es häufig weitere Initiativen, die leider nur selten aufeinander abgestimmt sind (siehe Abb. 4–2). Für die Akzeptanz der Mitarbeiter ist essenziell, dass diese Initiativen abgestimmt erfolgen, auch um doppelte und ineffiziente Arbeiten zu vermeiden.

*Abb. 4–2
Zusammenführen von Initiativen und Standards und Übersetzen in die Sprache der Mitarbeiter*

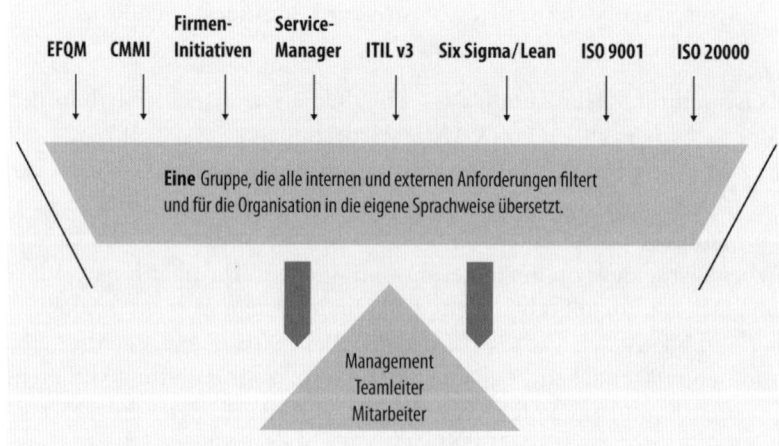

Ein wichtiger Erfolgsfaktor ist das Management-Commitment und die Infrastruktur für die Prozessverbesserung. Das Commitment ist Teil der oben dargestellten proaktiven Führung von Prozessen. Zum Commitment gehört auch, Vorbild zu sein und die Prozessverbesserung aktiv mitzugestalten. Commitment heißt aber auch, Prozessverbesserung gerade dann weiterzuführen, wenn der laufende Kundenauftrag (mit Problemen) ruft.

Verbesserungs-infrastruktur

Zur Prozessverbesserungsinfrastruktur gehört meist ein interdisziplinäres Team, das die Prozessverbesserung führt. Diese Prozessgruppe setzt sich beispielsweise aus Mitgliedern des Führungskreises, Prozessverantwortlichen, Fachexperten und einem Moderator zusammen (siehe Abb. 4–3).

Ein Lenkungskreis entscheidet über Inhalte, Zeit, Kosten und Ressourcen. Einzelne Arbeitsteams innerhalb der Prozessgruppe, evtl. mit Unterstützung durch andere Beteiligte, setzen konkrete Maßnahmen in Verbesserungsprojekten um und berichten an die Lenkungskreise (siehe auch die Phase »Vorbereiten«).

Hinweise zu dieser Phase finden Sie im CMMI-Prozessgebiet »Organisationsweite Prozessausrichtung« (OPF, siehe Abschnitt 3.3.1) sowie in den generischen Praktiken »Organisationsweite Leitlinien etablieren« (GP 2.1) und »Umsetzung mit dem höheren Management prüfen« (GP 2.10) bei allen Prozessgebieten.

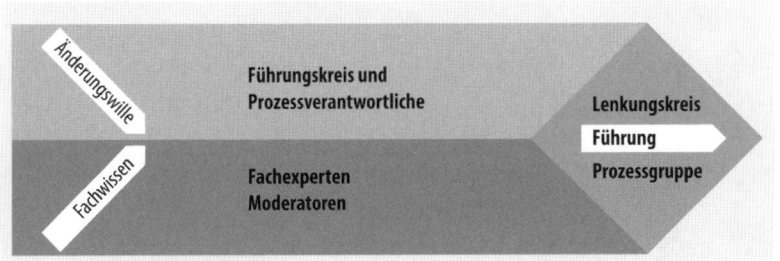

Abb. 4–3

Zusammensetzung einer Prozessgruppe als interdisziplinäres Team (Idee nach Robert Bosch GmbH)

4.3   Diagnose: Wissen, wo man ist

»Wenn Sie nicht wissen, wo Sie sind, hilft Ihnen eine Karte auch nicht weiter« (Watts Humphrey).

Diagnose

Diese Zitat von einem der Architekten des CMM beschreibt gut das Ziel dieser Phase. Hier geht es um einen systematischen Abgleich von tatsächlich gelebten Abläufen mit dem gewünschten Sollzustand. Grundvoraussetzung ist auch hier der Konsens über das, was man erreichen möchte, und die Ausrichtung an den Geschäftszielen.

Meist gibt es viele Kanäle, über die man Verbesserungsmöglichkeiten erkennen kann. Zum großen Teil ist das Wissen darüber in der Organisation selbst vorhanden. Jedoch wird dieses oft nicht systematisch gesammelt und ausgewertet. Hier kann es helfen, sich Hilfe von außen zu holen, um den Finger in die Wunde legen zu lassen. Die Erfahrung zeigt schließlich, dass dem Propheten im eigenen Lande selten geglaubt wird.

Verschiedene Bewertungsmethoden – wie Analysen, Appraisals, Standortbestimmungen, Benchmarks etc. – können helfen, Verbesserungspotenziale zu identifizieren. Mehr zu konkreten Appraisalverfahren finden Sie im Kapitel 5.

Wichtig ist, aus der Gesamtmenge an möglichen Verbesserungen diejenigen herauszuarbeiten, die einen nachvollziehbaren Nutzen für die Organisation haben, und diese konkret als Empfehlungen zu formulieren.

Auch hier können praxiserprobte Modelle helfen, die Lücken und Verbesserungspotenziale einzugrenzen. So zeigt die Abbildung 4–4 das sogenannte Lücken- oder Gap-Modell (siehe [PaZB85], [Hall10, S. 45]), das Hinweise für typische Probleme in der Dienstleistungsqualität beschreibt; Abschnitt 6.3 enthält weitere Informationen zu diesem Modell.

Abb. 4–4

Fünf Lücken in der
Dienstleistungsqualität
(nach [PaZB85])

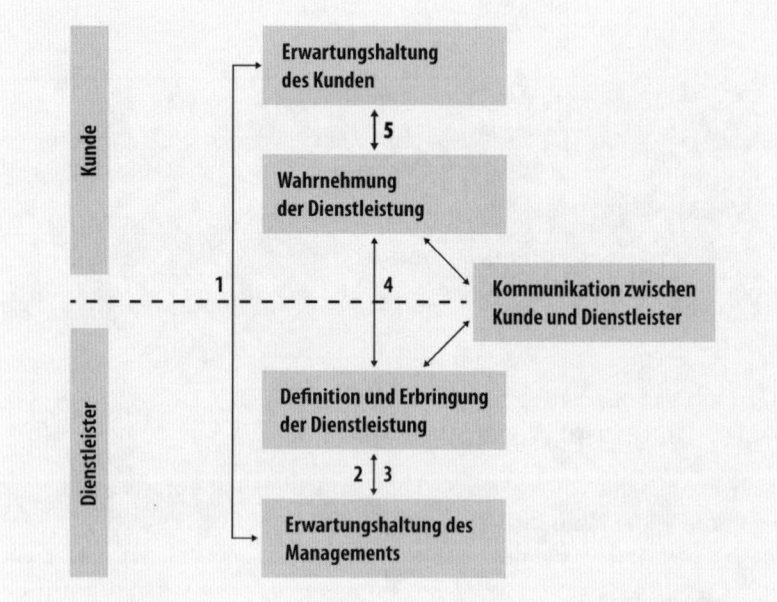

- Die erste Lücke bezieht sich auf die Diskrepanz zwischen den Kundenerwartungen und deren Wahrnehmung durch das Management des Dienstleisters.
- Die zweite Lücke beschreibt die Diskrepanz zwischen der Wahrnehmung der Kundenerwartung durch das Management und deren Umsetzung in der Spezifikation der Dienstleistungen (z.B. im Dienstleistungskatalog).
- Die dritte Lücke stellt die Diskrepanz zwischen spezifizierter und tatsächlich erbrachter Dienstleistung dar.
- Die vierte Lücke ist die Diskrepanz zwischen erbrachter Dienstleistung und der an den Kunden gerichteten Kommunikation über diese Dienstleistung.

░ Die fünfte Lücke bezieht sich auf die wahrgenommene Dienstleistungsqualität, also die Diskrepanz zwischen Erwartung und Wahrnehmung des Kunden. Diese Lücke ist umso größer, je größer die Lücken 1 bis 4 sind.

Die Autoren dieses Modells beschreiben auch zehn Dimensionen von Dienstleistungsqualität. Auch diese können helfen, mögliche Verbesserungspotenziale zu identifizieren ([PaZB85], Übersetzung nach [Hall10, S. 52]):

1. Die Einhaltung des Leistungsversprechens
2. Der Leistungswille des Anbieters
3. Die Kompetenz des Anbieters
4. Die Erreichbarkeit des Anbieters
5. Höflichkeit, Freundlichkeit und Erscheinungsbild der Mitarbeiter
6. Kommunikation, den Kunden informieren
7. Glaubwürdigkeit, Seriosität des Anbieters
8. Physische und finanzielle Sicherheit
9. Den Kunden und seine individuellen Anforderungen verstehen und berücksichtigen
10. Stoffliche Surrogate, Materielles

Zehn Dimensionen der Dienstleistungsqualität

Das CMMI selbst liefert detaillierte Hinweise zu allen Abläufen einer Dienstleistung, angefangen mit strategischem Dienstleistungsmanagement über die Entwicklung von Dienstleistungssystemen hin zur Dienstleistungserbringung und der dazu nötigen Planung der Arbeit (z.B. Schätzung, Arbeitsstruktur, Verfolgung, Messung, Ablage, Kapazitäten und Verfügbarkeit).

Konkrete Hinweise des CMMI zur Diagnosephase finden Sie im Prozessgebiet »Organisationsweite Prozessausrichtung« (OPF) und »Organisationsführung auf Basis der Prozessleistung« (OPM). Die Feedback-Schleifen auf der Arbeitsebene finden Sie im Prozessgebiet »Fortgeschrittenes Arbeitsmanagement« (IWM) und in der generischen Praktik »Verbesserungsinformationen sammeln« (GP 3.2).

4.4   Vorbereiten: Inhalte festlegen und planen

Der Übergang von der Phase Diagnose zum Vorbereiten ist fließend. Für beide Phasen ist es nötig, dass die Organisation eine klare Zielrichtung und Strategie zur Umsetzung verfolgt. So sollte man sich nicht nur auf die einfachen Prozessverbesserungen stürzen, sondern auch strategische Ziele verfolgen, die nachhaltigen und langfristigen Nutzen erzeugen. Natürlich ist es sinnvoll, anhand von kurzfristigen Verbesserungsmaßnahmen zunächst Motivation für die Prozessverbesserung zu schaffen. Dabei sollte man den langfristig erforderlichen Kulturwandel jedoch nicht aus den Augen verlieren (siehe Abschnitte 4.6 und 4.9).

Die Phase »Vorbereiten« besteht im Wesentlichen aus zwei Aktivitäten: Zum einen müssen konkrete Maßnahmen abgeleitet, priorisiert und paketiert werden, zum anderen muss ein angemessenes Vorgehen zur Umsetzung gewählt werden.

Maßnahmenpriorisierung

Im Folgenden zeigt ein kurzes Beispiel das typische Vorgehen bei der Priorisierung: Zunächst werden Maßnahmen entwickelt und anhand der folgenden Kriterien bewertet (siehe auch die Beispielbewertung in Tab. 4–1):

▦ *Nutzen* für die Geschäftsziele, z.B.:
  • A beträchtlicher/langfristiger Nutzen
  • B deutlicher/mittelfristiger Nutzen
  • C kleiner/überschaubarer Nutzen

▦ *Aufwand* zur Umsetzung. Zuerst wird festgelegt, welche Aktivitäten beim Aufwand mitgezählt werden (Definition/Pilotierung/Breiteneinführung). Bewertung des Aufwands erfolgt dann z.B. auf folgender Skala:
  • (S)mall: kleiner 1 Personenmonat
  • (M)edium: 1 bis 3 Personenmonate
  • (L)arge: mehr als 3 Personenmonate

▦ *Dauer* bis zum Start der Breiteneinführung:
  • (S)mall: kürzer als 1 Monat
  • (M)edium: 1 bis 3 Monate
  • (L)arge: mehr als 3 Monate

▦ Einbindung und Auswirkung externer Schnittstellen:
  • (S)mall: Innerhalb des Teams/Gruppe lösbar, kein Einfluss von außen
  • (M)edium: Innerhalb der Organisationseinheit, Schnittstellen müssen abgestimmt werden
  • (L)arge: Entscheidungen und Prozessvorgaben erfolgen außerhalb der Organisationseinheit

▦ *PA1*: Referenz zum Prozessgebiet (*Process Area*) von CMMI-SVC, das direkt Hilfestellung leistet

▦ *PA2*: Referenz zu indirekter, sekundärer CMMI-SVC-Unterstützung

▦ *T/P*: Indikator, ob die Maßnahme mehr die Definition von Prozessen (»Theorie«) oder mehr die Umsetzung in der »Praxis« oder beides (»Theorie und Praxis«) betrifft.

ID	Maßnahme	Nut-zen	Auf-wand	Dauer	Ext.	PA1	PA2	T/P
SD01	Beschreibung	A	L	S	S	SD	CAM	T
SD02	Beschreibung	C	S	L	L	SD		P
SD03	Beschreibung	B	M	L	L	SD		T/P
SD04	Beschreibung	A	S	M	L	SD	SSD	T
SD05	Beschreibung	B	M	S	L	SD		P
SD06	Beschreibung	C	L	L	S	SD		T/P
SD07	Beschreibung	A	L	L	M	SD		T
SD08	Beschreibung	C	M	L	M	SD	IRP	T
SD09	Beschreibung	B	S	M	M	SD		P
SD10	Beschreibung	B	L	S	S	SD		T/P

Tab. 4–1

Maßnahmenpriorisierung am Beispiel des Prozessgebietes SD

Diese Art von Bewertung erfolgt meist im Rahmen eines Workshops mit den zentralen Beteiligten und Betroffenen einer Organisation, im Idealfall zusammen mit den dafür verantwortlichen Führungskräften auf Basis eines ausgearbeiteten Maßnahmenkatalogs. Auch hier ist die frühzeitige Einbindung der Stakeholder und Planung ihrer Beteiligung wichtig, z.B. auf Basis einer Analyse, wer Entscheider, Beeinflusser, Mitläufer, Kritiker oder Gegner ist.

Stakeholder-Analyse

Aufbauend auf dieser Bewertung können dann in sich zusammenhängende Maßnahmenpakete geschnürt werden. Hilfe liefert dafür eine Handlungsbedarfsmatrix (siehe Abb. 4–5).

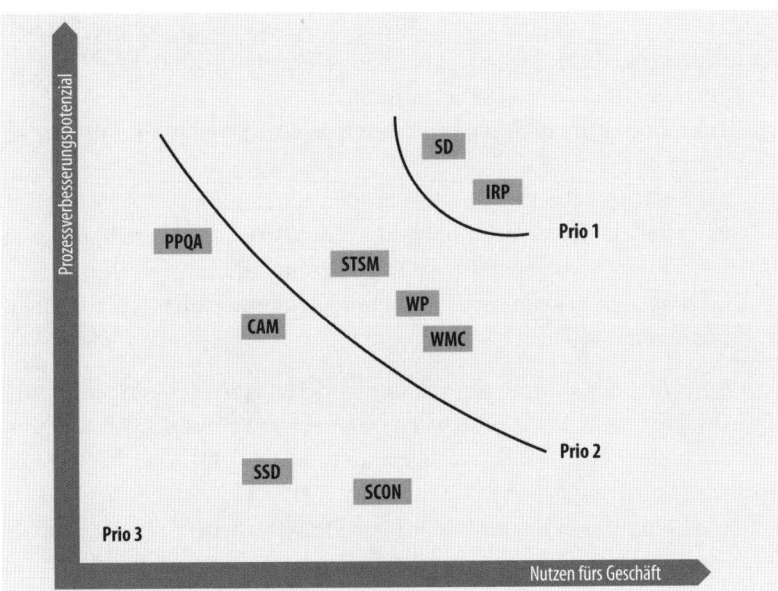

Abb. 4–5

Beispiel für eine Handlungsbedarfsmatrix

Die einzelnen Abkürzungen stehen für CMMI-SVC-Prozessgebiete. Die vertikale Achse beschreibt dabei eine Gewichtung hinsichtlich des Verbesserungspotenzials bezogen auf die Größe der Lücken innerhalb aller adressierten Prozessgebiete. Diese Gewichtung erfolgt auf Basis der Tabelle 4–1 und der in einem Assessment erkannten Risiken und Schwächen. Die horizontale Achse beschreibt die Gewichtung des potenziellen Nutzens für die Geschäftsziele, wenn die dazugehörenden Maßnahmen umgesetzt werden. Diese Gewichtung erfolgt meist in Diskussion mit den Führungskräften der Organisation.

Damit ergibt sich eine klare Handlungsempfehlung und Reihenfolge für die Umsetzung (Prio 1–3). Somit lassen sich überschaubare Maßnahmenpakete aufstellen, die zum einen in sich thematisch zusammenhängen und zum anderen einen klaren Nutzen für die Organisation aufzeigen.

Vorgehen zur Umsetzung   Im Rahmen der konkreten Planung zur Umsetzung der Maßnahmenpakete empfiehlt es sich, das Prozessgebiet »Planung der Arbeit« (WP) aus CMMI zu verwenden. Es enthält wertvolle Hinweise zur Planung einer konkreten Prozessverbesserung. Es legt nahe, die Umsetzung einzelner Verbesserungen wie ein Projekt im Rahmen eines Verbesserungsprogramms zu behandeln:

- Herunterbrechen in einzelne Arbeitsergebnisse und -schritte in entsprechende Projektphasen (z.B. Planung, Commitment, Definition, Pilotierung, Breiteneinführung, Lessons Learned)
- Abschätzung der Komplexität und des Aufwands
- Ressourcenplanung
- Zuweisen von Verantwortlichkeiten (Verbesserungsgruppe, Arbeitsgruppen, Lenkungskreis(e), Führungsverantwortung)
- Aufstellen von Budget und Zeitplan
- Kommunikationsplanung und Analyse von Beteiligten und Betroffenen
- Erkennen von Risiken und kulturellen Barrieren
- Sicherstellen der Abstimmung und Zusagen aller Beteiligten und Betroffenen (siehe auch Phase Auslösen in Abschnitt 4.2)
- Lenkung der Ergebnisse (Gültigkeit, Änderungshistorie, Entscheidungsgremien)

Kritische Erfolgsfaktoren   Kritische Erfolgsfaktoren sind unter anderem die Ressourcenverfügbarkeit (vor allem Verfügbarkeit wichtiger Know-how-Träger im Unternehmen), die konkrete Arbeitssituation und die bestehende Struktur der Organisation.

CMMI-Bezug   Konkrete Hinweise des CMMI zur Phase »Vorbereiten« finden Sie im Prozessgebiet »Organisationsweite Prozessausrichtung« (OPF) und

»Organisationsführung auf Basis der Prozessleistung« (OPM). Bei der Planung und Verfolgung von Prozessverbesserungsaktivitäten unterstützen »Planung der Arbeit« (WP) und »Verfolgung und Steuerung der Arbeit« (WMC) sowie die generischen Praktiken GP 2.1 bis GP 2.10. Zur Einbindung von Beteiligten und Betroffenen unterstützt Sie zudem das »Fortgeschrittene Management der Arbeit« (IWM).

4.5   Handeln: Experimentieren und Umsetzen

In dieser Phase erfolgt die konkrete Ausarbeitung, Definition und Pilotierung von Prozessverbesserungen. Dabei ist es meist empfehlenswert, Prozessverbesserungen in mehreren Iterationen und im Rahmen eines Verbesserungprogramms umzusetzen (siehe Abb. 4–6).

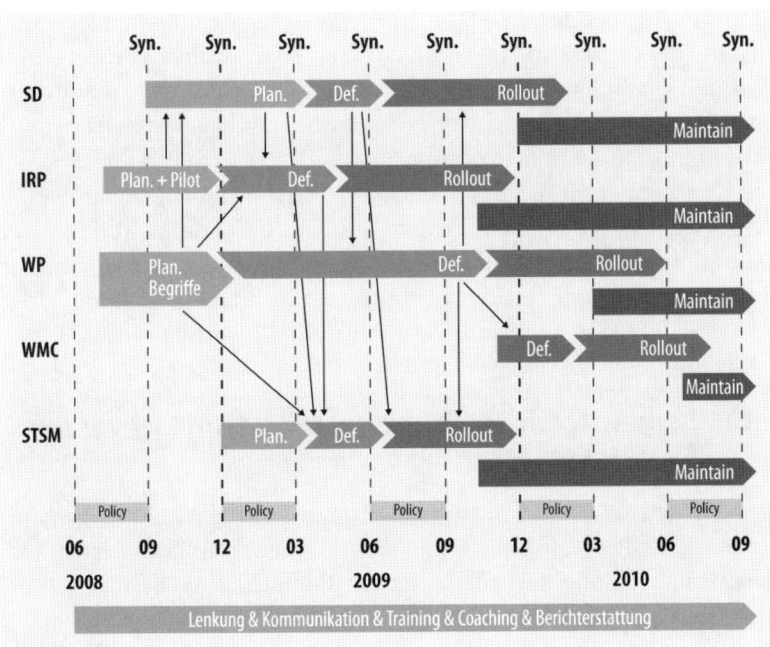

Abb. 4–6

Beispiel eines

Verbesserungs-

programms

Im Beispiel werden fünf Themengebiete (hier fünf Prozessgebiete von CMMI-SVC) grob über vier Phasen hinweg geplant: Planung, Definition inkl. Pilotierung, Rollout und langfristige Pflege/Wartung. Die senkrechten gestrichelten Linien stehen für Synchronisationspunkte über verschiedene Themengebiete hinweg. »Policy« steht für regelmäßige Führungsworkshops zur Festlegung von Erwartungen (Leitlinien, Prozess- und Werkzeugvorgaben) und deren tatsächlicher Wirksamkeit. Parallel dazu müssen natürlich eine entsprechende Lenkung,

Kommunikation, das Training und Coaching sowie die Berichterstattung gewährleistet sein.

Experimentieren

Hervorzuheben ist, dass zur Prozessverbesserung auch immer ein gewisser Grad an Experimentieren gehört und die Bereitschaft, auch mit Fehlschlägen umzugehen. Gerade vor der Breiteneinführung von komplexen Themen ist es wichtig, den Erfolg und Nutzen im Rahmen einer Pilotanwendung aufzeigen zu können – also anhand eines erfolgreichen Experiments. Die pilotierte Lösung muss meist mithilfe einer zeitnahen Rückmeldung verfeinert werden, bevor die Breiteneinführung selbst erfolgt.

Breiteneinführung

Spätestens im Rahmen der Breiteneinführung sollte man die kulturellen Aspekte der Organisationsentwicklung berücksichtigen (mehr dazu im folgenden Abschnitt und in Abschnitt 4.9). Zentral ist dabei die laufende Kommunikation und Einbindung aller Beteiligten und Betroffenen, aber auch Mechanismen zur Unterstützung und Gewährleistung der Prozesseinhaltung (siehe auch Prozessgebiet »Prozess- und Produkt-Qualitätssicherung«, PPQA). Während auf die Definitions- und Pilotierungsphase meist etwa ein Drittel des benötigten Aufwands entfällt, macht die Breiteneinführung die anderen zwei Drittel aus.

CMMI-Bezug

Konkrete Hinweise des CMMI zur Phase Handeln finden Sie im Prozessgebiet »Organisationsweite Prozessausrichtung« (OPF). Zur Definition und Bereitstellung von Prozessen unterstützt die »Organisationsweite Prozessentwicklung« (OPD), im Rahmen von Schulung das Prozessgebiet »Organisationsweite Aus- und Weiterbildung« (OT).

4.6   Lernen: Nach der Prozessverbesserung ist vor der Prozessverbesserung

Grundvoraussetzung für diese Phase ist, dass sich die gesamte Organisation in die Prozessverbesserung einbringt und zeitnahes Lernen fördert. Rückmeldung darf nicht erst am Ende eines Verbesserungsprogramms eingeholt werden, sondern dies muss schon während der Pilotierung und dann laufend während der Einführung in die Breite geschehen.

Fehlerkultur

Zum einen setzt dies eine entsprechende Fehlerkultur und Förderung voraus und zum anderen müssen Mechanismen und Rollen vorhanden sein, die die möglichen Verbesserungsinformationen verarbeiten. Meist ist die in Abschnitt 4.2 beschriebene Prozessgruppe zuständig für die Sammlung und Analyse aller Verbesserungsinformationen und für die entsprechende Auswertung von organisationsweiten Kennzahlen.

Eine zentrale Rolle spielt dabei die arbeitsbegleitende Prozessqualitätssicherung, in CMMI verankert im Prozessgebiet PPQA. Diese Rolle gibt sowohl laufendes Feedback zur Umsetzung der Prozesse in der täglichen Arbeit als auch entsprechende Unterstützung für die Anwendung von Prozessen. Sie erlaubt auch, den Grad der Verankerung neuer Abläufe nachzuvollziehen. *Prozessqualitätssicherung*

Laufend sollte hinterfragt werden, ob das Vorgehen zur Verbesserung zielführend ist, ob die gesteckten Ziele erreicht wurden, ob Zusagen und Einbindung des Managements sichergestellt sind und alle betroffenen Mitarbeiter die Veränderung angenommen haben. Auch die Art und Weise der Prozessverbesserung selbst muss laufend verbessert werden.

Langfristiges Ziel des gesamten IDEAL-Zyklus ist die »lernende Organisation«. Im IDEAL werden vor allem die inhaltlichen Schritte der Umsetzung und Prozessverbesserung dargestellt, jedoch kaum das dazu nötige Änderungsmanagement und Methoden der Organisationsentwicklung. Der systemische Ansatz von Organisationsentwicklung kommt im Konzept der lernenden Organisation stark zum Tragen (siehe [Seng90]). Fünf Fertigkeiten sind dafür nötig: *Lernende Organisation*

▦ Individuelle Reife:
Persönlichkeitsentwicklung und Fähigkeiten des Einzelnen

▦ Mentale Modelle:
Explizite und implizite Grundannahmen unserer Umwelt sichtbar machen.

▦ Gemeinsame Vision:
Jeder begreift den Zweck und was seine Aufgabe zum gemeinsamen Erreichen des Zieles ist.

▦ Lernen im Team:
Mehr zu sein als die Summe der einzelnen Mitglieder.

▦ Denken in Systemen:
Erkennen typischer Verhaltensmuster und Modellierung sich gegenseitig verstärkender bzw. abschwächender Muster und deren Auswirkungen auf die Organisation.

Hinweise zu dieser Phase des Lernens finden Sie in der »Organisationsweite Prozessausrichtung« (OPF) sowie im Prozessgebiet »Fortgeschrittenes Management der Arbeit« (IWM). Hilfe zu Mechanismen zur Prozesseinhaltung und -umsetzung erhalten Sie in der »Produkt- und Prozess-Qualitätssicherung« (PPQA). Bei allen Prozessgebieten wird über die generische Praktik »Verbesserungsinformationen sammeln« (GP 3.2) die laufende Sammlung von Informationen als Basis für Prozessverbesserungen erwartet. *Die Lernen-Phase in CMMI*

4.7   Angemessenheit und Flexibilität

Prinzipiell erwartet CMMI eine angemessene Umsetzung der Ziele und Praktiken im Kontext der Geschäftsziele, sodass für die Organisation ein Nutzen entsteht. Dabei sollen natürlich die Randbedingungen des Geschäfts berücksichtigt werden wie z.B. Wettbewerb, Herausforderungen, Gesetze, Normen, Komplexität der Dienstleistung und Sicherheitsanforderungen.

Mechanismen für flexible Umsetzung des CMMI

CMMI liefert eine breite Flexibilität für die Umsetzung und Interpretation über die folgenden Mechanismen:

▓ Proaktive Steuerung der Abläufe durch Leitplanken (Policies oder Leitlinien gemäß GP 2.1) als kommunizierte Erwartungen des Managements, die an den Geschäftszielen ausgerichtet sind
▓ »Tailoring«, d.h. Spielregeln zum Ausgestalten und Anpassen von Standardprozessen an konkrete, typische Projektsituationen
▓ Bewusster Einsatz von Risikomanagement und bewusste Entscheidungsfindung
▓ Angemessene Umsetzung, d.h., die CMMI-Praktiken sind jeweils so zu interpretieren, wie das für die jeweilige Organisation angemessen und nützlich ist.

Aus CMMI-Sicht kann nur dann eine Schwachstelle bei einer Bewertung festgestellt werden, wenn man erklären kann, welches Risiko die Organisation bei Nichtbeheben eingeht.

Aufgrund seiner inhärenten Flexibilität ist CMMI-SVC auf unterschiedlichste Arten von Dienstleistungen anwendbar.

4.8   Nutzen von prozessorientiertem Arbeiten mit CMMI

Wenn man in Suchmaschinen die Begriffe »CMMI« und »benefit« eingibt, findet man eine Unmenge von Beispielen für die erfolgreiche Einführung von CMMI oder für Verbesserungen von Dienstleistungen. Sie sollten die gemachten Angaben allerdings mit Vorsicht genießen und diese nicht eins zu eins auf Ihre Organisation übertragen. Jede Organisation muss sich selbst fragen, wo sie ihr »Geld« verliert, um sinnvolle Ansätze zur Prozessverbesserung zu identifizieren.

Dabei ist zu beachten, dass jede Organisation ihre eigenen Probleme lösen muss. In den meisten Fällen sind nicht alle Ansätze und Ziele für Verbesserungen für jede Dienstleistungsorganisation sinnvoll: Beispielsweise wäre es sicherlich schön, 90% aller Störungen zu kennen und zu vermeiden, bevor mit der Erbringung der Dienstleistung begonnen wird. Jedoch sollte man sich auch der Kosten dafür und der Angemessenheit für die Unternehmenssituation bewusst sein.

Dazu kommt, dass in unreifen Organisationen meist kaum Kennzahlen oder standardisierte Vorgehensweisen existieren. Gerade eine Return-on-Investment-Berechnung setzt jedoch eine hohe Prozessreife voraus und benötigt belastbare Zahlen und Daten aus der Dienstleistungserbringung. Häufig kann anfangs nur der qualitative Nutzen gemessen werden, z.B. die Kunden- oder Mitarbeiterzufriedenheit. Meist sind jedoch auch schon früh Kennzahlen zur Liefertreue und zu Problemkosten bei der Erbringung verfügbar, über die Veränderungen in der Dienstleistungsqualität sichtbar werden.

Return on Investment (ROI)

Für das CMMI für Dienstleistungen liegen zum heutigen Zeitpunkt leider noch keine statistischen Auswertungen zum Nutzen vor. Jedoch weisen erste Fallbeispiele und Praxisberichte – wie auch die hier aufgeführten – auf ähnliche Erfolge wie im Rahmen des CMMI für Entwicklung hin (siehe Tab. 4–2).

Kategorie	Median	Anzahl Datenpunkte	Minimum der Veränderung	Maximum der Veränderung
Kosten	34%	29	3%	87%
Zeitplan	50%	22	2%	95%
Produktivität	61%	20	11%	329%
Qualität	48%	34	2%	132%
Kundenzufriedenheit	14%	7	-4%	55%
Return on Investment	4,0:1	16	1,7:1	27,7:1

Tab. 4–2

Ergebnisse der Nutzung von CMMI

(Quelle: [GiGK06])

Die Leistungsergebnisse der Tabelle stammen von 30 verschiedenen Entwicklungsorganisationen, die eine prozentuale Änderung in mindestens einer der sechs Kategorien von Leistungskennzahlen erreicht und die Ergebnisse berichtet haben. Allerdings muss man bei solchen Aussagen immer berücksichtigen, dass hier unterschiedlichste Organisationen ihre eigenen Probleme und Herausforderungen angegangen sind. Diese Erfolgsaussagen sind häufig schwer zu verallgemeinern. Jede Organisation muss am Beginn jeder Veränderung für sich selbst beantworten können, wo ihre eigenen Herausforderungen liegen, bzw. sich die Frage stellen, wo sie ihr Geld verliert. Auch die unterschiedliche Interpretation und Messung der einzelnen Kategorien und die fehlende Aussage, in welchem Zeitraum die jeweilige Veränderung erreicht wurde, führten zu einer begrenzten Aussagekraft dieser Werte.

4.9   Herausforderungen, Werte und Prinzipien von erfolgreicher Prozessverbesserung

Prozessverbesserung bedeutet Kulturwandel.
Leider wird in der Praxis bei der Prozessverbesserung dem kulturellen Aspekt von Veränderung häufig kaum Aufmerksamkeit geschenkt. Jede Veränderung an den Abläufen einer Organisation bedeutet jedoch andere Arbeits- und Verhaltensweisen, also eine Organisationsentwicklung, die auch die weichen Faktoren berücksichtigen muss.

Peter Senge beschreibt in [Seng90] sehr gut die typischen Reaktionen und Herausforderungen in verschiedenen Phasen der Veränderung:

Herausforderungen
In der Phase der Pilotierung:

- »Wir haben keine Zeit dafür« – die Herausforderung und die Kontrolle über die eigene Zeit und Verfügbarkeit.
- »Wir haben keine Hilfe« – die Herausforderung von fehlendem Coaching und Unterstützung.
- »Das ist für mich nicht relevant« – die Herausforderung, den Geschäftsfokus und Nutzen im täglichen Arbeiten sichtbar zu machen.
- »Sie handeln nicht nach dem, was sie fordern« – die Herausforderung an Klarheit und Durchgängigkeit des Managements sowie fehlende Übereinstimmung von dessen tatsächlichem Verhalten und verkündeten Werten.

In der Phase des Aufrechterhaltens von Veränderungen, gerade zwischen Einzelteam und Organisation:

- »Das taugt alles nichts« – die Herausforderung im Umgang mit Angst und Widerstand.
- »Das funktioniert hier nicht« – die Herausforderung negativer Bewertung von Fortschritt.
- »Wir haben das schon immer so gemacht / die verstehen uns nicht« – die Herausforderung von Isolation und Arroganz bzw. von Bekehrten und Ungläubigen.

In der Phase des Sich-neu-Wiederfindens und der Konfrontation mit bestehenden Strukturen und Praktiken:

- »Wer ist dafür verantwortlich?« – die Herausforderung bestehender Strukturen.
- »Wir erfinden ständig das Rad neu« – die Herausforderung mit der Unfähigkeit, Wissen über die Organisation hinweg zu verbreiten.
- »Wohin geht die Reise?« – die Herausforderung an klare Strategie und Zielsetzungen.

In 2009 wurde ein Manifest zu Prozessverbesserung von internationalen Experten erstellt ([SPIM10], siehe Abb. 4–7). Obwohl es ursprünglich aus dem Softwareumfeld kommt, sind die dort beschriebenen Werte und Prinzipien allgemeingültig und helfen die obigen Herausforderungen zu adressieren.

Prozessverbesserungs-manifest

Werte

Für eine erfolgreiche Verbesserung von Prozessen glauben wir an die folgenden Werte.

1. **Menschen**
    Jede erfolgreiche Prozessverbesserung muss die Mitarbeiter aktiv einbinden und deren tägliches Arbeiten adressieren (sie ist nicht zum Angeben gedacht oder auf die Führung alleine fokussiert).

2. **Geschäft**
    Prozessverbesserung führen Sie durch, um im Geschäft erfolgreich zu sein (und nicht um einen Reifegrad oder ein Zertifikat zu erhalten).

3. **Veränderung**
    Prozessverbesserung ist inhärent mit Veränderung verbunden (und nicht mit einem Weitermachen wie bisher).

Prinzipien

Wir vertrauen darauf, dass die Werte durch folgende zehn Prinzipien unterstützt werden:

1. Lerne die bestehende Kultur kennen und fokussiere auf die tatsächlichen Bedürfnisse der Organisation.
2. Alle Beteiligten und Betroffenen müssen motiviert werden.
3. Verbesserungen sollten sich auf vorhandene Erfahrungen und Daten der Organisation stützen.
4. Prozessverbesserung sollte in einer lernenden Organisation münden (siehe §1.1).
5. Prozessverbesserung sollte das gemeinsame Verständnis und die Ziele der Organisation unterstützen.
6. Dazu sollten flexible und anpassbare Modelle verwendet werden.
7. Eine bewusste Abschätzung von Chancen und Risiken sollte angewandt werden.
8. Die Verbesserung sollte durch entsprechende Organisationsentwicklung begleitet werden.
9. Die Prozesse sollten von allen Beteiligten verstanden und mit ihnen abgestimmt sein.
10. Niemals den Fokus verlieren!

Abb. 4–7

Prozessverbesserungs-manifest (siehe [SPIM10])

Eine konsequente Berücksichtigung der Werte und Prinzipien ermöglicht eine tatsächliche und wirksame Veränderung in einer Organisation. Erfolgreiche Prozessverbesserung bedeutet nachhaltige Veränderung von Verhaltensweisen und Kultur einer Organisation, die auch mit strukturellen und personellen Änderungen innerhalb der Organisation umgehen kann.

Die im nächsten Abschnitt dargestellten Fallstricke lassen sich so vermeiden oder mildern.

4.10 Typische Fallstricke bei der Umsetzung und Einführung von CMMI-SVC

Typische Fehler und Fallstricke bei der Umsetzung, Einführung und Interpretation von CMMI-SVC sind die folgenden:

- Eine Organisation lässt ein Prozesshandbuch schreiben und erklärt den Sieg:
  Es entsteht massiver Widerstand, es findet keine Verankerung statt, man gibt auf, gibt dem Prozessmodell die Schuld und startet mit einer anderen Initiative.

- Eine Organisation kauft teure Beratungsleistung ein, ohne das vorhandene Wissen der eigenen Organisation zu nutzen:
  Die Intelligenz steckt immer im System, doch die eigenen Experten haben häufig keine Zeit für Prozessverbesserungen, da sie intern Feuer löschen müssen.

- Eine Organisation führt CMMI-Begriffe ein und schult alle Mitarbeiter in CMMI:
  Für den einzelnen Mitarbeiter ist es in der Regel wichtiger zu wissen, wo er Hilfen, Informationen, Vorlagen und Werkzeuge finden kann, die ihm bei der täglichen Arbeit helfen, und nicht, welche Anforderungen eines abstrakten Modells er gerade erfüllt bzw. wie dort der Fachbegriff lautet.

- Eine Organisation erwartet Definition, Einführung und Nutzen von Prozessverbesserung nebenbei und innerhalb eines Quartals:
  Das Erreichen eines höheren Reifegrads bedeutet eine signifikante Investition und dauert meist viele Monate.

- Eine Organisation meint, dass das Erreichen eines Reifegrads allein eine Garantie für den Erfolg sei:
  Verbesserungen werden nicht an den Geschäftszielen ausgerichtet, es entstehen formale, wenig nützliche Vorgaben und Abläufe.

Die in Abschnitt 4.8 zusammengefassten Erfahrungen zeigen jedoch, dass die Wahrscheinlichkeit, eine Dienstleistung in Zeit, Kosten und Qualität zu erbringen, mit zunehmender Prozessreife und -fähigkeit steigt.

4.11 Konkrete Schritte zu erfolgreicher Prozessverbesserung

Dieser Abschnitt fasst konkrete Vorgehensweisen zum Starten einer Prozessverbesserung zusammen.

1. Fangen Sie zunächst klein an und testen Sie CMMI anhand eines kleinen Beispiels:

    * Nehmen Sie dazu eine aktuelle Herausforderung in Ihrem Tagesgeschäft. Wichtig ist, dass diese Arbeit und ihr Ablauf von Ihnen beeinflussbar sein muss!

    * Formulieren Sie die Herausforderungen (oder Probleme) und den Idealzustand.

    * Suchen Sie sich ein passendes Prozessgebiet des CMMI dazu heraus. Lesen Sie dieses komplett durch und bilden Sie die spezifischen und generischen Praktiken auf Ihre Arbeit ab.

    * Wählen Sie ein bis zwei Praktiken aus, bei denen Sie in der Praxis eine Lücke erkannt haben und die Ihnen helfen, Ihr Problem zu adressieren.

    * Beschreiben Sie, wie der zukünftige Arbeitsablauf aussehen kann (z.B. über eine Checkliste/Vorlagen/Werkzeug/Schulung) und welche Kollegen wie von diesem Arbeitsablauf betroffen und an ihm beteiligt sind.

    * Erstellen Sie einen kleinen Plan (1-2 Seiten) für die Umsetzung dieser Prozessverbesserung: Arbeitspakete, Zeitplan, Aufwand/Kosten, Phasen wie Definition, Pilotierung, Einführung sowie die Einbindung von Beteiligten und Betroffenen, Dokumentenlenkung, Verfolgung von Arbeitspaketen.

    * Setzen Sie diese Veränderung in Ihrem Umfeld um.

    * Beobachten Sie dabei, was funktioniert, wo Widerstände entstehen und welchen Nutzen die Verbesserung hat.

    * Schreiben Sie eine Erfolgsstory! (In der Annahme, dass Ihre Verbesserungsaktivitäten auch erfolgreich waren.)

2. Wenn obiger Test erfolgreich war, macht es Sinn, Prozessverbesserung ganzheitlich in Ihrer Organisation anzugehen. Berücksichtigen Sie dabei die folgenden Fragestellungen:
    *   Was sind die wichtigsten Dienstleistungen? Womit wird am meisten Profit gemacht?
    *   Was muss ich tun, damit diese Einkommensquelle nachhaltig gefestigt wird? (Häufig werden mit 20% der Kunden 80% des Profits gemacht.)

3. Suchen Sie sich in Ihrem Bereich Kollegen, die Spaß an solchen Veränderungen haben. Finden Sie einen »Sponsor« in der Führungsebene, den Sie mit Ihrer Erfolgsstory motivieren können (*Elevator Speech*).

4. Klären Sie die Rollenverteilung: ein Teamleiter für die Prozessverbesserung, Aufgaben für einzelne Themen, Rolle der Führungskräfte.

5. Planen Sie eine kleine Standortbestimmung für ausgewählte Prozessgebiete durch (nicht mehr als 10). Holen Sie sich beispielsweise einen erfahrenen CMMI-Berater, der diese Initialanalyse durchführt (siehe auch Kapitel 5) und die ersten Prozessverbesserungsschritte begleitet (im Sinne eines Coachings und nicht, indem er die Prozesse für Sie schreibt).

6. Führen Sie die Standortbestimmung durch (ca. 2-5 Tage je nach Größe des Teams). Bilden Sie die erkannten Lücken auf Ihre Geschäftsziele ab und priorisieren Sie diese.

7. Wählen Sie 2-3 konkrete Themen, die Ihnen helfen, erfolgreich zu sein.

8. Planen Sie greifbare Arbeitsschritte und Ergebnisse. Wer muss wie und wann beteiligt und eingebunden werden?

9. Die Definition von neuen Arbeitsweisen/-abläufen ist erst das erste Drittel des Weges. Für Einführung, Motivation, Schulung, Händchen halten und Coaching gehen die anderen zwei Drittel des Aufwands weg.

10. Lernen Sie laufend, was funktioniert und was nicht. Was sind die Ursachen für Widerstände? Welche Hilfe benötigen Sie von Ihren Führungskräften? Was hat zum Erfolg geführt?

11. Setzen Sie auf Basis von erfolgreichen Prozessverbesserungen eine dauerhafte Infrastruktur für Prozessverbesserung in Ihrer Organisation auf.

12. Planen Sie ein ganzheitliches Verbesserungsprogramm, das Ihnen hilft, Ihr Geschäft zu verbessern.

Hier noch ein kurzer Hinweis zu externen Beratern. Die Bandbreite von angebotener Beratung und deren Kosten ist umfangreich. Sie reicht von Appraisal, Coaching, Schulung bis hin zur kompletten Leitung und Umsetzung eines Verbesserungsprogramms. Je mehr Leistung Sie nach draußen geben, desto weniger Akzeptanz findet diese häufig in der eigenen Belegschaft. Oftmals ist aber das nötige Wissen für Veränderungsprozesse und Organisationsentwicklung nicht hinreichend in der eigenen Organisation vorhanden. Hier leistet natürlich externe Hilfe gute Dienste, wenn entsprechendes Wissen im Geschäftsumfeld besteht. Gerade zum Aufzeigen von Lücken kann ein CMMI-Experte gut den Finger in die Wunde legen. Er hat Erfahrung in der Analyse und dem Erkennen von Risiken für die Organisation (er ist nicht der Prophet im eigenen Lande). Auch für die Durchführung von Schulungen ist wichtig, nicht nur die fachlichen Inhalte zu vermitteln, sondern auch Motivation und Begeisterung für das trockene Thema Prozessverbesserung zu wecken.

Typische sinnvolle Einsatzszenarien für externe CMMI-Experten sind:

- Schulung in CMMI und Vorgehen zu Prozessverbesserung
- Standortbestimmungen (Assessments/Appraisals) und regelmäßige Review-/Coachingtage für die Prozessgruppe bis hin zur Vorbereitung und Durchführung von Benchmark-Appraisals, wenn diese nach innen oder außen benötigt werden.
- Begleitung der Prozessverbesserung in Planung, Definition und Umsetzung (Achtung: Dann kann der CMMI-Experte kein Benchmark-Appraisal mehr durchführen, auch wenn er ansonsten die entsprechende Qualifikation als Appraisalleiter hat.)

Grundvoraussetzung für den Erfolg ist jedoch der interne Wille und die aktive Beteiligung an der Prozessverbesserung durch die Führungsebenen und internen Experten. Ohne diese bekommen Sie zwar einen schönen Prozess, aber keine Verankerung der Abläufe in der Organisation.

5 Bewertung der Prozessreife

Die zum CMMI gehörenden Bewertungsmethoden liefern einen wesentlichen Beitrag zur Bekanntheit und Akzeptanz des Verbesserungsmodells. Dieses Kapitel gibt eine Übersicht über typische Bewertungsmethoden, die Sie anwenden können, um die Prozessreife einer Organisation zu bewerten. Die Ergebnisse einer eigenen oder externen Bewertung liefern eine Grundlage für die Planung und Umsetzung von Prozessverbesserungen.

Im Folgenden werden die Begriffe Bewertungsmethode, Assessment und Appraisal synonym verwendet.

Bewertungsmethode = Assessment = Appraisal

Da die Beschreibungen dieser Bewertungsmethoden weitgehend unabhängig davon sind, ob die Bewertung sich auf CMMI-SVC oder eine andere Konstellation von CMMI bezieht, sprechen wir in diesem Kapitel wieder meist von »CMMI« als Überbegriff über alle Konstellationen.

5.1 Bewertung von Service Excellence

Jeder spricht gern von überragenden Dienstleistungen (Service Excellence) oder möchte diese für seine Organisation erreichen; genauso wünschen die Kunden, dass ihre Erwartungen nicht nur erfüllt, sondern übertroffen werden. Es gibt jedoch weder eine einheitliche Definition dieses Begriffes »Service Excellence« noch ein klares Verständnis davon. Die folgenden Aussagen spiegeln wider, welche Ausprägungen exzellente Dienstleistungen haben können:

Service Excellence

- Eine zusätzliche Prüfung, ob der Kundenname auf dem Angebot, in der E-Mail, dem Schulungszertifikat oder der Weihnachtskarte richtig geschrieben ist (was zum Beispiel beim Nachnamen »Hertneck« nur selten gelingt).
- Ein Kollege, der sich auch nach Geschäftsschluss so um den Kunden kümmert, dass dieser sich als König fühlt.

Ausprägungen exzellenter Dienstleistungen

▌ Eine Begrüßung wie »Herzlich willkommen bei unserem Gesundheitsdienst, hier spricht Herr Mustermann, wie kann ich Ihnen helfen«, die auch tatsächlich so gemeint ist.

▌ Einen Kunden über den Status einer Störung informieren, auch wenn diese noch nicht abgearbeitet ist.

▌ Sich die Zeit für eine optimale Kundenlösung zu nehmen, um den Kunden zu überzeugen.

▌ Respekt gegenüber Kunden und Mitarbeitern zu zeigen.

▌ Regelmäßig nachzufragen, wie die Zufriedenheit von Kunden und Mitarbeitern ist und Beschwerden konsequent nachzugehen.

▌ Zu verstehen, dass jeder Kundenkontakt ein Moment der Wahrheit ist und dass dieser eine einmalige Möglichkeit gegenüber dem Wettbewerb ist.

▌ Aus einer Störung, Beschwerde oder einem Kundenverlust zu lernen und dies als Chance für die Zukunft zu sehen.

»Ich weiß es, wenn ich es sehe.«

Die meisten der obigen Aussagen und Faktoren, die zu exzellenten Dienstleistungen führen, sind schwer zu messen. Dabei spielt es keine Rolle, ob man von notwendigen Visionen, hervorragender Führung, sinnvollem Empowerment, der richtigen Motivation oder dem Einsatz effizienter Technologien spricht. Die Messung fällt meist in die Kategorie »ich weiß es, wenn ich es sehe«, also einer subjektiven Einschätzung von Erfolg oder Misserfolg.

Wissen über eigene Fähigkeiten

Dennoch ist es essenziell, die eigenen Fähigkeiten zu kennen, um diese gezielt weiterentwickeln zu können. Dieses Wissen über die eigenen Fähigkeiten und die Leistungsfähigkeit der Prozesse ist Voraussetzung, um gezielt Verbesserungen umsetzen zu können. Mehr zu allgemeinen Herausforderungen und Vorgehensweisen für systematische Prozessverbesserung finden Sie in Kapitel 4. Die Darstellung des CMMI in Reifegraden bzw. Fähigkeitsgraden erlaubt eine Vergleichbarkeit verschiedener Organisationen. Die Praktiken liefern klare Anhaltspunkte für Prozessverbesserung und wirksame Prozesse einer Organisation. Sie liefern auch die Grundlage für Bewertungsmethoden.

Bewertungen von gelebten und dokumentierten Prozessen werden meist aus einem oder mehreren der folgenden Gründe ausgeführt:

Gründe für Bewertungen der Prozessreife

▌ um den Stand der aktuellen Abläufe und Standardprozesse aufzuzeigen,

▌ eine Prozessverbesserung zu initiieren oder deren Status zu ermitteln,

▌ konkrete Stärken und Schwächen in der Prozesseinhaltung zu erkennen,

▥ sich im Vergleich zum Wettbewerb zu positionieren und zu bench-
marken,
▥ die Umsetzung von Zielen des CMMI zu bestätigen,
▥ den erreichten Qualitätsstand bzw. Reifegrad oder das Fähigkeits-
gradprofil nach außen, vor allem gegenüber Kunden, zu belegen,
▥ Prüfung durch den Kunden, um sicherzustellen, dass der Auftrag-
nehmer den geforderten Reifegrad erreicht hat, also zur Lieferantenauswahl oder -überwachung.

5.2 Bewertungsmethoden (Appraisals)

Laut Definition im CMMI ist ein Appraisal (Assessment, Bewertungsmethode) eine Untersuchung eines oder mehrerer Prozesse durch ein
geschultes Expertenteam, das dazu ein Referenzmodell (hier CMMI-
SVC) als Grundlage für die Bestimmung von Stärken und Schwächen
verwendet.

*Definition von
Assessment/Appraisal*

Abbildung 5–1 zeigt den typischen Betrachtungsgegenstand eines
Appraisals. Meist wird innerhalb einer festgelegten Organisationsein-
heit zum einen die Stimmigkeit tatsächlich gelebter und definierter
Prozesse geprüft und zum anderen die angemessene Umsetzung von
Zielen und Praktiken von CMMI.

Betrachtungsgegenstand

Abb. 5–1

*Betrachtungsgegenstand
eines Appraisals*

Mithilfe eines Appraisals kann ermittelt werden, wo Stärken und Schwächen in gelebten und definierten Abläufen liegen. Damit werden gezielte Prozessverbesserungen und auch die Bewertung der erreichten Fähigkeits- bzw. Reifegrade möglich.

Umfang von Appraisals

Eine der zentralen Entscheidungen zur Appraisaldurchführung ist die Festlegung des Umfangs des Appraisals. Dies betrifft den Bereich eines Unternehmens, für den die Bewertung gelten soll (*organizational unit*). Der Bereich kann »frei« gewählt werden. Allerdings gilt dann jede Bewertung auch nur genau für diesen gewählten Bereich. Innerhalb dieses Bereichs kann man den Umfang weiter einschränken. So können einzelne Gruppen, Teams oder Dienstleistungen von der Bewertung ausgeschlossen werden. Für die Auswahl und Größe der Stichprobe innerhalb des gewählten Organisationsumfangs gibt es je nach Ausprägung des Appraisals unterschiedliche Kriterien (*sampling factors*).

Darüber hinaus muss festgelegt werden, welches Prozessgebiet bis zu welchem Fähigkeitsgrad betrachtet werden soll.

Neben vom SEI vorgegebenen Appraisalmethoden (SCAMPI, siehe Abschnitt 5.3) gibt es die Möglichkeit, eine eigene Bewertungsmethode zu definieren, die an die individuellen Gegebenheiten optimal angepasst ist und die sich vor allem für den häufigen Einsatz besser eignet als die relativ aufwendigen SCAMPI-Appraisals.

Ausprägungen von Appraisals

Je nach Auslöser, Umfang und Zielsetzung eines Appraisals kommen daher folgende Ausprägungen zum Einsatz:

▥ *Benchmark*:
Ein Benchmark erfordert eine detaillierte Untersuchung repräsentativer Basiseinheiten und Funktionen, um ein korrektes Bild der in der Organisation gelebten Arbeitsweisen zu bekommen und die Erfüllung der CMMI-Anforderungen bewerten zu können. Da beim Benchmark eine Bewertung (Rating) der Zielerreichung der ausgewählten CMMI-Prozessgebiete erstellt wird, muss es nach der Appraisalmethode SCAMPI A (siehe Abschnitt 5.3) durchgeführt werden.

- Typische Ergebnisse:
  Charakterisierung der Praktiken, ein Profil von Fähigkeitsgraden oder ein Reifegrad sowie Stärken und Schwächen.
- Die Dauer vor Ort ist meist 2–4 Wochen.

▥ *Detaillierte Standortbestimmung*:
Dies ist ein detailliertes Appraisal, um die Stärken und Schwächen einer Organisation zu erarbeiten. Darauf wird ein realistischer Plan zur Prozessverbesserung aufgebaut.

- Typische Ergebnisse:
  Stärken und Schwächen, Charakterisierung der Praktiken (z.B. rot/gelb/grün), ein Maßnahmenkatalog, Ermittlung des Handlungsbedarfs.
- Die Dauer vor Ort ist meist 1–2 Wochen.

◦ *Initiierung von Veränderung*:
Hier rückt neben einer Standortbestimmung die Einbindung und Motivation der Mitarbeiter und Führungskräfte in den Vordergrund. Die Durchführung erfolgt meist im Rahmen eines Workshops und erfordert vor allem Moderationsfähigkeit und Wissen zu Organisationsentwicklung.

- Typische Ergebnisse:
  Stärken und Schwächen, Charakterisierung der Praktiken (mit Risikoeinschätzung), Aufzeigen von Geschäftskonsequenzen und -risiken, grobe Maßnahmenpakete.
- Die Dauer vor Ort ist meist 3–5 Tage.

◦ *Überwachung der Prozessverbesserung*:
Regelmäßige Statusbewertungen, um den Fortschritt der Umsetzung der Verbesserungen in der tatsächlichen Arbeit und der Organisation zu verfolgen. Diese werden oft durchgeführt als Vorbereitung für ein Benchmark-Appraisal.

- Typische Ergebnisse:
  Charakterisierung der CMMI-Praktiken und der eigenen Standards (rot/gelb/grün), Schwächen und besondere Stärken, Maßnahmen/Chancen für die kontinuierliche interne Prozessverbesserung. Dies wird häufig gekoppelt mit der internen Überprüfung der Prozesseinhaltung.
- Die Dauer vor Ort ist meist 1–3 Tage.

Gerade für Benchmarks und detaillierte Standortbestimmungen ist es sinnvoll, die Umsetzung des CMMI anhand der intern vorhandenen Nachweise auch selbst sicherzustellen. Bei einem Benchmark als recht aufwendige Appraisalausprägung möchte man ja vermeiden, dass böse Überraschungen erst im Appraisal auftreten. Im Rahmen der Risikominimierung hilft es sowohl der Organisation als auch dem Appraisalteam, wenn im Vorfeld geprüft wird, ob Nachweise existieren, die die Umsetzung von CMMI-Praktiken belegen. *Nachweisprüfung oder Entdeckungsreise*

Dazu ist eine Abbildung interner Vorgehensweisen und Arbeitsergebnisse auf die CMMI-Praktiken nötig (*Practice Implementation Indicator Description/Database, PIID*). Diese erlaubt eine effiziente Nachweisführung und effiziente Nachweisprüfung (*verification mode*) im Appraisal selbst. Allerdings ist eine solche Nachweisführung oft *PIID* sehr aufwendig für die Organisation. Vor allem dann, wenn wenig internes Wissen über CMMI vorliegt, ist es empfehlenswert, frühzeitig Unterstützung von außen zu holen, die bei der Abbildung hilft. Dies kann auch iterativ gemeinsam mit dem Appraisalleiter erfolgen (*managed discovery*).

Im Fall von ersten Standortbestimmungen und der Initiierung von Veränderung wählt man meist eine Art »Entdeckungsreise« (*discovery mode)*. Das heißt, der Appraisalleiter und/oder das Appraisalteam erforscht vor Ort die Anwendung und Umsetzung von Prozessen. Auch hier ist es sinnvoll, wenn dem Appraisalleiter im Vorfeld zentrale Prozess- und Arbeitsdokumente bereitgestellt werden, damit dieser sich besser auf die Sprache der Organisation oder Arbeitsgruppe einstellen kann.

5.3   Die Bewertungsmethode SCAMPI

Standard CMMI Appraisal Method for Process Improvement – SCAMPI

Die vom SEI definierte Methode für CMMI-Appraisals ist *SCAMPI*. SCAMPI-Appraisals dienen einerseits zur internen Prozessverbesserung. Hier steht der Aspekt der Selbstbewertung und der Identifizierung von Verbesserungsmöglichkeiten im Vordergrund, daher kann das Appraisalteam teilweise oder sogar ganz aus eigenen Mitarbeitern der betrachteten Organisation bestehen. Auch wenn das potenziell zu Interessenkonflikten führen kann, so ist die Motivation relativ gering, Abweichungen zu vertuschen, da dadurch das Ziel der internen Prozessverbesserung gefährdet wäre.

SCAMPI ohne PI gleich Scam

Um zu verdeutlichen, dass ein SCAMPI in erster Linie der Prozessverbesserung und erst in zweiter Linie der Bestätigung eines Reifegrades bzw. Fähigkeitsgradprofils dienen sollte, gibt es folgenden Spruch: Ein SCAMPI ohne Prozessverbesserung (Process Improvement, PI) ist ein Scam (Betrug).

Appraisals durch den Auftraggeber

Andererseits können SCAMPI-Appraisals einem Auftraggeber dazu dienen, die Prozessreife eines (potenziellen) Auftragnehmers zu bewerten, und bilden damit eine Grundlage für die Vergabe eines Auftrages. Dies war die ursprüngliche Intention bei der Entwicklung des Vorgängermodells CMM: Das amerikanische Verteidigungsministerium wollte eine Entscheidungsgrundlage bei der Vergabe von Aufträgen an Zulieferer.

Die SCAMPI-Appraisalfamilie

Das SEI beschreibt die konkreten Bewertungsmethoden für SCAMPI in sogenannten Methodenbeschreibungen (*Method Definition Documents*, MDD). Dabei unterscheidet man zwischen unterschiedlichen Appraisalklassen: SCAMPI-Klassen A, B und C. Die Klasse A entspricht einem Benchmark und macht detaillierte Vorgaben zur Planung, Teamzusammenstellung, Stichprobengröße, Ablauf, Dokumenteneinsicht, Interviewteilnehmern und Bewertung. SCAMPI A-Appraisals sind die einzigen Bewertungsmethoden, die die Bewertung eines Reifegrades oder Fähigkeitsgrades erlauben. Appraisals der Klassen B und C sind weniger strikt und eignen sich für Standortbestimmungen und zur Überwachung der Prozessverbesserung. Die Methodenbeschreibungen sind unter [URL: CMMI-Appraisals] veröffentlicht.

Tabelle 5–1 enthält eine Übersicht dieser unterschiedlichen SCAMPI-Klassen.

	SCAMPI-Klasse A	SCAMPI-Klasse B	SCAMPI-Klasse C
Bewertung der Ziele (Rating)	ja	nein	nein
Mindestgröße Team (inkl. Leiter)	4	2	1
Formale Qualifikation Leiter	SCAMPI Lead Appraiser (ggf. mit High-Maturity-Zertifizierung)	SCAMPI B&C Team Leader	SCAMPI B&C Team Leader
Formale Qualifikation Team	CMMI-Einführungsschulung	CMMI-Einführungsschulung	CMMI-Einführungsschulung
Bewertungsskala für Praktiken	nicht / teilweise / größtenteils / vollständig implementiert (Angemessenheit)	»Rot«, »Gelb«, »Grün« meist auf Organisationsebene	Dreistufige Skala des Risikos, vorgeschlagen wird »High«, »Medium«, »Low«
Feedback der Ergebnisse mit Interviewpartnern	gefordert	gefordert	optional
Betrachtungsgegenstand	Appraisal muss die tatsächliche Umsetzung betrachten (Mindestauswahl)	Appraisal muss die tatsächliche Umsetzung betrachten	Ausschließliche Betrachtung der Prozessdefinition möglich
Zuverlässigkeit der Ergebnisse	hoch	mittel	niedrig
relativer Aufwand	hoch	mittel	niedrig
Häufigkeit der Durchführung	niedrig (meist alle 2-3 Jahre)	mittel (meist als detaillierte Standortbestimmung)	hoch (z.B. 2-4 pro Jahr pro Bereich)
Mindestdatenbasis für Bewertung einer Praktik	Artefakte und/oder Bestätigung für jede Basiseinheit und Funktion (Mindestauswahl)	Artefakt oder Bestätigung für ausgewählte Basiseinheiten und Funktionen	Eine beliebige Quelle (Artefakt bzw. Bestätigung)

Tab. 5–1

Vergleich SCAMPI-Klasse A, B und C

Appraisalprinzipien   Die folgenden Prinzipien gelten für jede Art von SCAMPI-Appraisals:

- Klare Identifikation der *Bewertungsmethode* (Appraisalvorgehen) und des *Verbesserungsmodells* (hier CMMI-SVC v1.3)

- Unterstützung vom leitenden *Management*:
  Ein Appraisal ist meist für Führungskräfte eine gute Gelegenheit, ihre Anliegen und Ziele für die Prozessverbesserung vor der Belegschaft deutlich zu machen. Die Führungskräfte sollten offen hinter der Prozessverbesserung stehen und die Ergebnisse eines Appraisals gezielt nutzen. Zur Unterstützung gehört auch die Einbindung in das Appraisal, z.B. im Falle von Eskalation und Freigaben für Planung und Ergebnisse.

- Ausrichtung an den *Geschäftszielen*:
  Sowohl die Inhalte als auch die Tiefe eines Appraisals müssen sich an den Erfordernissen der Organisation ausrichten.

- Konsequentes Beachten der Geheimhaltung und *Nicht-Zuordenbarkeit von Aussagen* (*non-attribution*):
  Das Appraisalergebnis beschreibt die Stärken und Schwächen auf Organisationsebene, ohne diese den Aussagen Einzelner im Appraisal zuzuordnen. Es wird explizit darauf geachtet, dass Prozesse und nicht Personen bewertet werden.

- Fokus auf das *Handeln*:
  Die Durchführung eines Appraisals erzeugt eine Erwartungshaltung, dass Prozessverbesserung im Anschluss erfolgt. Seien Sie bereit zu handeln – oder führen Sie kein Appraisal durch.

- *Kooperation* statt Inquisition:
  Gerade im Interview ist die Offenheit der Interviewten essenziell. In einem offenen Gespräch versuchen die Appraisalleiter zu verstehen, wie Arbeitsabläufe in der Organisation verankert sind.

- *Konsensbildung* im Appraisalteam:
  Für jede Bewertung und jede Schwäche muss das Appraisalteam einen Konsens erreichen, also mit dem Ergebnis leben können. Sollte ein Appraisalteammitglied am Ende des Appraisals keinen Konsens finden, endet das Appraisal ohne Ergebnis (meist wegen eines Interessenkonfliktes).

- Und hier noch ein Grundprinzip der Autoren:
  Die *Angemessenheit* der Umsetzung ist wichtiger als formale Erfüllung von CMMI-Praktiken.

Angemessenheit   Gerade das letzte Prinzip ist elementar für eine erfolgreiche Umsetzung von CMMI in Unternehmen. Allerdings ist der Nachweis und das Urteil über die Angemessenheit alles andere als trivial. Die folgenden

Schritte dienen dem Appraisalteam dazu, die Angemessenheit zu beurteilen:

1. Sammeln von Nachweisen aus Dokumenteneinsicht, Vorführung von Werkzeugen, Präsentation über den Status der Arbeit und der Prozessverbesserung sowie aus Interviews.
2. Laufende Konsolidierung der Informationen und Überprüfen der Konsistenz aller Aussagen und Nachweise. Dazu gehört auch die entsprechende Zuordnung zu CMMI-Praktiken. Hier ist ein gutes Verständnis des Modells essenziell, um für Praktiken und Ziele des CMMI die passenden Fragen und Nachweise zu finden.
3. Fortwährendes Hinterfragen, ob genügend Informationen vorhanden sind, und ggf. Planung von weiteren Interviews oder Einforderung von weiteren Nachweisen.
4. Beurteilen der Angemessenheit der Umsetzung für jede Praktik zunächst auf der Ebene einer Basiseinheit (z.B. eines Teams oder einer bestimmten Art von Dienstleistungen) und dann Extrapolation auf Organisationsebene.

Für die Angemessenheit muss das Appraisalteam den Kontext der Organisation berücksichtigen. Dazu gehören die Geschäftsziele, die Geschäftssituation, die tatsächliche Zielerreichung und der Status der erbrachten Arbeit. Das CMMI und die SCAMPI-Methodik erwarten, dass die Praktiken des CMMI im Kontext der Organisation interpretiert werden. Dazu ist im Appraisalteam wie auch im Prozessverbesserungsteam viel Erfahrung im jeweiligen Einsatzfeld der Organisation nötig. *Interpretation*

Über die Betrachtung der Angemessenheit werden in einem Appraisal die Praktiken charakterisiert. In einem SCAMPI A erfolgt dies im Wesentlichen über die folgenden Stufen: *Charakterisierung von Praktiken*

▪ **Vollständig umgesetzt** (*fully implemented*, FI):
Es müssen hinreichend Nachweise vorhanden sein (typischerweise Dokumente und Aussagen aus Interviews), die eine angemessene Umsetzung der Praktik belegen. Schwächen dürfen keine festgestellt worden sein.

▪ **Größtenteils umgesetzt** (*largely implemented*, LI):
Es müssen hinreichend Nachweise vorhanden sein, die eine angemessene Umsetzung der Praktik belegen. Einzelne Schwächen wurden erkannt.

▪ **Teilweise umgesetzt** (*partially implemented*, PI):
Es sind nicht genügend Nachweise vorhanden bzw. die Nachweise sind nicht angemessen. Dazu gehören auch erkannte Widersprüche unter Nachweisen. Eine oder mehrere Schwächen wurden erkannt.

▌ **Nicht umgesetzt** (*not implemented*, NI):
Die bereitgestellten Nachweise erlauben keinen Rückschluss auf
die Umsetzung einer Praktik. Eine oder mehrere Schwächen wurden erkannt.

▌ **Noch nicht umgesetzt** (*not yet*, NY):
Die Umsetzung ist geplant und vorbereitet, jedoch wurde noch
nicht der Zeitpunkt der Umsetzung erreicht.

Damit eine Praktik als angemessen umgesetzt bewertet werden kann,
muss eine Kombination aus Nachweisen vorliegen (z.B. Dokumente
und Interviews, die eine tatsächliche Umsetzung in der Arbeit belegen).

Bewertung von Zielen   Die Charakterisierung der Praktiken auf Organisationsebene
erlaubt in einem SCAMPI A dann auch eine Bewertung der spezifischen und generischen Ziele als »erfüllt« oder »nicht erfüllt« (Rating).

Erreichen von Reife- und   Aus der Zielerreichung ergeben sich dann direkt der erreichte Rei
Fähigkeitsgrad fegrad bzw. ein Profil von Fähigkeitsgraden der betrachteten Prozessgebiete. Allerdings ist eine Bewertung von Zielen und Reife-/Fähigkeitsgraden nur für SCAMPI A zulässig.

5.4   Wann welches Appraisal?

Wie bei so vielen Fragen hängt auch hier die Antwort in erster Linie
davon ab, was man genau erreichen will und welchen Nutzen man sich
davon verspricht. Grundsätzlich gilt: Je mehr Aufwand man in die
Appraisals investiert, desto zuverlässiger und detaillierter werden die
Ergebnisse. Es gilt also im Einzelfall abzuwägen, welche Qualität der
Ergebnisse man mindestens braucht und wie man diese mit minimalem
Aufwand erreicht.

Folgende Kriterien sind dabei wichtig:

Dokumentation nach ▌ Will man das Erreichte nach außen, z.B. gegenüber dem Kunden,
außen dokumentieren, so kommen praktisch nur SCAMPI A-Appraisals
infrage.

Fortschrittsverfolgung ▌ Für die laufende Verfolgung des Fortschritts sind diese aber entschieden zu teuer und das gilt meist auch für Appraisals der
Klasse B.

Prozessverbesserung ▌ Bei internen Appraisals zur Prozessverbesserung kommt es mehr
darauf an, gute Ergebnisse bei minimalen Kosten als höchste Qualität und Zuverlässigkeit der Ergebnisse zu erreichen.

Benchmarking ▌ Sollen die Ergebnisse als Benchmark und zum Vergleich mit
Außenstehenden dienen, dann werden die Anforderungen an die
Zuverlässigkeit und Korrektheit der Ergebnisse höher und man
muss entsprechend höheren Aufwand dafür treiben.

▧ Je größer die Abweichungen vom geplanten Ziel sind, z.B. der Umsetzung von Prozessverbesserungen zur Erreichung von CMMI-Reifegrad 2, desto weniger Aufwand ist notwendig, um wesentliche Gelegenheiten zur Prozessverbesserung – sprich Abweichungen – zu identifizieren. Hier besteht die Schwierigkeit eher darin, im nächsten Schritt bei der Planung zu entscheiden, welche Prozessverbesserungen zuerst umgesetzt werden sollen, und man sollte vorerst mit einer einfachen Appraisalmethode starten. *Große Abweichungen*

▧ Je erfahrener und qualifizierter das Appraisalteam ist, desto geringer ist der Aufwand, um ein Appraisal mit vorgegebener Ergebnisqualität durchzuführen. *Appraisalteam*

Aus diesen Kriterien wird schnell deutlich, dass man mit einer Appraisalmethode nicht auskommt, sondern mehrere verwenden sollte.[1] Die Einsatzmöglichkeiten folgen relativ offensichtlich aus der Definition der einzelnen Appraisalmethoden (vgl. [Minn02]):

▧ Ein SCAMPI A führt man typischerweise durch, wenn die Organisation eine höhere Stufe erreicht hat, spätestens aber nach zwei bis drei Jahren (Benchmarking).

▧ Ein Appraisal der Klasse B führt man etwa einmal pro Jahr durch, um ein detailliertes Bild des aktuellen Standes zu bekommen. Außerdem ist ein solches Appraisal sinnvoll in der Vorbereitung auf ein SCAMPI A oder zum Einstieg in die Prozessverbesserung nach CMMI-SVC, um das Modell und den eigenen Stand in Bezug auf das Modell kennenzulernen. Gegebenenfalls kann man ein Appraisal der Klasse B durch mehrere Appraisals der Klasse C auf einzelne Projekte oder Teilorganisationen ersetzen.

▧ Ein Appraisal der Klasse C führt man häufiger durch, z.B. einmal pro Quartal.

5.5   Rolle des SEI

Das SEI (*Software Engineering Institute* der *Carnegie Mellon University* in Pittsburgh, Pennsylvania, USA) ist der »CMMI Steward« und als solcher damit beauftragt, die Ausbildung der Appraisalleiter und die Qualität von SCAMPI-Appraisals sicherzustellen.[2] *SEI als CMMI Steward*

Ein SCAMPI-Appraisal muss unter Leitung eines vom SEI zertifizierten Leiters (*Lead Appraiser*) durchgeführt werden. Damit soll ein durchgängig hohes Qualifikationsniveau sowie eine Vergleichbarkeit *Qualifikation von SCAMPI-Appraisalleitern*

---

1.   [Minn02] spricht hier vom Appraisal-Werkzeugkasten.
2.   Die übergreifende Beauftragung und Lenkung des SEI obliegt dem Office of the Under Secretary of Defense for Acquisition, Technology and Logistics (OUSD).

von Ergebnissen sichergestellt werden. Dass dieser Ansatz erfolgreich ist, zeigt sich an dem hohen Ansehen, den ein erreichter CMMI-Reifegrad hat; umgekehrt macht dieser hohe Anspruch die Qualifikation von Appraisalleitern sowie die spätere Durchführung eines Appraisals auch relativ aufwendig und teuer (siehe Abschnitt 5.6).

SCAMPI Lead Appraiser

Zertifizierte Appraisalleiter (*SCAMPI Lead Appraiser*) finden Sie über das öffentlich zugängliche Verzeichnis der SEI-Partner [URL: SEI-Partner]. Jeder Appraisalleiter benötigt einen SEI-Partner als Sponsor, der entsprechende jährliche Lizenzgebühren an das SEI abführt (für einen Lead Appraiser mit allen Qualifikationen sind das derzeit ca. 9.000 US-Dollar im Jahr).

Dieses Kapitel und das ganze Buch hat aber nicht den Anspruch, die Qualifikation als Appraisalleiter zu vermitteln. Hierfür benötigt man wesentlich mehr Erfahrung und Qualifikation, als in einem Buch vermittelt werden kann, insbesondere in einer Einführung. Um selbst Appraisals zu leiten, sollte man erstens Erfahrung aus der Umsetzung des CMMI aufbauen und zweitens an Appraisals unter Leitung eines erfahrenen Appraisalleiters im Team mitarbeiten. Auch wenn man nicht den ganzen Weg bis zum zertifizierten Appraisalleiter gehen will, ist diese grundsätzliche Vorgehensweise auf jeden Fall empfehlenswert. Umgekehrt sollte man als Organisation, die ein Appraisal durchführen lassen will, auf die angemessene Qualifikation des Appraisalleiters achten, damit auch ein nützliches und angemessenes Ergebnis herauskommt.

Code of Professional Conduct

Das SEI legt besonderen Wert auch auf das professionelle Verhalten der zertifizierten Appraisalleiter und hat daher einen »Code of Professional Conduct« (CoC [CoC04]) eingeführt, den jeder Appraisalleiter unterschreiben muss und dessen Einhaltung in gewissem Rahmen auch überwacht wird. Es gibt auch schon eine Reihe von Fällen, in denen die Zertifizierung wegen groben Verstoßes gegen den CoC entzogen wurde.

CoC und Interessenkonflikte

In der Praxis hat in diesem CoC das Thema der Interessenkonflikte die größte Bedeutung. Auch wenn keine eindeutige Regel existiert, in welchem Umfang ein Appraisalleiter die begutachtete Organisation bei der Prozessverbesserung unterstützen darf, so gibt es die pauschale Aussage, dass Interessenkonflikte nach Möglichkeit vermieden werden sollen oder, wo das nicht möglich ist, sie zumindest aufgedeckt werden müssen. Über die genaue Interpretation dieser Forderung gibt es verschiedene Ansichten:

Strenge Interpretation

▨ Wenn ein Appraisalleiter in den letzten Jahren in einer Organisation bereits irgendeine Form von Review oder Beratung (über den von der SCAMPI A-Methode geforderten *Readiness Review* hinaus) durchgeführt hat, dann kann er in einem Appraisal dort nicht mehr völlig frei urteilen und befindet sich in einem Interessenkonflikt, d.h., er darf dort für eine gewisse Zeit (z.B. zwei Jahre) kein Appraisal leiten. Manche gehen sogar noch weiter und sagen, dass auch die Beratung durch einen Kollegen vom gleichen Unternehmen zu einem Interessenkonflikt führt.

▓ Die Durchführung von Reviews oder Mini-Appraisals führt nicht zu einem relevanten Interessenkonflikt, sondern hilft im Gegenteil dabei, nicht nur zu bewerten, sondern auch eine Prozessverbesserung in der Organisation zu erreichen. Außerdem kann dadurch die Wahrscheinlichkeit eines demotivierenden Misserfolges im Appraisal reduziert werden. Voraussetzung ist, dass es sich nur um eine Bewertung der Prozesse, aber nicht um eine Beratung handelt und dass auch Kollegen des Appraisalleiters vom gleichen Unternehmen nicht in größerem Umfang die Organisation beraten haben.

Mittelweg

▓ Solange der Appraisalleiter nicht selbst Ergebnisse erstellt hat, die im Appraisal untersucht werden, ist auch eine Beratung der Organisation durch den Appraisalleiter in gewissem Umfang akzeptabel. Der Umfang muss dabei so sein, dass der Appraisalleiter nicht von dieser Organisation abhängig ist, sondern dass er in nennenswertem Umfang noch andere Organisationen unterstützt.

Großzügige Interpretation

Aus Sicht der Autoren trifft der beschriebene Mittelweg die erforderliche Balance zwischen dem Nutzen der Organisation und der Verbesserung ihrer Prozesse einerseits und der notwendigen Objektivität andererseits am besten.

Insbesondere in einem Umfeld, wo die Erreichung eines bestimmten Reifegrades wichtig ist, um bestimmte Aufträge zu erhalten, kann sich diese Balance hin zu einer strengeren Betrachtung verschieben. Derartige Tendenzen gibt es beispielsweise derzeit in Deutschland in der Automobilindustrie.

Um die Zertifizierung aufrechtzuerhalten, muss man innerhalb von jeweils drei Jahren mindestens ein SCAMPI A geleitet sowie an diversen weiteren CMMI-Aktivitäten teilgenommen haben.

Zertifizierung als Appraisalleiter aufrechterhalten

Bei dem Begriff »Assessor« muss man allerdings vorsichtig sein. Der Begriff »CMMI Assessor« ist nicht geschützt, wird aber oft umgangssprachlich verwendet. Man trifft auf dem Markt daher immer wieder »Assessoren«, deren Qualifikation sich auf den Besuch der dreitägigen CMMI-Einführungsschulung beschränkt. Daher sollten Sie darauf achten, mit einem entsprechend vom SEI zertifizierten Appraisalleiter zusammenzuarbeiten, um qualitativ hochwertige und effiziente Appraisals mit aussagekräftigen Ergebnissen zu erhalten.

»Assessor« im Vergleich zum »Appraisalleiter« (Lead Appraiser)

High-Maturity Lead
Appraiser

Neu seit der Version 1.2 von CMMI und SCAMPI A ist die Zusatzqualifizierung als »High-Maturity Lead Appraiser« für Appraisalleiter, die ein Appraisal für Reifegrad 4 oder 5 leiten wollen.

5.6   Kosten für CMMI-Appraisals

Kosten für ein
SCAMPI-Appraisal

Die Kosten für ein SCAMPI-Appraisal können in zwei Gruppen untergliedert werden, nämlich in die Kosten, die direkt bei der begutachteten Organisation anfallen, und die beim Appraisalleiter anfallenden Kosten.

Der wichtigste Kostenblock ist der Personalaufwand für das Appraisalteam inklusive des Appraisalleiters. Dazu kommt der Aufwand für die Schulung des Teams, zumindest jeweils einmalig der Besuch der CMMI-Einführungsschulung »Introduction to the CMMI«.

Der Personalaufwand hängt stark von der Größe der begutachteten Organisation, der besuchten Standorte, der Appraisalteamgröße sowie der Anzahl der betrachteten Prozessgebiete ab (Tab. 5–2 enthält eine grobe Abschätzung).

Für den Leiter eines SCAMPI-Appraisals fallen eine Reihe von fixen Kosten an, insbesondere die recht teure Ausbildung zum Lead Appraiser, die jährlichen an das SEI zu entrichtenden Gebühren sowie die laufende Weiterbildung. Dies macht sich natürlich bei den Tagessätzen der entsprechend qualifizierten und zertifizierten Appraisalleiter bemerkbar.

Tab. 5–2
Aufwand bei
SCAMPI A-Appraisal
(PT = Personentage)

	Aufwand Appraisalleiter	Aufwand Appraisalteam	Aufwand für begutachtete Organisation selbst
Vorbereitung und Planung	ca. 3-5 PT	ca. 2-3 PT pro Teammitglied	ca. 3-20 PT (je nach Nachweisführung)
Erstellung PIID	0-5 PT (je nach Nachweisführung)	0-3 PT	ca. 1-2 PT pro Prozessgebiet und Arbeitsgruppe
Durchführung (inkl. Dokumentenreview)	Reifegrad 2: ca. 8-12 PT Reifegrad 3: ca. 12-20 PT	Reifegrad 2: ca. 8-12 PT pro Teammitglied Reifegrad 3: ca. 12-20 PT pro Teammitglied	ca. 4h pro Interviewpartner (Teamleiter, Führungskräfte, Service-Manager, diverse Rollen)
Nachbereitung	1-4 PT je nach Berichtsumfang	0	0-1 PT

Für 2011 ist angekündigt, dass darüber hinaus auch eine Lizenzgebühr für durchgeführte Appraisals eingeführt werden soll. Details sind aber bei Redaktionsschluss für dieses Buch noch in der Diskussion.

Lizenzgebühren pro Appraisal

Anders als z.B. bei einem ISO-9001-Audit wird für ein CMMI-Appraisal kein »offizielles« Zertifikat vergeben, hinter dem irgendeine Institution außer dem Appraisalleiter und seiner SEI-Partnerorganisation stehen.[3] Das SEI reagiert recht allergisch auf den Begriff des Zertifikates im Zusammenhang mit CMMI und SCAMPI-Appraisals und betont, dass ein Assessmet eine Momentaufnahme zu einem bestimmten Zeitpunkt ist und das Ergebnis nicht zertifiziert wird. Zumindest ein wesentlicher Grund dafür ist das juristische Risiko nach amerikanischem Recht: Bei einer Zertifizierung des Appraisalergebnisses wäre das SEI unter gewissen Randbedingungen zu Schadenersatz verpflichtet, wenn die zertifizierte Organisation nicht tatsächlich wie zertifiziert arbeitet. Erste Schritte in Richtung auf eine Zertifizierung geht das SEI allerdings mit der Beschränkung der Gültigkeitsdauer von Appraisalergebnissen auf drei Jahre und der Zertifizierung der Appraisalleiter.

Keine SEI-Zertifizierung von Organisationen

Ein offizielles Appraisal ist formal vor allem dadurch gekennzeichnet, dass es durch einen SEI-zertifizierten Appraisalleiter *(Lead Appraiser)* geleitet wird und dass die Ergebnisse an das SEI zurückgemeldet, dort statistisch ausgewertet und qualitätsgesichert (Prüfung auf Vollständigkeit, innere Konsistenz, formale Korrektheit) werden .[4]

Die für die Durchführung eines Appraisals notwendigen Informationen, insbesondere die Methodenbeschreibungen, sind, mit minimalen Einschränkungen, alle veröffentlicht.

Informationen zur Durchführung eines Appraisals sind zum großen Teil veröffentlicht.

Wenn man ein Appraisal, insbesondere der Klasse A, zur eigenen Verbesserung (und nicht als Beleg nach außen) durchführen will, stellt sich damit die Frage, ob man den offiziellen und deutlich teureren Weg gehen soll oder ein Appraisal ohne Beteiligung des SEI durchführt. Ein offizielles Appraisal bietet die Vorteile, dass man sich bewusst selbst alle Schleichwege verschließt, die den Nutzen des Appraisals schmälern könnten, und dass man den erreichten Reifegrad oder Fähigkeitsgrad entsprechend intern und extern kommunizieren kann.

Leider kommunizieren viele Firmen nicht korrekt über ihre Reifegrade. Häufig liest man: »Die Firma ABC hat Reifegrad x.« Um diese Aussage besser einschätzen zu können, hier ein paar Fragen, die Sie stellen sollten, wenn Ihr Zulieferer oder Konkurrent diese Behauptung aufstellt:

Wir haben Reifegrad x!

---

3. Vgl. dazu das ausgeklügelte System bei ISO-9001-Zertifikaten, die von Zertifizierungsorganisationen vergeben werden, die selbst wieder akkreditiert sein müssen.
4. Die Ergebnisse dieser statistischen Auswertung werden etwa halbjährlich als »Maturity Profile« [URL: MaturityProfile] berichtet.

▦ Mit welcher Appraisalmethode wurde der Reifegrad festgestellt? (z.B. SCAMPI A v1.2)

▦ Ist das Ergebnis des SCAMPI A veröffentlicht (vgl. [URL: PARS])? Diese Veröffentlichung ist zwar optional, wird aber von den meisten Organisationen gewünscht.

▦ Wann wurde das Appraisal durchgeführt? (Das Ergebnis verfällt nach drei Jahren und ist dann auch nicht mehr auf der entsprechenden Webseite des SEI verfügbar.)

▦ Was war der betrachtete Modellumfang? (z.B. CMMI-SVC v1.3, alle Prozessgebiete bis einschließlich Reifegrad 3)

▦ Welche Organisationseinheit bzw. welcher Teil eines Unternehmens wurde betrachtet bzw. explizit ausgeschlossen?

▦ Wie groß war die Stichprobe aus dieser Organisationseinheit?

▦ Machte der Appraisalleiter oder dessen Unternehmen dort vorher Beratung oder kommt er aus der Organisation selbst?

▦ Woher kommt das Appraisalteam – intern oder extern? (Normalerweise ist eine Mischung angemessen.)

▦ Im Fall eines Zulieferers: Kommen die Mitarbeiter, die für Sie tätig sind oder sein werden, aus einer Organisationseinheit, bei der das Appraisal durchgeführt wurde?

▦ Wie lange hat die Organisation bis zu Erreichen dieses Reifegrads benötigt? (typischerweise 2-3 Jahre von einem Reifegrad zum nächsten)

Das SEI selbst gibt übrigens keine Auskunft über assessierte Organisationen (außer über die Website mit den veröffentlichten Ergebnissen).

6 Überblick über verwandte Modelle

Neben CMMI-SVC gibt es noch eine Reihe anderer, mehr oder weniger weit verbreiteter Modelle für Qualitätsmanagement und Verbesserung von Dienstleistungen. Einige davon sind speziell auf Dienstleistungen ausgerichtet, teilweise sogar auf ganz bestimmte Arten von Dienstleistungen wie beispielsweise ITIL (siehe Abschnitt 6.2). Daneben gibt es auch sehr viel allgemeinere Ansätze wie z.B. ISO 9001 (siehe Abschnitt 6.1), die ein wesentlich größeres Anwendungsgebiet abdecken, dafür aber dann abstrakter formuliert und entsprechend schwieriger zu interpretieren sind.

6.1 Die Normenreihe ISO 9000

Dies ist das sicher am weitesten verbreitete Qualitätsmanagementmodell sowohl für die Erbringung von Dienstleistungen als auch in vielen anderen Branchen.

Wichtigste Norm dieser Normenreihe ist die ISO 9001 (genau genommen DIN EN ISO 9001), die die Anforderungen an ein Qualitätsmanagementsystem für den Fall festlegt, dass eine Organisation ihr Qualitätsmanagement nach außen, beispielsweise gegenüber Kunden oder einer Genehmigungsbehörde, darlegen will oder muss. Die ISO 9004 enthält ähnliche Inhalte, formuliert allerdings als Leitlinien und nicht als nachweisbare Kriterien.

ISO 9001 formuliert acht Grundsätze des Qualitätsmanagements, die sich in ähnlicher Form auch in CMMI-SVC wiederfinden:

Grundsätze des Qualitätsmanagements

1. Kundenorientierung
2. Verantwortlichkeit der Führung
3. Einbeziehung der beteiligten Personen
4. Prozessorientierter Ansatz
5. Systemorientierter Managementansatz
6. Kontinuierliche Verbesserung

7. Sachbezogener Entscheidungsfindungsansatz

8. Lieferantenbeziehungen zum gegenseitigen Nutzen

Neben vielen Gemeinsamkeiten in der Philosophie und den Inhalten unterscheiden sich ISO 9001 und CMMI-SVC in einer Reihe von Aspekten:

▥ CMMI-SVC hat einen relativ eingeschränkten Anwendungsbereich (Dienstleistungen), während ISO sehr viel breiter angelegt ist und alle Branchen abdeckt, seien es Dienstleistungen, die Produktion, Entwicklung oder ein anderer Bereich.

▥ Selbst für ein Dienstleistungsunternehmen deckt CMMI-SVC nicht alle Prozesse ab, sondern konzentriert sich auf die Kernprozesse.

▥ Umgekehrt ist CMMI-SVC für seinen Anwendungsbereich deutlich detaillierter und konkreter, was sich neben dem eingeschränkten Anwendungsbereich auch aus dem Umfang der Modelle ergibt.

▥ Als Reifegradmodell beschreibt CMMI-SVC einen längeren Verbesserungspfad von Reifegrad 1 bis 5, während es in ISO 9001 letzten Endes nur zwei »Stufen« gibt, nämlich »erfüllt« und »nicht erfüllt«.

▥ CMMI-SVC legt einen wesentlich höheren Wert auf die tatsächliche Umsetzung der definierten Prozesse, einerseits durch das Konzept der generischen Ziele und Praktiken, andererseits durch die Appraisals (siehe Kap. 5), die wesentlich gründlicher, dadurch aber auch aufwendiger und teurer sind, als das üblicherweise bei Audits nach ISO 9001 der Fall ist.

6.2   ITIL und ISO/IEC 20000

IT Infrastructure Library Die IT Infrastructure Library (ITIL) ist eine Sammlung von Best Practices für das Management von IT-Dienstleistungen und war eine der Quellen bei der Entwicklung des CMMI-SVC. Sie wurde in den 80er-Jahren von der Central Computing and Telecommunications Agency (CCTA), jetzt Office of Government Commerce (OGC), einer britischen Regierungsbehörde, entwickelt. Für den Bereich der IT-Dienstleistungen hat ITIL sich als weitverbreitetes Standardrahmenwerk etabliert.

In ITIL werden die für den Betrieb einer IT-Infrastruktur notwendigen Prozesse, die Aufbauorganisation und die Werkzeuge beschrieben. ITIL orientiert sich an dem durch den IT-Betrieb zu erbringenden wirtschaftlichen Mehrwert für den Kunden. Dabei werden die Planung, Erbringung, Unterstützung und Effizienzoptimierung von IT-Serviceleistungen im Hinblick auf ihren Nutzen als relevante Faktoren zur Erreichung der Geschäftsziele eines Unternehmens betrachtet. Aus deutscher Sicht werden die Inhalte vom itSMF Deutschland e.V. weiterentwickelt und verbessert, der zugleich eine Plattform zum Wissens- und Erfahrungsaustausch bietet und damit die IT-Industrialisierung vorantreibt.

ITIL ist seit 2007 in der aktuellen Version 3 verfügbar; allerdings arbeiten viele Unternehmen weiterhin mit der Version 2, die einfacher zu verstehen und zu nutzen ist. Version 3 ist vor allem durch eine wesentlich stärkere Prozess- und Nutzenorientierung gekennzeichnet, die allerdings auch mit einem höheren Grad der Abstraktion verbunden ist.

ITIL Version 3 besteht aus den folgenden »Büchern«, die jeweils eine Reihe von zusammengehörigen Prozessen abdecken:

ITIL-v3-Bücher

- Service Strategy
- Service Design
- Service Transition
- Service Operation
- Continual Service Improvement

ITIL besteht aus einer Sammlung von Best Practices, ist selbst aber nicht so formuliert, dass man eine Organisation danach bewerten könnte. Es gab verschiedene Ansätze, die ITIL-Anforderungen im Format von Zielen und Praktiken wie bei CMMI zu beschreiben, siehe beispielsweise [GrKS07], die sich aber nicht durchgesetzt haben. Als Bewertungsmodell für ITIL wird daher üblicherweise die Norm ISO/IEC 20000 verwendet, die an ITIL ausgerichtet ist, auch wenn beide Modelle nicht deckungsgleich sind. Insbesondere basiert ISO/IEC 20000 noch auf ITIL v2 und deckt nicht alle Inhalte von ITIL v3 ab.

Bewertung von Organisationen nach ITIL

Ein neuer Ansatz für die Bewertung von Organisationen nach ITIL ist die bisher nur als Entwurf (Technical Report) vorliegende ISO/IEC TR 20000-4 vom Dezember 2010, die ein sogenanntes Prozessreferenzmodell entsprechend ISO 15504 (besser bekannt als SPICE) für IT-Servicemanagement enthält. Ein solches Prozessreferenzmodell ist eine stärker strukturierte Beschreibung der relevanten Prozesse, auf deren Basis ein Assessmentmodell (ISO/IEC 15504-8) zur Bewertung der Prozesse aufsetzt.

ITIL und SPICE

Oberflächlich gesehen zeigt das Anwendungsgebiet einen sehr großen Unterschied zwischen CMMI-SVC und ITIL auf. Während ITIL sich ausdrücklich auf das Management von IT-Dienstleistungen bezieht, hat CMMI-SVC den Anspruch, alle Dienstleistungen abzudecken. In der Praxis ist dieser Unterschied aber nicht annähernd so groß, wie er auf den ersten Blick scheint. Große Teile von ITIL kann

Anwendungsgebiete von ITIL und CMMI-SVC

man bei entsprechender Interpretation auch auf andere Dienstleistungen anwenden, und auch bei CMMI-SVC ist die Interpretation der Anforderungen für viele Arten von Dienstleistungen nicht ganz einfach. Insofern ist dieser durch das Anwendungsgebiet gegebene Unterschied der beiden Modelle sicher vorhanden, aber bei Weitem nicht so groß, wie er im ersten Moment erscheint.

Abgleich ISO 20000 mit CMMI-SVC

Ein deutlich größerer Unterschied ergibt sich daraus, dass ITIL zwar Best Practices, aber keine klaren Forderungen formuliert, wodurch ein Vergleich der Forderungen von ITIL und CMMI-SVC kaum möglich ist. Vergleicht man stattdessen CMMI-SVC mit ISO/IEC 20000, so zeigt sich, dass die Prozessgebiete von Reifegrad 2 plus die Prozessgebiete »Kapazitäts- und Verfügbarkeitsmanagement«, »Störungsbehebung und -vermeidung«, »Betriebsüberführung«, »Kontinuitätsmanagement« und »Strategisches Dienstleistungsmanagement« erhebliche Überschneidungen mit ISO/IEC 20000 haben, während die Überschneidungen bei den anderen Prozessgebieten gering oder nicht vorhanden sind. Daraus ergibt sich: Implementiert man die genannten Prozessgebiete bei einem IT-Dienstleister, so deckt man damit auch wesentliche Teile von ISO/IEC 20000 ab, mit Ausnahme der Anforderungen zum »Information Security Management«, die in CMMI-SVC nicht explizit betrachtet sind. Erfüllt man umgekehrt die Anforderungen der ISO/IEC 20000, so erfüllt man damit auch gleichzeitig einen großen Teil der Anforderungen von CMMI-SVC.

Viele Unterschiede im Detail

In beiden Fällen gilt allerdings, dass es eine Menge von Unterschieden im Detail gibt und man nicht erwarten sollte, mit Erfüllung des einen Standards automatisch auch die genannten Teile des anderen Standards zu erfüllen. Selbst wenn man das Prozessgebiet »Konfigurationsmanagement« von CMMI-SVC mit dem gleichnamigen Prozess von ITIL vergleicht, so handelt es sich um ähnliche Prozesse, aber nicht um den gleichen Prozess (siehe Beispiel 3–4 auf S. 76), und auch die Anforderungen sind dementsprechend ähnlich, aber nicht gleich.

Generische Ziele und Praktiken

Ein weiterer Unterschied besteht auch in dem bei CMMI vewendeten Konzept der generischen Ziele und Praktiken. Auch wenn ISO/IEC 20000 eine Reihe von Anforderungen enthält, die den generischen Zielen und Praktiken entsprechen, so sind diese Anforderungen doch nicht durchgängig und systematisch verwendet. Wie die meisten Modelle und Standards unterscheidet ISO/IEC 20000 nicht explizit zwischen inhaltlichen Forderungen und solchen Forderungen, die sich auf die Einführung und Umsetzung der Inhalte beziehen, in CMMI-Terminologie also zwischen spezifischen und generischen Zielen bzw. Praktiken. Dadurch werden auch bei unterschiedlichen Prozessen unterschiedliche Anforderungen an die Einführung und Umsetzung gestellt.

6.3   Das Lücken- oder Gap-Modell, SERVQUAL und SERVPERF

Als Hilfsmittel bei der Einführung von verbesserten Prozessen wurde das Gap-Modell bereits in Abschnitt 4.3 angesprochen. SERVQUAL stammt von denselben Autoren und beschreibt einen Ansatz zur Messung der Qualität von Dienstleistungen (»SERVice QUALity«). Aus der Kritik an einigen Aspekten von SERVQUAL entstand dann einige Jahre später das Modell SERVPERF (»SERVice PERFormance«), das einige Konzepte von SERVQUAL übernimmt, andere dagegen vereinfacht und anpasst.

6.3.1   Das Lücken- oder Gap-Modell

Das Lücken- oder Gap-Modell beschreibt Lücken (»Gaps«) zwischen der Erbringung und der Wahrnehmung einer Dienstleistung, die die Dienstleistungsqualität beeinträchtigen können, und deren Schließung dementsprechend hilft, die Qualität einer Dienstleistung zu verbessern. Es wurde 1985 von Parasuraman, Zeithaml und Berry als Werkzeug für die Analyse und Messung und darauf aufbauend für die Verbesserung der Qualität von erbrachten Dienstleistungen eingeführt und ist beispielsweise in [PaZB85] beschrieben.

Entscheidend nach diesem Modell ist die Lücke oder Diskrepanz zwischen den Erwartungen des Kunden und seiner Wahrnehmung der tatsächlich erbrachten Dienstleistung. Diese Lücke bestimmt die Qualität der Dienstleistung aus Sicht des Kunden und muss geschlossen werden, um die Qualität zu verbessern.

Dienstleistungsqualität = Lücke zwischen Erwartung und Kundenwahrnehmung einer Dienstleistung

Um diese (fünfte) Lücke zu reduzieren, wird sie in die in Abschnitt 4.3 beschriebenen weiteren vier Lücken heruntergebrochen (vgl. Abb. 4–4 auf S. 92).

Im Vergleich zu CMMI-SVC ist zu erkennen, dass die genannten Lücken dort zwar nicht so explizit benannt sind, aber durch Umsetzung der entsprechenden Ziele und Praktiken zum großen Teil adressiert werden:

▪ Die erste Lücke wird durch das Prozessgebiet »Anforderungsmanagement«, SP 1.1 »Verständnis über Anforderungen erlangen« und tiefergehend durch »Entwicklung von Dienstleistungssystemen«, SG 1 »Entwickeln und Analysieren der Anforderungen von Stakeholdern« adressiert.

Erste Lücke

▪ Bei der zweiten Lücke kann es sich um ungeplante Lücken handeln, d.h., die wahrgenommene Kundenerwartung wurde falsch umgesetzt, oder um geplante Lücken, weil beispielsweise die korrekte

Zweite Lücke

Umsetzung zu aufwendig wäre und daher bewusst ein Teil der Erwartungen nicht oder anders umgesetzt wurde. Im ersten Fall wird die Lücke durch die gleichen CMMI-Komponenten wie die erste Lücke adressiert. Im zweiten Fall wird vor allem die klare Kommunikation gefordert.

Dritte Lücke Die dritte Lücke ist eines der Kernthemen von CMMI-SVC und wird dort an mehreren Stellen behandelt. So hat das gesamte Prozessgebiet »Erbringung von Dienstleistungen« den Zweck, »Dienstleistungen in Übereinstimmung mit den Dienstleistungsvereinbarungen zu erbringen« (siehe S. 191). Das Prozessgebiet »Anforderungsmanagement« hilft in Kombination mit der »Planung der Arbeit« und der »Verfolgung und Steuerung der Arbeit«, diese Lücke von vornherein gering zu halten. Darüber hinaus dient die im Prozessgebiet »Entwicklung von Dienstleistungssystemen«, SG 3 »Dienstleistungssysteme verifizieren und validieren« behandelte Verifikation dazu, zu prüfen, ob eine solche Lücke trotzdem entstanden ist, und sie ggf. zu schließen.

Vierte Lücke Die Kommunikation an den Kunden wird dagegen in CMMI-SVC nicht direkt behandelt, ist in gewissem Rahmen aber durch die geforderten Vereinbarungen zur Dienstleistungsgüte (SLA) in SG 1 »Dienstleistungsvereinbarungen etablieren« des Prozessgebietes »Erbringung von Dienstleistungen« abgedeckt.

Fünfte Lücke Analog dem Lückenmodell wird die Lücke zwischen Erwartungen des Kunden und seiner Wahrnehmung der tatsächlich erbrachten Dienstleistung auch in CMMI-SVC nicht direkt betrachtet, sondern indirekt über die Lücken eins bis vier.

Das Lückenmodell kann damit die Verbesserung der Dienstleistungsprozesse mit CMMI-SVC unterstützen und theoretisch untermauern, indem es die möglichen Probleme detailliert herunterbricht. Umgekehrt unterstützt CMMI-SVC die Nutzung des Lückenmodells, das zwar hilft, relevante Lücken zu identifizieren und zu messen, selbst aber wenig dazu beitragen kann, diese Lücken auch zu schließen.

6.3.2 SERVQUAL

Gemäß Gap-Modell ist die fünfte Lücke die entscheidende und bestimmt die Qualität der Dienstleistungen. Um diese Lücke zu messen, haben die Autoren auch einen Ansatz zur Messung der Dienstleistungsqualität entwickelt, der sich auf den Abgleich zwischen erwarteter und erbrachter Dienstleistung konzentriert. Dieser unter dem Namen SERVQUAL veröffentlichte Ansatz (siehe [ZePB92]) besteht aus einem Fragenkatalog, mit dem die Erwartungen an und die Wahrnehmung der Dienstleistung beim Kunden abgefragt werden. Der Fragenkatalog besteht aus 22 Fragen, die folgenden fünf Dimensionen zugeordnet sind:

- Materielles
- Zuverlässigkeit
- Entgegenkommen
- Souveränität
- Einfühlung

Diese fünf Dimensionen sind aus den in Abschnitt 4.3 beschriebenen ursprünglich zehn Dimensionen der Dienstleistungsqualität durch Zusammenfassung und Konzentration auf die von Kunden in Umfragen als am wichtigsten bewerteten Aspekte abgeleitet.

Die konkreten Fragen des Fragenkatalogs sind auf den Handel *Fragenkatalog* bezogen und müssen in anderen Branchen entsprechend angepasst werden. Jede der 22 Fragen (siehe Abb. 6–1) besteht aus zwei Teilen, mit denen einerseits die Erwartung an ein exzellentes Unternehmen, andererseits die Bewertung des jeweils betrachteten Unternehmens abgefragt wird. Abbildung 6–1 enthält nur den jeweiligen Bewertungsteil, die sogenannten Eindrucksaussagen. Die Erwartungsaussagen formulieren das gleiche Thema jeweils als Aussage über hervorragende Unternehmen, so lautet beispielsweise die erste Erwartungsaussage: »Zu hervorragenden Unternehmen der Dienstleistungsbranche ... gehören modern aussehende Betriebs-/Geschäftsausrüstungen« (siehe [ZePB92]). Sowohl die Erwartungsaussage als auch die Bewertungsaussage werden dann auf einer Skala von 1 bis 7 bewertet. Zielwert für die Bewertung ist dann nicht eine besonders gute Bewertung, sondern eine Bewertung, die möglichst nahe an der Erwartung liegt – auch wenn das oft zum gleichen Ergebnis führen wird.

Dimension Materielles

1. Firma X hat modern aussehende Betriebs- und Geschäftsausrüstungen
2. Firma X hat angenehm ins Auge fallende Einrichtungen
3. Die Arbeitnehmer der Firma X sind adrett gekleidet
4. Broschüren und sonstige Mitteilungen der Firma X für ihre Kunden sind gut gestaltet

Dimension Zuverlässigkeit

5. Wenn Firma X verspricht, etwas zu einem bestimmten Termin zu erledigen, hält sie den Termin ein
6. Wenn Sie ein Problem haben, ist man bei der Firma X aufrichtig daran interessiert, es zu lösen
7. Firma X führt den Service gleich beim ersten Mal richtig aus   →

Abb. 6–1

Eindrucksaussagen nach SERVQUAL

(Quelle: [ZePB92])

Abb. 6-1
(Fortsetzung)
Eindrucksaussagen nach
SERVQUAL
(Quelle: [ZePB92])

8. Firma X leistet ihre Dienste zu den versprochenen Terminen
9. Firma X besteht auf irrtumsfreien Belegen für ihre Kunden

Dimension Entgegenkommen

10. Arbeitnehmer der Firma X sagen Ihnen genau, wann der Service geleistet wird
11. Mitarbeiter der Firma X bedienen Sie prompt
12. Arbeitnehmer der Firma X sind stets bereit, Ihnen zu helfen
13. In Firma X ist man nie zu beschäftigt, um auf Ihre Wünsche einzugehen

Dimension Souveränität

14. Das Verhalten der Arbeitnehmer von Firma X flößt Ihnen Vertrauen ein
15. Bei Ihren Transaktionen mit Firma X fühlen Sie sich sicher
16. Mitarbeiter der Firma X sind stets gleichbleibend höflich zu Ihnen
17. Arbeitnehmer der Firma X haben das Fachwissen zur Beantwortung Ihrer Fragen

Dimension Einfühlung

18. Die Firma X widmet Ihnen individuelle Aufmerksamkeit
19. Firma X hat Betriebszeiten, die allen Kunden gerecht werden
20. Firma X hat Mitarbeiter, die sich Ihnen persönlich widmen
21. Firma X liegen Ihre Interessen am Herzen
22. Die Mitarbeiter der Firma X verstehen Ihren spezifischen Servicebedarf

Einen auf SERVQUAL basierenden, aber stark angepassten Fragebogen nutzt einer der Autoren (Ralf Kneuper) zur Abfrage der Zufriedenheit seiner Kunden (siehe Beispiel 6–1). Der Fragebogen wurde dafür auf die Bedürfnisse eines Beratungsunternehmens angepasst und gekürzt, um die relativ hohe Redundanz des Originalfragebogens zu reduzieren. Außerdem wird zu jeder Aussage neben der Bewertung nicht die Erwartung abgefragt, sondern die Bedeutung des jeweiligen Punktes. Zu jeder Aussage werden daher die beiden Aspekte »Bedeutung für ein hervorragendes Beratungsunternehmen« und »Bewertung für uns« abgefragt.

Beispiel 6-1
SERVQUAL-basierter
Fragebogen eines
Beratungsunternehmens
(Dr. Kneuper Beratung)

Dimension Zuverlässigkeit

1. Wenn das Unternehmen verspricht, etwas zu einem bestimmten Zeitpunkt zu erledigen, dann wird dieser Termin eingehalten.
2. Wenn ein Kunde ein Problem hat, dann zeigt das Unternehmen aufrichtiges Interesse, das Problem zu lösen.
3. Das Unternehmen legt erkennbaren Wert auf fehlerfreie Unterlagen, Dokumente und Ergebnisse (Berichte, Präsentationen, Schulungsunterlagen etc.) für seine Kunden.   →

Dimension Souveränität und Kompetenz

Beispiel 6–1

(Fortsetzung)

SERVQUAL-basierter

Fragebogen eines

Beratungsunternehmens

(Dr. Kneuper Beratung)

4. Die Mitarbeiter haben das Fachwissen für die Unterstützung ihrer Kunden und die Beantwortung von Kundenfragen.

5. Die den Kunden bereitgestellten Unterlagen, Dokumente und Ergebnisse (Berichte, Präsentationen, Schulungsunterlagen etc.) liefern die benötigten Informationen.

6. Die erbrachten Dienstleistungen und ihre Ergebnisse sind hilfreich für die Kunden.

7. Das Unternehmen stellt die Sicherheit von Kundendaten sicher.

Dimension Entgegenkommen

8. Das Unternehmen teilt den Kunden rechtzeitig mit, wann eine bestimmte Dienstleistung (Beantwortung einer Frage, Erstellung eines Angebotes etc.) erbracht wird.

9. Die Mitarbeiter des Unternehmens sind stets bereit, dem Kunden zu helfen.

Dimension Einfühlung

10. Dem Unternehmen liegen die Interessen der Kunden am Herzen.

11. Die Mitarbeiter des Unternehmens verstehen die spezifischen Servicebedürfnisse ihrer Kunden.

Dimension Materielles

12. Das Unternehmen nutzt eine moderne Geschäftsausrüstung (Rechner, Software etc.).

13. Die Mitarbeiter des Unternehmens sind angemessen gekleidet.

14. Kundenmaterialien, z.B. Webseite, Informationsunterlagen, Visitenkarten, sind gut gestaltet.

6.3.3   SERVPERF

Das SERVPERF-Verfahren wurde 1992 von Cronin und Taylor (siehe [CrTa92], [CrTa94]) aufgrund ihrer Kritik am SERVQUAL-Modell entwickelt und dient ebenfalls der Messung der Qualität von Dienstleistungen. Während bei SERVQUAL die Qualität von Dienstleistungen als Differenz zwischen wahrgenommener und erwarteter Dienstleistung gemessen wird, geht SERVPERF davon aus, dass Kunden diesen Abgleich automatisch bei der Bewertung von Dienstleistungen vornehmen und eine ausdrückliche Erhebung der Kundenerwartungen damit überflüssig ist. SERVPERF misst die Dienstleistungsqualität daher als erbrachte und wahrgenommene Leistung ohne expliziten Abgleich gegen die Kundenerwartungen.

6.4   ServiceQualität Deutschland

Die Initiative ServiceQualität Deutschland wurde 2007 gegründet mit dem Ziel der nachhaltigen und kontinuierlichen Verbesserung der Servicequalität von Dienstleistern. Da die Initiative in erster Linie vom Deutschen Tourismusverband e.V. getragen wird, kommen auch die Nutzer des Modells fast durchgängig aus der Tourismusbranche. Das Konzept der Initiative besteht aus zwei Schulungen als Q-Coach bzw. Q-Trainer (Umfang je 1 1/2 Tage) und einer dreistufigen Zertifizierung der Unternehmen. Die Zertifizierung fließt dann auch in die Sterne-Bewertung des Deutscher Tourismusverbandes ein. Laut der Webseite [URL: SQD] haben derzeit 2873 Unternehmen eine solche Zertifizierung erreicht.

Für die Verbesserung und Zertifizierung der Serviceprozesse wurde von der Initiative ServiceQualität ein dreistufiges Modell definiert:

▦ Stufe I:
Qualitätsaufbau und Entwicklung mit dem Schwerpunkt Servicequalität: Grundlagen sind aufgesetzt, Zertifizierung erfolgt auf Basis einer Selbstbewertung.

▦ Stufe II:
Qualitätssicherung mit dem Schwerpunkt Servicequalität: Durchführung von selbst definierten QM-Maßnahmen, Nutzung von »Mystery-Kunden«, externe Zertifizierung.

▦ Stufe III:
Total-Quality-Management-System: Vertiefung der Maßnahmen, Nutzung von »Mystery-Kunden« alle 12 oder 24 Monate sowie Nutzung zusätzlicher Verbesserungsansätze.

Im Vergleich zu CMMI-SVC ist dieses Modell deutlich einfacher und weniger anspruchsvoll, damit aber auch leichter umzusetzen, gerade für die Hauptzielgruppe der kleinen und kleinsten Unternehmen, die nur sehr begrenzten Aufwand in diese Aktivitäten stecken können.

6.5   Branchenspezifische Modelle

Neben den genannten gibt es noch eine Vielzahl weiterer Modelle, die jeweils für eine bestimmte (Dienstleistungs-)Branche relevant sind. Teilweise handelt es sich dabei um eigenständige Modelle, teilweise beschreiben sie aber auch die Anwendung der ISO 9001 für einen bestimmten Anwendungsbereich. Beispiele für solche branchenspezifischen Modelle sind:

- ISO 29990 Lerndienstleistungen für die Aus- und Weiterbildung – Grundlegende Anforderungen an Dienstleister
- EN 12507 Dienstleistungen im Transportwesen – Leitfaden zur Anwendung von EN ISO 9001:2000 auf den Straßen- und Schienengüterverkehr, die Lagerhaltung und die Verteilerindustrie
- EN 15038 Übersetzungsdienstleistungen – Dienstleistungsanforderungen
- Hazard Analysis and Critical Control Points (HACCP) – ein Konzept für die Lebensmittelbranche, mit dem die Sicherheit von Lebensmitteln gewährleistet werden soll, und zwar sowohl in der Lebensmittelproduktion als auch im Gastgewerbe.
- KTQ® – Kooperation für Transparenz und Qualität im Gesundheitswesen
- Common Assessment Framework (CAF)[1] [URL: CAF] – ein gemeinsames europäisches Qualitätsbewertungssystem für Organisationen des öffentlichen Sektors

Soweit es für eine bestimmte Branche ein solch spezifisches Modell gibt, lässt sich dieses meist gut mit CMMI-SVC kombinieren, da die meisten derartigen Modelle eine zumindest ähnliche Grundphilosophie verwenden.

---

1.   Nicht zu verwechseln mit dem CMM Appraisal Framework (CAF), das eine Reihe von Vorgaben für CMM-Bewertungsmethoden definierte.

7 Fallstudie: Produktwartung bei Raytheon Anschütz GmbH

In dieser Fallstudie wird die Nutzung des CMMI-SVC bei der Firma Raytheon Anschütz GmbH beschrieben, die Systeme für maritime Anwendungen im zivilen und militärischen Bereich erstellt. Die Wartung von Produkten wird hier als eine typische Dienstleistungsvariante für firmeninterne Aufgaben vorgestellt. Die Besonderheit ist, dass der Entwicklungsbereich bereits seit Jahren mit CMMI-DEV arbeitet und in 2010 den Reifegrad 3 erreichte.

7.1 Ausgangssituation

Im Rahmen der Prozessverbesserung wurden zunächst keine Änderungs- und Betreuungsprojekte betrachtet, da hierfür die Entwicklungsprozessgebiete des CMMI kaum anwendbar und die betrachtete Wartungsorganisation und die untersuchten Vorgänge sehr klein sind. Mit dem Entstehen des CMMI für Dienstleistungen wurde schnell klar, dass hier eine sehr gute Übereinstimmung von Theorie und Praxis vorliegt. So entstand seit 2008 neben der Prozessverbesserung in der Entwicklung auch ein entsprechendes Vorgehen für die Produktwartung unter Berücksichtigung von Dienstleistungsaspekten.

Die Aufgaben der *Wartungsorganisation* umfassen die Steuerung aller notwendigen Maßnahmen zur Fehlerbeseitigung nach Freigabe und Einsatz im Feld, ggf. geforderte Funktionserweiterungen durch Kundenwünsche oder (Produkt-)Haftungsfälle sowie die Einführung von neuen Bauteilen aufgrund von Änderungen oder Abkündigungen von verwendeten Bauteilen durch Zulieferer. Diese Aufgaben werden über sogenannte Änderungsvorhaben abgearbeitet.

Aufgaben der Wartungsorganisation

Das verantwortliche *Lenkungsteam* bestand aus einem Änderungsingenieur und einem Änderungskoordinator. Das Lenkungsteam war organisatorisch als eigene Abteilung der Entwicklungsorganisation zugeordnet und koordinierte übergreifend alle Änderungsvorhaben. Eine Anfrage nach einer Wartungsdienstleistung wurde entsprechend einem *Änderungsantrag* (Engineering Change Request) behandelt, der typischerweise vom Service oder der Produktion an die Entwicklung übergeben und dort als *Änderungsauftrag* (Engineering Change Order) abgearbeitet wurde.

7.2 Aufgabenstellung

Ziel: konkrete Verbesserungen

Innerhalb der Produktwartung sollte das bestehende Vorgehen im Rahmen der Prozessverbesserung weiter systematisiert werden, um die folgenden Ziele umzusetzen:

- Eine höhere Transparenz betriebswirtschaftlicher Faktoren
- Eine effizientere Planung der Vorgehensweise
- Eine nachvollziehbare Terminverfolgung von Änderungsvorhaben
- Einbindung der Produktwartungsabläufe in ein vorhandenes PLM-Werkzeug (Product Lifecycle Management)
- Nutzen von Prozessverbesserungen in Engineering-Projekten (weniger Rückläufer und Fehler im Feld)

7.3 Analyse und Lösungsfindung

Einstieg mit CMMI-Workshop

Im Rahmen der Prozessverbesserung erfolgte eine informelle interne Standortbestimmung, die im Rahmen kurzer, extern moderierter Workshops um weitere CMMI-Anregungen ergänzt wurde.

Aufbau und Inhalte des Modells waren intern bekannt, da bereits viele Mitarbeiter im CMMI allgemein und einzelne im CMMI-SVC geschult waren. Es wurde eine Vorauswahl von Prozessgebieten für den Abgleich mit CMMI festgelegt und der entsprechende Handlungsbedarf und Prioritäten ermittelt (siehe Abb. 4–5 auf S. 95).

Im Anschluss daran wurde der Fokus auf die Optimierung der folgenden Themen und entsprechenden Prozessgebiete gelegt:

- Ein durchgängiger Lebenszyklus einer einzelnen Änderung mithilfe des Prozessgebietes »Erbringung von Dienstleistungen« sowie die entsprechende Umsetzung in einem PLM-Werkzeug.
- Ein transparentes Ressourcenmanagement und eine regelmäßige Planung der Arbeit unter Berücksichtigung des Prozessgebietes »Planung der Arbeit«.
- Eine nachvollziehbare Steuerung, zu der das Prozessgebiet »Verfolgung und Steuerung der Arbeit« hilfreiche Praktiken liefert.

Im Rahmen der ersten Schritte wurden zunächst vor allem die spezifischen Praktiken und schließlich einzelne generische Praktiken für das jeweilige Prozessgebiet bis Fähigkeitsgrad 3 betrachtet. Themen wie Qualitätssicherung, Produktdaten- und Konfigurationsmanagement wurden nur am Rande gestreift, da diese bereits gut etabliert waren.

7.3.1 Erbringung von Dienstleistungen

Am Anfang stand die Analyse der Rahmenbedingungen und existierenden Vorgehensweisen sowie der Anforderungen aller Beteiligten und Betroffenen. In der Vergangenheit hatten unklare Zuständigkeiten, Schnittstellen und unterschiedliche Abläufe immer wieder zu Missverständnissen zwischen den verschiedenen Bereichen der Organisation geführt. Die Analyse ergab unter anderem, dass einzelne Änderungsvorgänge extrem lange liegen blieben, andere wiederum im Kreis liefen.

Grundlage für einen durchgängigen Ablauf waren zunächst klare Schnittstellen und Verantwortlichkeiten zwischen den Bereichen. So wurde schließlich das Lenkungsteam innerhalb der Entwicklung angesiedelt. Die Verantwortlichkeiten und Schnittstellen wurden in Verfahrensanweisungen und Werknormen zum Änderungswesen festgeschrieben und freigegeben. Diese Beschreibungen entsprechen dem Erstellen von Dienstleistungsvereinbarungen.

SD SP 1.1
Bestehende Verein-barungen und Daten zu Dienstleistungen analysieren

Im Rahmen der Vereinbarungen zwischen Entwicklung und Produktion/Service wurden Verantwortlichkeiten, Rollen, Abläufe und Werkzeuge vereinbart – ein sogenanntes Dienstleistungssystem. Ein solches Dienstleistungssystem (*service system*) beinhaltet alles, was zur Erbringung von Dienstleistungen benötigt wird: Werkzeuge, Abläufe, Arbeitsergebnisse, Verbrauchsgüter und Infrastruktur.

SD SP 1.2
Dienstleistungs-vereinbarungen etablieren

Einzelne Mitarbeiter der Entwicklung und Produktion werden als Experten für die Bewertung und Umsetzung von Änderungsvorhaben mit eingebunden und eingeplant (siehe Abschnitt 7.3.4).

Eine wesentliche Herausforderung bestand darin, alle Betroffenen auf die Verwendung genau eines PLM-Werkzeugs einzuschwören. Gerade die Verwendung dieses Werkzeugs stellte zwar zunächst eine Barriere für die Umsetzung dar. Jedoch konnten mit gezielten Schulungen und konsequentem Einfordern der Abläufe in dem Werkzeug schlussendlich alle Betroffenen überzeugt werden.

SD SP 2.1
Das Vorgehen zur Erbringung der Dienstleistung etablieren

So wurden auch einige der bestehenden Gremien zusammengelegt oder durch klarere Abläufe und Kriterien innerhalb des PLM-Werkzeugs abgelöst.

Ein wesentliches Ergebnis der Prozessverbesserung war der klare Lebenszyklus für Anfragen. Der Lebenszyklus einer Anfrage im Rahmen von Produktwartung und -pflege durchläuft die folgenden Phasen (siehe Abb. 7–1):

SD SP 3.1
Anfragen zu Dienst-
leistungen entgegen-
nehmen und bearbeiten
WP SP 1.4
Arbeitsphasen definieren

▫ Antragslenkung:
Für jede *Änderungsmeldung* im PLM-Werkzeug wird eine Entscheidungsvorlage erstellt. Es entsteht ein *Änderungsantrag*.

▫ Beschluss:
Ein Gremium entscheidet über die Umsetzung und Auswirkung. Dies mündet ggf. in einem *Änderungsauftrag*.

▫ Auftragslenkung:
Koordination aller Aktivitäten zur Umsetzung der Änderungsauftrags.

▫ Auftragsabschluss:
Sicherstellen der Konsistenz des bestehenden Gesamprodukts. Die Information über die durchgeführten Änderungen erfolgt im Rahmen einer *Änderungsmitteilung*.

Abb. 7–1
Lebenszyklus eines
Änderungsvorhabens

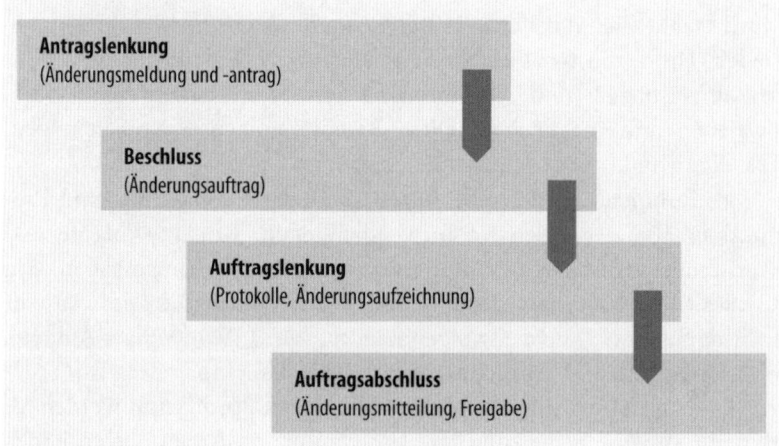

Änderungen können alle Entwicklungsdisziplinen betreffen: Software, Elektronik/Elektrik und Mechanik. Da es um Produktwartung geht, wurde auch der Zeitpunkt festgelegt, ab wann es sich um eine Änderung im Sinne der Produktwartung handelt. Vereinbart wurde ein interner Freigabestatus, ab dem ein Arbeitsergebnis dem Änderungsprozess unterliegt.

Ab diesem Zeitpunkt wird das Arbeitsergebnis auch als ein Artikel im Warenwirtschaftssystem geführt (die meisten Änderungen erfolgen hier an Zeichnungen bzw. Schaltplänen). Das PLM-Werkzeug wird regelmäßig mit dem Warenwirtschaftssystem synchronisiert.

Wesentliche Prozessverbesserungen erfolgten vor allem auf dem Weg zur Erstellung eines Änderungsauftrags:

▨ Ein Vieraugenprinzip sorgt für eine erste Prüfung der Änderungsmeldung.

▨ Der aus einer Meldung generierte Antrag geht an einen Änderungskoordinator und es wird eine Bewertungszeit festgelegt.

▨ Die Bewertungen werden durch die Änderungskoordination mit diesem Termin von den Experten angefordert (Zielformulierung, Kostenschätzung, Terminverfolgung etc.).

▨ Der Änderungsingenieur entscheidet über die Ablehnung oder Durchführung der meisten Änderungsvorhaben unter Einbeziehung der eingeholten Informationen und sucht ggf. mit den Produktmanagern nach kostengünstigen Alternativen. Bei Ablehnung endet die Bearbeitung an dieser Stelle mit der Information der Beteiligten.

▨ Am Ende der Bewertungszeit wird ein Änderungsvorhaben formuliert: der Änderungsauftrag.

▨ Der Änderungsauftrag mit einem abgestimmten Plantermin wird zur Grundlage der weiteren Arbeit mit Terminverfolgung (siehe auch »Planung der Arbeit« und »Verfolgung und Steuerung der Arbeit«).

Die wesentlichen Verantwortlichkeiten und deren Tätigkeiten wurden festgelegt (siehe Abb. 7–2).

SD SP 3.2
Dienstleistungssystem
betreiben

Abb. 7–2
Verantwortlichkeiten
und Tätigkeiten für
Änderungsvorhaben

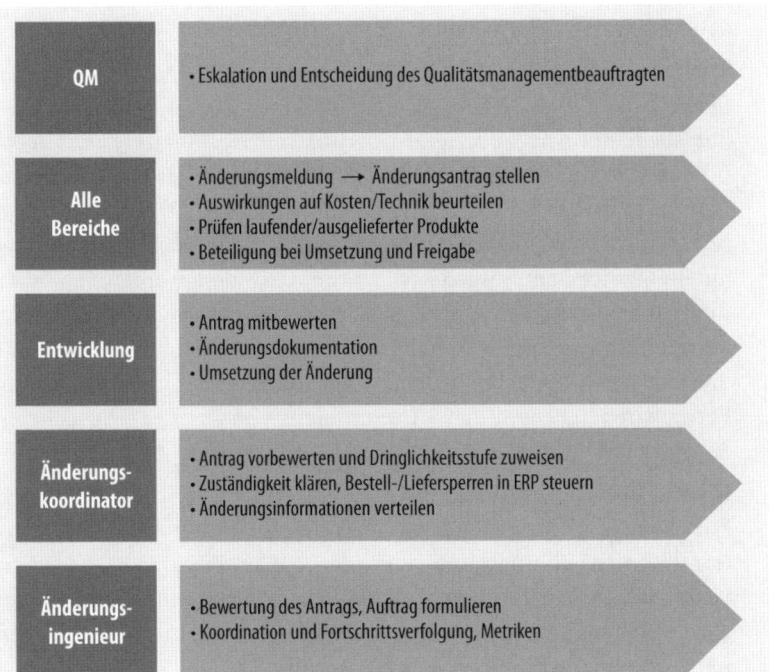

SD GP 3.1
Definierte Prozesse
etablieren

WP SP 2.2, WMC SP 2.3
Risiken identifizieren und
überwachen

Wesentlicher Erfolgsfaktor in der Umsetzung war die klare Definition von Kriterien und Begrifflichkeiten für alle Schritte und Phasen eines Änderungsvorhabens.

Dazu gehörte beispielsweise die Festlegung von *Dringlichkeitsstufen* DS 1 bis DS 6. Diese Stufen wurden in einer Verfahrensanweisung für jegliche Änderungen beschrieben und übergreifend vereinbart. Wichtig war, dass die Dringlichkeit unabhängig von den entstehenden Kosten (z.B. wegen Gewährleistung) bewertet wird. Die Dringlichkeit spiegelt die Bedeutung, den Umfang und das Risiko einer Änderungsmaßnahme wider. Die vereinbarten Kriterien dazu sind im Einzelnen:

- DS 1:
  Hier steht eine *Terminänderung* im Vordergrund. Der Plantermin wird überwiegend von wirtschaftlichen Gesichtspunkten vorgegeben. Die Änderungsumsetzung (Einführung der Änderung) findet in Abstimmung mit den jeweils betroffenen Mitarbeitern statt, z.B. wenn mehrere Änderungen am Gerät parallel durchgeführt werden.

- DS 2:
  Hier wird eine sofortige Änderung mit *Fertigungseinschränkung* erwartet. Der Plantermin wird überwiegend von wirtschaftlichen Gesichtspunkten vorgegeben. In der Fertigung befindliche Produkte dürfen für vorliegende Kundenaufträge ungeändert geliefert werden. An das Fertigwarenlager dürfen nur geänderte Produkte geliefert werden. Im Fertigwarenlager befindliche Produkte dürfen ungeändert geliefert werden.

- DS 3:
  Dies bedeutet eine sofortige Änderung mit *Auslieferungsverbot* für bereits vorhandene Produkte. Der Plantermin wird überwiegend von bestehenden Aufträgen vorgegeben. Diese Dringlichkeitsstufe setzt voraus, dass bisher nichts Fehlerhaftes an einen Kunden bzw. an ein Servicelager ausgeliefert wurde. Geändert werden Produkte, die sich im Fertigwarenlager, im Teile- und Zwischenlager, auf der Fertigungsfläche, im Wareneingang sowie im Versand befinden und die das Haus verlassen sollen. Ungeänderte Produkte dürfen das Fertigwarenlager und den Versand nicht verlassen, um ausgeliefert zu werden. Die Servicelager fallen nicht unter diese Änderungsstufe.

- DS 4:
  Hier ist eine sofortige Änderung mit *Serviceeinsatz* nötig. Der Plantermin wird überwiegend von der Lieferfähigkeit vorgegeben. Geändert werden Produkte, die das Haus verlassen sollen bzw. die bereits das Haus verlassen haben. Der Zeitpunkt des Serviceeinsatzes wird von der Serviceabteilung festgelegt.

▦ DS 5:

Dies entspricht einer sofortigen Änderung mit *Einbauverbot*. Der Plantermin wird überwiegend durch die Ressourcenauslastung begrenzt. Geändert werden Produkte, die das Haus verlassen sollen und die bereits das Haus verlassen haben, aber noch nicht beim Kunden (vor Ort) in Betrieb genommen wurden. Es dürfen ungeänderte Produkte vor Ort nicht eingebaut werden. Die Produkte müssen an Ort und Stelle geändert oder zurückgerufen und im Hause geändert werden.

▦ DS 6 bedeutet ein *Anwendungsverbot*. Der Plantermin wird nur durch die Ressourcenauslastung begrenzt. Geändert werden Produkte, die das Haus verlassen sollen und alle Produkte, die bereits das Haus verlassen haben. Es sind auch alle bereits eingebauten Produkte beim Kunden durch geänderte Produkte zu ersetzen. Die Produkte müssen an Ort und Stelle geändert oder zurückgerufen und im Hause geändert werden.

Wichtig war auch die Abstimmung, nach welchen Kriterien einzelne Meldungen durch wen geprüft werden. Dazu gehört beispielsweise die Prüfung durch das Lenkungsteam und den Qualitätsverantwortlichen nach folgenden Kriterien:

SD SP 2.1
Das Vorgehen zur
Erbringung der Dienst-
leistung etablieren

▦ Die Defektbeschreibung ist verständlich und eindeutig.
▦ Das Änderungsziel ist möglichst genau skizziert und nachvollziehbar begründet.
▦ Bei Änderungen, die schon durchgeführt wurden (z.B. im Rahmen einer Abnahme), sind alle Änderungen im Antrag aufgelistet.
▦ Es liegen sinnvolle Terminvorgaben für die Änderung vor.
▦ Das Änderungsziel ist wirtschaftlich vertretbar und technisch umsetzbar.
▦ Kein anderes Verfahren ist zuständig.

Bei der Entscheidung über einen Änderungsantrag durch das Lenkungsteam und den Qualitätsverantwortlichen müssen folgende andere Verfahren berücksichtigt werden:

▦ Produktbeschreibungen ändern
▦ Werknormen ändern
▦ Vertriebszeichnungen ändern
▦ Neues Gerät auf Basis eines kurzen Lastenheftes erzeugen
▦ Produktauslauf ist gestartet
▦ Neuentwicklung läuft

Weitere Kriterien und Bewertungen beziehen sich unter anderem auf: Bearbeiterwahl, Aufwandsschätzung, Kostenschätzung, Kostenträger für Nacharbeitskosten, Bestellsperren, Rückwärtskompatibilität, Ersatzteile, Auslaufkonzept, Gerätesicherheit, Meldepflicht, Produkthaftung, Prüfkonzept, Baumusterzertifikate, Konstruktionsstandsfestlegung, Geräteübersicht, Lagerbestände, Produktmanagement, Produktlebenszyklus.

Die beschriebenen Kriterien sind im PLM-Werkzeug hinterlegt und werden abgefragt.

SD SP 3.2
Dienstleistungssystem
betreiben

Die Funktionsfähigkeit des geschaffenen Dienstleistungssystems (d.h. das PLM-Werkzeug, Verfügbarkeit und Kapazität von Mitarbeitern, Auswertungen über Änderungsvorgänge) wird im Rahmen der »Verfolgung und Steuerung der Arbeit« kontinuierlich überwacht und liegt in der Verantwortung des Lenkungsteams.

7.3.2   Planung der Arbeit

Die »Planung der Arbeit« befasst sich mit der Abschätzung der Arbeit, der konkreten Planung der zu erledigenden Arbeit und dem Einholen der Zustimmung von Beteiligten und Betroffenen. Zur Umsetzung dieser Planung standen folgende Aspekte im Vordergrund:

WP SP 1.1
Etablieren einer
Dienstleistungsstrategie

▥ Eine strategische Planung:
Aufgaben zur Produktpflege sind unabdingbar und in Form einer Budgetplanung sowohl bezüglich der Ressourcen (Mitarbeiter) als auch der Finanzen angemessen zu berücksichtigen.

▥ Erfahrungswerte aus der Vergangenheit

▥ Unterscheidung von drei Ebenen der Planung:
Organisationsebene, Projektebene und der einzelne Änderungsvorgang.

▥ Unterscheidung von drei Aufwandsdimensionen bei Änderungsvorgängen:
Geräte und deren Anforderungen, Objekte und deren Wiederverwendung in anderen Geräten, Lagerbestände und deren Lieferfähigkeit.

WP GP 2.3
Ressourcen bereitstellen

Auf Organisationsebene werden zwei Personen in Vollzeit bereitgestellt, alle Änderungsvorhaben zu steuern (Lenkungsteam als eine Abteilung in der Entwicklung).

WP SP 1.3 und SP 1.5
Schätzen von Umfang
und Aufwand

Die benötigten Ressourcen für die Umsetzung der Änderung werden auf Basis von Erfahrungswerten bereitgestellt. Diese beruhen auf den Werten zu Gesamtkosten und Änderungsaufkommen des vergangenen Jahres. Zudem wurden in einem internen Verbesserungsprojekt die ungefähren Einzelkosten pro Änderungsvorhaben festgestellt.

Für die konkreten Änderungsvorhaben zur Produktpflege wird insgesamt zwölf Änderungs- und Betreuungsprojekten jeweils ein eigener Kostenträger zugeordnet. Die Einteilung erfolgt nach existierenden Produktgruppen. Das jeweilige Budget für jeden Kostenträger wird, im Rahmen der Planung des Entwicklungsbudgets, zwischen den Bereichen der Firma vereinbart.

WP SP 2.1
Budget und Zeitplan etablieren

Es werden wesentliche Informationen über das Änderungsvorhaben im Änderungsantrag durch PLM-Workflows zusammengetragen, darunter auch die Informationen zu Aufwand, Lagerbeständen und Kosten in den Änderungsvorhaben. Der Änderungsauftrag wird zur Grundlage der weiteren Arbeit an dem jeweiligen Änderungsvorhaben ausformuliert. In der Änderungsmitteilung wird aufgezeichnet, welche Objekte in Stücklisten und Zeichnungen geändert wurden. Die Terminverfolgung aller Phasen bis zum Änderungsauftragsabschluss wird mit PLM umgesetzt (siehe auch »Verfolgung und Steuerung der Arbeit«). Der detaillierte Lebenszyklus und die Phasen eines Änderungsvorhabens wurden bereits in Abschnitt 7.3.1 beschrieben.

WP SP 1.4
Arbeitsphasen definieren

Die absehbaren Änderungs- und Betreuungsprojekte (jeweils einem Kostenträger zugeordnet) beginnen und enden mit dem Kalenderjahr. Wird ein neues Projekt als notwendig angesehen, werden Stunden von dem jeweiligen Bereich bereitgestellt und es wird ein neuer Kostenträger eingerichtet. Ein Projekt endet durch das Schließen des Kostenträgers nach Abstimmung mit der Entwicklungsleitung und dem Änderungsingenieur. Die Arbeit an einer Änderung beginnt mit der Bewertung der Meldung im PLM-Werkzeug und dem Beschluss einer »technischen Änderung«. Sie endet in der Entwicklung mit der Verteilung der Änderungsmitteilung.

Die Verantwortung für Änderungs- und Betreuungsprojekte übernimmt der Änderungsingenieur; er berichtet regelmäßig in der Projekt-Inforunde.

WP GP 2.4
Rechte und Pflichten zuweisen

Die Organisation des Änderungswesens und die Beteiligung der Stakeholder ist in der Verfahrensanweisung vorgeschrieben. Die beteiligten Mitarbeiter, Experten und Stakeholder sind im PLM-Werkzeug namentlich hinterlegt oder für ein Änderungsvorhaben durch die Änderungskoordination ergänzt. Es wird keine eigenständige Stakeholder-Matrix erstellt und gepflegt. Die Stellungnahmen von Beteiligten und Betroffenen werden in den Änderungsanträgen und Mails festgehalten.

WP SP 2.6
Planen der Einbindung der Stakeholder

WP SP 2.7
Arbeitsplanung etablieren
alle Prozessgebiete,
GP 3.1
Einen definierten Prozess
etablieren

In einem übergreifenden Projekthandbuch wird die Planung aller Änderungs- und Betreuungsprojekte dokumentiert. Alle zu planenden Elemente werden hier fixiert und bei Bedarf an neue Randbedingungen angepasst. Änderungen am Projekthandbuch werden im Team kommuniziert und von den entsprechenden Mitgliedern freigegeben.

Wesentliche Inhalte umfassen:

- Eine Beschreibung der Struktur von Projekten sowie Ziele und Aufbau
- Beschreibung der Tätigkeiten, Kosten, Termine sowie der zum Erreichen der Projektziele notwendigen Maßnahmen, soweit sie nicht in Verfahrensanweisungen definiert sind
- Festlegung der Ergebnisse/Liefergegenstände (Dokumentiert werden versionierte Produkte, geänderte Zeichnungen, Stücklisten und Hilfspapiere, Änderungskennzahlen, Projektberichte, archivierte Änderungsdokumente als Nachweis für durchgeführte Änderungen.)

WP SP 3.2
Ressourcenbedarf
abstimmen

Bei Änderungsvorhaben mit Terminkonflikten werden mit den Beteiligten und Betroffenen proaktiv Alternativen gesucht. Bei Änderungsvorhaben, die wirtschaftlich nicht vertretbar erscheinen, werden Alternativen gesucht und dokumentiert.

7.3.3　Verfolgung und Steuerung der Arbeit

Als Gegenstück zur »Planung der Arbeit« erfolgt eine Steuerung der Aktivitäten auf Organisations-, Projekt- und Vorhabensebene. In der Regel setzt sich das Lenkungsteam täglich zusammen, um über aktuelle Themen und Vorhaben zu reden. Dabei werden auch anstehende Bewertungen und Statusänderungen der Anträge vorgenommen.

WMC SP 1.6
Fortschrittsbewertungen
durchführen
WMC SP 1.7
Meilensteinbewertungen
durchführen

Im PLM-Werkzeug werden geplante Tätigkeiten und Termine für Änderungsvorhaben verfolgt. Die Aufwände hierfür werden zurückgemeldet und über das ERP-System erfasst und ausgewertet. Bei Mehr- oder Minderbedarf an Stunden für Tätigkeiten werden Änderungen vom Mitarbeiter vorgeschlagen, in die Planung eingebracht und vom Änderungsprojektleiter genehmigt. Bezogen auf die Phasen eines Änderungsvorhabens sind Meilensteine durch Statusangaben im PLM-Werkzeug dargestellt (z.B. »in Arbeit«, »Beurteilt«, »Genehmigt«, »Abgeschlossen«).

WMC SP 1.1
Planungsparameter
überwachen

Das Lenkungsteam berichtet monatlich in der Projektinforunde über Kennzahlen und Trends bezüglich Änderungsaufkommen, Abarbeitung und Kosten. Jedes Quartal finden Abstimmungen zur Ressourcenplanung statt, die im Projektplan eingetragen werden.

Die Arbeitsverfolgung wird in einem »Projektbericht« dargestellt und identifizierte Maßnahmen werden bis zum Abschluss verfolgt, entsprechend der Vorgehensweise bei Entwicklungsprojekten.

Aufgrund von Kennzahlen und Plan/Ist-Vergleichen werden Prognosen erstellt und Risiken über Kostenverläufe bewertet. Terminliche Risiken werden auf Vorgangsebene und über Mails kommuniziert.

WMC SG 2
Maßnahmen bis zum Abschluss verfolgen
MA SG 2
Messergebnisse bereitstellen

Der Projektbericht enthält:

▦ Kostenhochlauf versus Budget
▦ Laufende und abgeschlossene Aufgaben
▦ Offene Punkte und ausgleichende Maßnahmen
▦ Einschätzung des Projekstatus mit Ampel (grün, gelb, rot) zu Technik, Kosten und Terminen
▦ Planungsparameter
▦ Ressourcenverfügbarkeit
▦ Stakeholder-Beteiligung und Audits
▦ Datenmanagement

Die Abbildungen 7–3, 7–4 und 7–5 enthalten einige Beispiele zu laufenden Auswertungen zu Änderungsvorhaben.

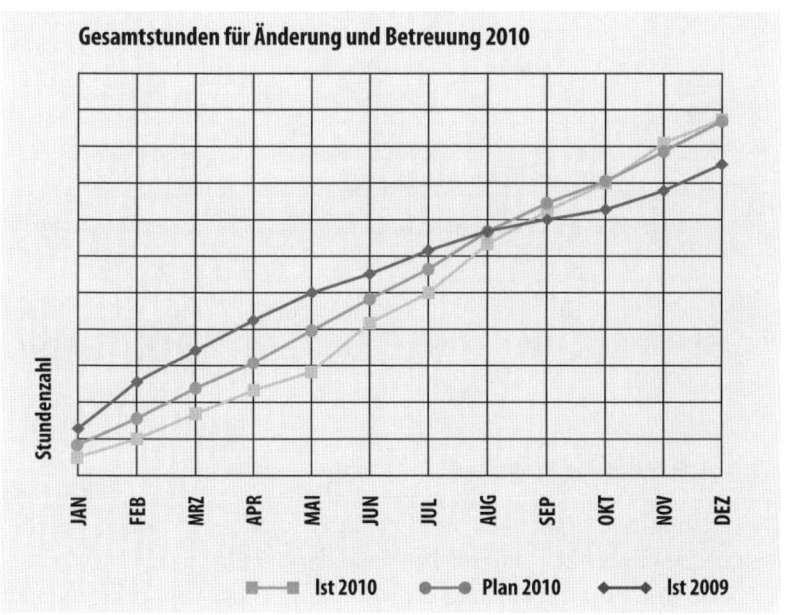

Abb. 7–3
Aufwandsverfolgung

Abb. 7–4

Terminverfolgung

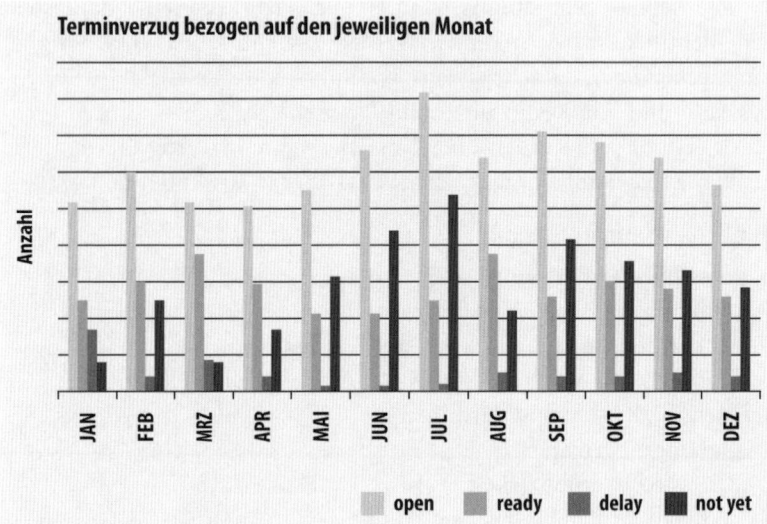

Abb. 7–5

Änderungsaufkommen

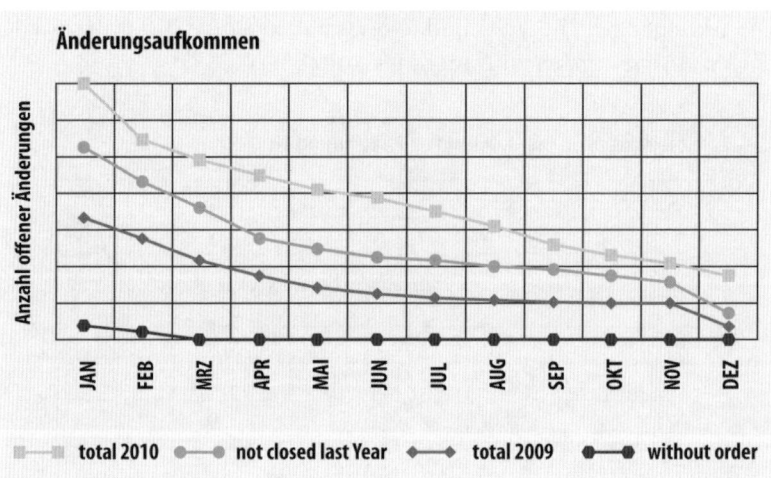

7.3.4   Generische Praktiken

Die wichtigsten Ergebnisse und Zusammenhänge in Bezug auf die generischen Praktiken sind nachfolgend dargestellt.

GP 2.1

Organisationsweite

Leitlinien etablieren

Ziel der Produktwartung ist die Umsetzung von notwendigen Änderungsvorhaben durch das Änderungswesen mit einer Berücksichtigung betriebswirtschaftlicher Faktoren, einer effizienten Planung und einer Terminverfolgung. Die Jahresstundenbudgets jedes Projektes werden geplant und berücksichtigt.

Verfahrensbeschreibungen enthalten Abläufe, Rollen, Vorgehen und Kriterien. Phasen und Abläufe sind über das PLM-Werkzeug umgesetzt. Ein Projekthandbuch beschreibt das konkrete Vorgehen für alle Projekte. Dieses Projekthandbuch wird jährlich neu erstellt als Klammer für alle zu diesem Kostenträger gehörigen Änderungen.

GP 2.2
Arbeitsabläufe planen
GP 3.1
Definierte Prozesse
etablieren

Auf Organisationsebene leitet eine eigene Abteilung die Produktwartung. Die Verantwortlichkeiten des Lenkungsteams sind in der Verfahrensanweisung beschrieben und im Projekthandbuch zugewiesen. Für die einzelnen Projekte oder Kostenträger sind Verantwortliche bestimmt. Im Rahmen eines Änderungsvorgangs müssen jeweils Rollen/Personen für alle einzelnen Aktivitäten zugewiesen werden. Dies wird durch das PLM-Werkzeug für Experten vorgegeben und für Bearbeiter eingefordert. Änderungsvorhaben mit klarer Vorgabe der Aktivität und deren Notwendigkeit soll der Änderungsingenieur selbst entscheiden. Über die Umsetzung müssen alle am Vorhaben Beteiligten und wichtige Schnittstellenpartner informiert werden. Die Beteiligten und Betroffen sind im PLM-Werkzeug über Rollen hinterlegt, werden im Rahmen eines Änderungsvorhabens benannt und über das Werkzeug automatisch bei Abschluss eines Vorhabens informiert.

GP 2.3
Ressourcen bereitstellen
GP 2.4
Rechte und Pflichten
zuweisen

Im Rahmen der Einführung der Verbesserungen wurden Schulungen für das Lenkungsteam und die Qualitätsveranwortlichen geplant, mit Präsentationen vorbereitet und in kleinen Gruppen umgesetzt. Bis auf die Verwendung und Einweisung in das PLM-Werkzeug waren keine weiteren Schulungen nötig. Schulungen zu PLM- und ERP-Werkzeugen sind organisationsweit geplant und umgesetzt.

GP 2.5
Aus- und weiterbilden

Ein übergreifender Datenmanagementplan wurde erstellt (siehe Abb. 7–6). Gemäß diesem Plan werden Mechanismen zur Freigabe, Verfolgung von Änderungen an einzelnen Bauteilen, Zeichnungen und Stücklisten über das ERP-Werkzeug gelenkt (betrifft auch WP SP 2.3, WMC SP 2.4 zu Datenmanagement). Mit dem Änderungsabschluss wird der Stand der geänderten Unterlagen einzelner Änderungsaufträge zusammen mit den Änderungsdokumenten festgehalten. Die Änderungsdokumente werden im PLM-Werkzeug abgelegt, Mails zu Änderungsvorhaben auf dem Mailserver, Projektberichte und andere Planungsdokumente im entsprechenden Laufwerk.

GP 2.6
Arbeitsergebnisse
verwalten

Zum Stakeholder-Management sind auch die beschriebenen Verantwortlichkeiten und Phasen eines Änderungsvorhabens unter »Erbringung von Dienstleistungen« (Abschnitt 7.3.1) und »Planung der Arbeit« (Abschnitt 7.3.2) zu beachten. Die Einbindung von Unterauftragnehmern wird bei Bedarf durch festgelegte Experten wie den übergreifenden Produktverantwortlichen geplant und gemäß Verfahrensanweisungen gesteuert.

GP 2.7
Relevante Stakeholder
identifizieren und
einbeziehen

Abb. 7–6

Datenmanagementplan

DATENMANAGEMENTPLAN					
Documents, Data / Dokumente, Daten	CI / WP	Document, Data Category, Feature / Dokument, Datenkategorie, Merkmal	Data Manager / Datenmanager	Configuration (Class) / Konfiguration (Klasse)	Repository, Location / Ablage
10_Projektmanagement					
Entwicklungsantrag	CI	.doc Datei	PL (ECM)	Kontrolliert	Subversion
Maßnahmenliste	WP	Jira	PL (ECM)	Kontrolliert	Jira
Projektbericht	CI	.ppt Datei	PL (ECM)	Kontrolliert	Stages
Projekthandbuch	CI	.doc Datei	PL (ECM)	Kontrolliert	stages
Projektplan	CI	MS Project Server (Ansicht WBS)	PL (ECM)	Review	MS Project-Server
Review Protokolle	WP	.doc Datei	PL (ECM)	Review	Stages
Reviewprotokoll Projekthandbuch	WP	.doc Datei	PL (ECM)	Review	Stages
Reviewprotokoll Projektplan	WP	.doc Datei	PL (ECM)	Review	Lotus Notes Datenbank
Vorplanung	WP	.xls Datei	PL (ECM)	Kontrolliert	Subversion
Emails / Einladungen	WP	Lotus Notes Einträge	PL (ECM)	Informal	Lotus Notes Datenbank
30_Konfigurationsmanagement					
Datenmanagementplan	WP	.xls Datei	PL (ECM)	Kontrolliert	Stages
Änderungsantrag/-auftrag	CI	PLM	PL (ECM)	Kontrolliert	ECR;ECO in PLM
Änderungsmitteilung	CI	.pdf Datei	ECM	Informal	Intranet
Fertigungszeichnungen	WP	.pdf Datei	EMD	Freigabe	PLM
Stücklisten	WP	ERP	EMD	Freigabe	ERP
Verdrahtungsunterlagen	WP	.pdf Datei	EMD	Freigabe	PLM
Stromlaufplan	WP	.pdf Datei	EMD	Freigabe	PLM

GP 2.8
Arbeitsabläufe
überwachen und steuern

Die konkrete Überwachung der Aktivitäten auf den Ebenen der Organisation, des Projektes und des Vorhabens ist im Abschnitt 7.3.3 »Verfolgung und Steuerung der Arbeit« beschrieben.

GP 2.9
Prozesseinhaltung
objektiv bewerten

In einer Verfahrungsanweisung sind objektive Kriterien für die Durchführung und Prüfung der einzelnen Phasen eines Änderungsvorhabens definiert. Ein Qualitätsmanagementbeauftragter prüft stichprobenmäßig einzelne Änderungsvorhaben auf deren Einhaltung. Das Qualitätsmanagement ist eingebunden. Regelmäßige externe Reviews (Appraisals/Audits) prüfen zusätzlich die Prozesseinhaltung.

GP 2.10
Umsetzung mit dem
höheren Management
prüfen

Die Umsetzung und der Status der Projekte, Änderungsvorhaben und Änderungsprozesse wird durch das höhere Management geprüft. Es erfolgen monatliche Projektinforunden und eine jährliche Durchsprache aller Änderungs- und Betreuungsprojekte und der zugehörigen Prozesse.

GP 3.2
Verbesserungs-
informationen sammeln

Neue Anforderungen an die Produktwartung oder das Änderungsmanagement werden als Verbesserungen bzw. Korrekturen über das Lenkungsteam eingesteuert und von diesem bewertet. Das Lenkungsteam stimmt sich mit dem Leiter der Prozessgruppe, der Entwicklungsleitung und dem Qualitätsmanagement zu Prozessverbesserungen ab. Das Lenkungsteam berät die interne IT bei Verbesserungsprojekten zum Thema Änderungswesen in PLM- und ERP-Werkzeugen. Berichtet wird in der Projektinforunde, gesonderte Protokolle entstehen nicht.

7.4 Umsetzung

Zusammenfassend wurden Abläufe in der Produktwartung systematischer und nachvollziehbarer gestaltet. Eine durchgängige Unterstützung über ein Werkzeug mit klar definierten Phasen, Verantwortlichkeiten und Kriterien war erfolgsentscheidend für die Umsetzung der Wartungsdienstleistung.

Ausgewählte Prozessgebiete aus CMMI-SVC lieferten dazu eine passende Messlatte und Verbesserungsinformationen, um die Produktwartung ganzheitlich zu betrachten und einen reibungslosen Ablauf zu gestalten.

Der folgende konkrete Nutzen wurde damit erreicht:

- Durch die Aufteilung der Kostenträger können Änderungsaufwände den jeweiligen Produktgruppen zugeordnet werden. Dies ließ sich auch im ERP-System nachbilden und geht heute in verschiedene Kennzahlen des Controllings ein. Das Ziel, bereits im Einführungsjahr des neuen Werkzeugs mehr als 15% der bisherigen jährlichen Kosten einzusparen, wurde übertroffen. Die entsprechend gekürzten Budgets des Folgejahres wurden nicht in voller Höhe benötigt. Im dritten Jahr wurden zusätzliche Änderungsvorhaben in die Planung aufgenommen, ohne die Budgets entsprechend voll aufstocken zu müssen. Steigende Änderungsaufwände bei einzelnen Geräten führten, getrieben durch das Produktmanagement, zu Neuentwicklungen und zu Anpassungen durch modernere Materialien.
- Die Verwaltung von CAD-Modellen und Stücklisten wurde durch ein IT-Verbesserungsprojekt auf eine effektivere Software migriert.
- Die Bearbeitung von Änderungsinformationen wird heute nicht mehr von fünf Mitarbeitern in drei Archiven, sondern von zwei Mitarbeitern in einem Archiv mit minimaler Fehlerrate bewältigt. Die Mitarbeiter arbeiten nun im Datenmanagement der Produkte und an der Einführung eines neuen ERP-Systems mit.
- Die Aktualisierungszyklen der Planung der Ressourcen erfolgen nun quartalsweise und Terminkonflikten kann frühzeitig begegnet werden. Die Anzahl der Langläufer bei Änderungsvorhaben hat sich in zwei Jahren von 265 über 140 auf 100 reduziert (jeweils im Januar gezählt).
- Die Einführung von Bewertungsendeterminen und Planterminen ergaben klare Erwartungshaltungen an die Teams und an nachfolgende Stellen. Sie halfen, die Durchlaufzeiten von Änderungsvorhaben deutlich zu verkürzen.

▓ Das Zusammenwirken in einem Werkzeug verhalf auch nachfolgenden Stellen, wie Qualitätssicherung, Produktionsplanung und Kundenservice zu einem gemeinsamen Verständnis für Änderungsvorgänge und zu einem schnellen Recherchewerkzeug für Kundenanfragen. Die Informationen werden mithilfe des Werkzeugs recherchiert und systematisch für Kundeninformationen im Hause und weltweit genutzt. Bei Kundenaudits wird das PLM-Werkzeug als Nachweisdatenbank zur Produkt- und Funktionalbaseline und deren Integritätsprüfung von unseren Kunden anerkannt.

▓ Trotz steigender Verkaufsstückzahlen konnten die Serviceaufwände des Unternehmens gleichbleibend niedrig gehalten werden. Aufgrund gestiegener Produktqualität gibt es weniger Rückläufer und Fehler im Feld.

8 Fallstudie: IT-Service und Support bei CCM GmbH

In dieser Fallstudie wird die Nutzung des CMMI-SVC für IT-Dienstleistungen und Support bei der Firma CCM Computer Council Munich GmbH beschrieben. Dieses Beispiel zeigt typische Dienstleistungsaspekte zwischen unterschiedlichen Unternehmen. Bei der CCM GmbH steht der Support der bestehenden IT-Infrastruktur von Kunden im Sinne einer externen Dienstleistung im Fokus.

8.1 Ausgangssituation

Die CCM Computer Council Munich GmbH ist ein IT-Full-Service-Provider für mittelständische Unternehmen. Der Fokus der Firma liegt auf einer ganzheitlichen Betreuung des Kunden in allen relevanten Belangen für IT-Systeme: Dies reicht von IT-Lösungs- und Infrastrukturprojekten über Produktentwicklung bis hin zum Betrieb und Hosting von IT-Dienstleistungen. Das Motto »You push the button ... we do the rest!« bringt die Philosophie der CCM zum Ausdruck: Der Erfolg der CCM ist maßgeblich von der Zufriedenheit der Kunden abhängig. Die mittelständischen Kunden legen vor allem Wert auf Nähe, Fachkompetenz und entsprechende Dienstleistungsgüte.

Im Rahmen der Fallstudie wird das *Service- und Supportteam* im Detail betrachtet. Dieses Team bearbeitet zu zwei Dritteln seiner Zeit *Dienstleistungsanfragen* (First/Second-Level-Support) und zu einem Drittel Projektarbeit. Im Fokus stehen in der Fallstudie die Planung, Verfolgung und Erbringung von Dienstleistungen im Rahmen der Kundenbetreuung. Dies umfasst den laufenden Betrieb von IT-Systemen bis hin zu Anfragen zu bestehenden Wartungsverträgen und auch generell verschiedensten Anfragen über E-Mail und Telefon.

Im Fokus: Service und Support

Die CCM entstand 1999 mit dem ursprünglichen Fokus auf IT-Infrastruktur. Mit stetigem Wachstum wurden zunehmend strukturierte Abläufe wichtig, um die Arbeit nachvollziehbar und transparent

Historie der Prozessverbesserung

zu gestalten. Naheliegend war die Zusammenarbeit mit der Any-where.24 GmbH, da beide Firmen einen gemeinsamen Gesellschafter haben. Zudem sitzen beide Firmen im gleichen Gebäude und die CCM betreibt die Infrastruktur der Anywhere.24.

In enger Zusammenarbeit wurden entsprechende Werkzeuge und Abläufe analysiert, definiert und eingeführt, um die Dienstleistungen in der nötigen Qualität erbringen zu können.

CMMI und Reifegrade nicht im Vordergrund!   Als Ziel der Prozessverbesserung standen konkrete Unternehmens-ziele im Vordergrund. Das CMMI-SVC lieferte dabei lediglich einen Rahmen und Anstöße für das Vorgehen. Die Prozessverbesserung selbst war und ist im Wesentlichen getrieben durch die enge Zusammenarbeit und das gegenseitige Coaching der Geschäftsführer beider Firmen. Für die Mitarbeiter im Service- und Supportteam spielte das CMMI-SVC selbst keine sichtbare Rolle.

8.2 Aufgabenstellung

Ziel: konkrete Verbesserungen   Innerhalb des Service- und Supportteams sollte das bestehende Vorgehen im Rahmen der Prozessverbesserung systematisiert werden, um die in Abbildung 8–1 aufgelisteten Ziele umzusetzen.

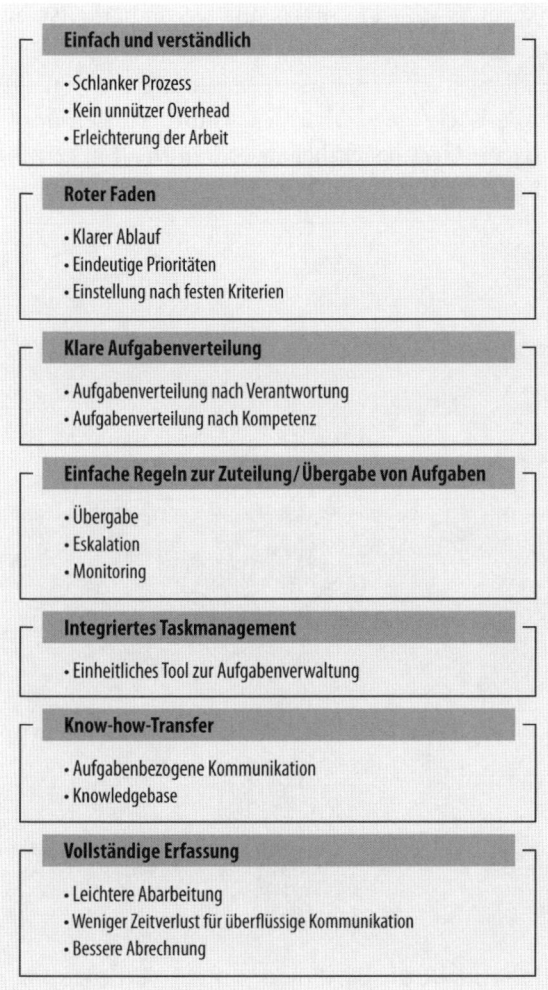

Abb. 8–1

Ziele des Support-
prozesses der CCM

8.3 Analyse und Lösungsfindung

Die Inhalte der Prozessverbesserung wurden vor allem durch persönliche Gespräche und Workshops getrieben. Eine formale Standortbestimmung gegenüber CMMI-SVC erfolgte nicht. Das Coaching durch Any-
where.24 basierte auf dem vorhandenen CMMI-SVC-Expertenwissen
und der detaillierten Kenntnis der Abläufe der CCM. Innerhalb der
CCM war kein detailliertes Wissen über Prozessmodelle erforderlich.

Analyse über Workshops

Im Wesentlichen wurden die Inhalte der folgenden Prozessgebiete
als Leitfaden verwendet: »Erbringung von Dienstleistungen«, »Planung der Arbeit«, »Verfolgung und Steuerung der Arbeit«, »Konfigu-

Vorauswahl an relevanten
Prozessgebieten

rationsmanagement«, »Kapazitäts- und Verfügbarkeitsmanagement«, und »Entwicklung von Dienstleistungssystemen«.

Analyse des Handlungsbedarfs

Die Handlungsbedarfsmatrix in Abbildung 8–2 (vgl. Abb. 4–5 auf S. 95) stellt die Lücke gegenüber den Anforderungen des CMMI und den Handlungsbedarf hinsichtlich der erkannten Lücken dar (im Sinne des Geschäftsnutzens).

Abb. 8–2
Handlungsbedarfsmatrix

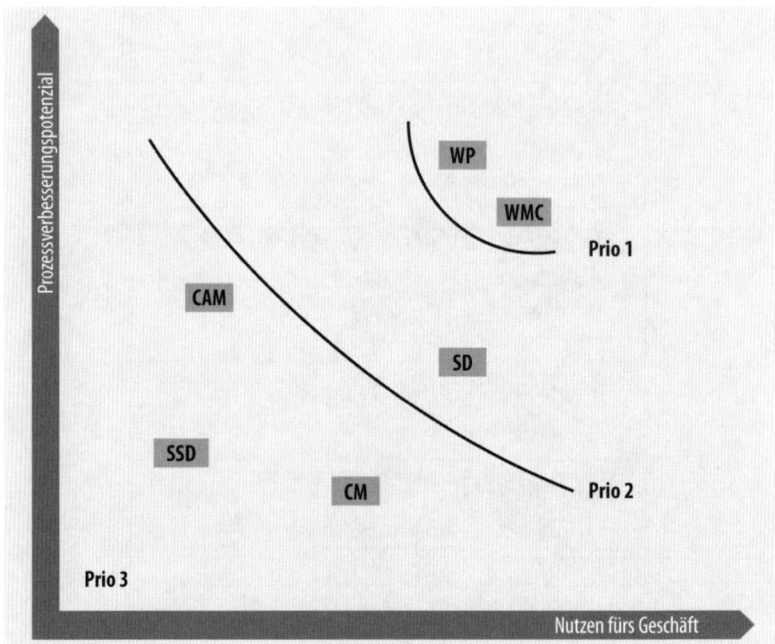

Darauf aufbauend wurde der Fokus auf die Verbesserung der folgenden Themen und entsprechenden Prozessgebiete gelegt:

- Im Rahmen der »Erbringung von Dienstleistungen« wurden Vereinbarungen zu Dienstleistungen und die Festlegung eines durchgängigen und nachvollziehbaren Lebenszyklus von Anfragen umgesetzt sowie die nötigen Arbeitsschritte in einem Werkzeug unterstützt.
- Für die »Planung der Arbeit« wurden historische Daten gesammelt und die Einsatzplanung verbessert.
- Für eine systematische Aufgabenverfolgung, Zeiterfassung und Rechnungsstellung lieferte das Prozessgebiet »Verfolgung und Steuerung der Arbeit« hilfreiche Praktiken.

8.3.1 Erbringung von Dienstleistungen

Als Ausgangspunkt für die Verbesserung der »Erbringung von Dienstleistungen« wurden bestehende Lücken und Probleme der täglichen Arbeit auf Mitarbeiter- und Führungsebene analysiert.

Die Bandbreite der erkannten Schwächen begann bei unterschiedlichen Bearbeitungsabläufen und unklaren Zuständigkeiten und reichte über fehlende Transparenz und Nachvollziehbarkeit einzelner Anfragen bis hin zu inkonsequenter Abrechnung von erbrachter Arbeit.

Die erste wesentliche Erleichterung der täglichen Arbeit war die konsequente Umsetzung der Arbeitsabläufe über entsprechende Werkzeuge. Dazu wurde zunächst ein klarer Lebenszyklus für Anfragen (via Telefon oder E-Mail) festgelegt (siehe Abb. 8–3).

SD SP 1.1
Bestehende Vereinbarungen und Daten zu Dienstleistungen analysieren

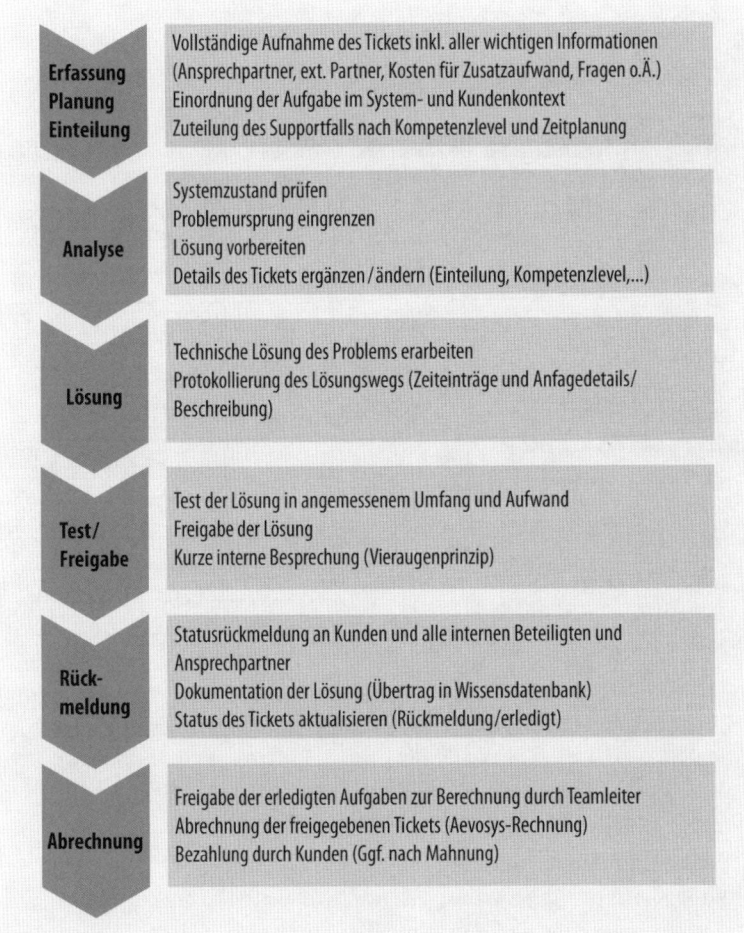

Abb. 8–3
Lebenszyklus einer Supportanfrage

Die wesentliche Schritte, Verantwortlichkeiten und Schnittstellen wurden in kurzen Prozessbeschreibungen beschrieben.

Naheliegend war die Umsetzung dieses Ablaufes im vorhandenen Kundenkontaktmanagementsystem (Microsoft Dynamics CRM 4.0). Dieses Werkzeug wurde bereits konsequent für das Kundenmanagement verwendet. Beispielsweise wurden dort bereits sämtliche Kundenkontakte erfasst und sämtliche E-Mails und Anrufe dem Kontakt angehängt. Auch entsprechende Vertriebsinformationen und Verkaufschancen wurden dort gepflegt.

Der oben dargestellte Ablauf konnte aufgrund der Flexibilität und angebotenen Funktionalität für Ticketing-Systeme relativ leicht integriert werden.

Abbildung 8–4 zeigt ein Beispiel einer Anfrage.

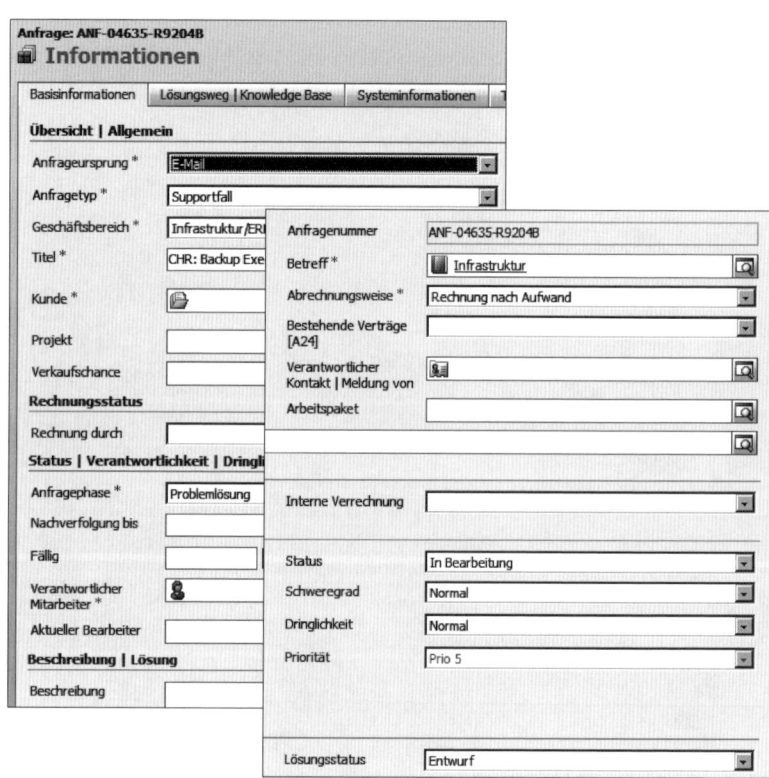

Zu jeder Anfrage gehören jetzt folgende Pflichtfelder:

- Eindeutige Ticketnummer
- Anfrageursprung (E-Mail, Telefon, Webseitenkontakt, Ticketsystem des Kunden, Brief/Fax, intern)
- Anfragetyp (Supportfall, Beschwerde)

- Verantwortlicher Bearbeiter
- Priorität (errechnet aus Schweregrad und Dringlichkeit, siehe Abb. 8–4)
- Anfragephase (Erfassung, Problemanalyse, Problemlösung, Test, Rückmeldung, Rechnung, Abschluss)
- Status (In Bearbeitung, Warten auf Details, Eskalation, Erledigt, Zurückgestellt)
- Lösungsstatus (Enwurf, Freigegeben, Abgenommen)
- Textuelle Beschreibungen des Problems bzw. der Lösung

Die Priorität ergibt sich dabei aus der Wertungsmatrix in Tabelle 8–1. Diese Priorität lenkt wesentlich die Abarbeitungsreihenfolge und erleichtert die Aufgabenverteilung (siehe auch »Planung der Arbeit« und »Verfolgung und Steuerung der Arbeit«).

	Dringlichkeit: sofort	Dringlichkeit: schnell	Dringlichkeit: normal
Schweregrad: kritisch	Prio 1	Prio 2	Prio 3
Schweregrad: hoch	Prio 2	Prio 3	Prio 4
Schwergrad: normal	Prio 3	Prio 4	Prio 5

Tab. 8–1

Priorisierung einer Anfrage

Neben dem internen Verwaltungssystem war auch die Schnittstelle zum Kunden nicht immer klar definiert. Sowohl schriftliche als auch mündliche Vereinbarungen waren für alle Beteiligten schwer nachvollziehbar, für die Mitarbeiter unbekannt und unvollständig. Um diese Schwierigkeit zu beheben, waren folgende Aspekte wichtig:

SD SP 1.2

Dienstleistungsvereinbarungen etablieren

- Zum einen müssen die Mitarbeiter den Kern der Vereinbarungen leicht erkennen können. Dies wurde über regelmäßige Teamsitzungen und durch hinterlegte Informationsfelder bei den Kunden im Kontaktmanagementsystem erleichtert.
- Zum anderen muss zum Kunden hin klar vereinbart werden, was die Dienstleistung umfasst und was nicht. Dies muss nicht notwendigerweise ein schriftlicher Vertrag sein. Einzelne Kunden bevorzugen explizit keine schriftliche Vereinbarung für IT-Support, um beim Abruf der Dienstleistung flexibler zu sein. Dafür bezahlen sie auch bewusst mehr und nach Aufwand für die Anfrage.

In Beispiel 8–1 finden Sie ein Inhaltsverzeichnis eines Musterwartungsvertrags als Checkliste.

Sowohl für Vereinbarungen als auch für die Dienstleistungserbringung ist es wesentlich, eine entsprechende Daten- und Dokumentenlenkung zu gewährleisten. Über das Verwaltungssystem (Kundenkontaktmanagementsystem) war es leicht, dies umzusetzen, da die gesamte Kommunikation, Historie und Dokumente dort nachvollziehbar sind.

GP 2.6

Lenkung von

Arbeitsergebnissen

Dies setzt allerdings eine entsprechende Disziplin bei der Verwaltung und Pflege der Einträge voraus. Regelmäßige Schulungen, Nachfragen und Überprüfungen durch den Teamleiter halfen, ein gemeinsames Verständnis zu erreichen.

Disziplin

Die Funktionsfähigkeit des geschaffenen Dienstleistungssystems (insbesondere des Verwaltungssystems für Anfragen, Kundenkontakte, Zeiterfassung, Kompetenz, Verfügbarkeit und Kapazität von Mitarbeitern, Rechnungsstellung und Berichtgenerierung) wurden pro Komponente im Vorfeld über Testbenutzer und Funktionstests sichergestellt. Die allgemeine Funktionalität wird regelmäßig im Rahmen der »Verfolgung und Steuerung der Arbeit« überprüft und liegt in der Verantwortung des Teamleiters. Bei Problemen, Fehlern oder neuen Anforderungen wird die Prüfung erneut angestoßen.

SD SP 2.2

Betrieb des

Dienstleistungssystems

vorbereiten

8.3.2   Planung der Arbeit

Die Arbeitsplanung für das Service- und Supportteam spiegelt sich in zwei Betrachtungsebenen wider: der wöchentlichen Einsatzplanung auf Teamebene sowie der konkreten Zuweisung und Abarbeitung einer Anfrage.

WP SP 1.1

Etablieren einer

Dienstleistungsstrategie

Auf Teamebene werden im Schnitt sechs Mitarbeiter benötigt, um die anfallenden Anfragen zu bearbeiten. Dieser Bedarf ergibt sich aus Erfahrungsdaten und den bestehenden sowie absehbaren Aufträgen für Wartungsdienstleistungen. Die Abschätzung bei laufenden Wartungsdienstleistungen für einzelne Kunden erfolgt schon im Rahmen der Erstellung der Vereinbarung. So können aus der Anzahl von einzelnen Komponenten des Kundensystems die Aufwände für die Wartungsarbeit ebenfalls auf Basis von aufgezeichneten Erfahrungsdaten abgeschätzt werden.

WP SP 1.3 und SP 1.5

Schätzen von Umfang

und Aufwand

Die Mitarbeiter werden im Monatsschnitt zu 70% eingeplant, da 30% typischerweise in Projekten erbracht wird. Die Arbeitsverteilung ergibt sich aus wöchentlichen Statussitzungen und einer konkreten Einsatzplanung. Die Aufgaben für die Umsetzung von erhaltenen Anfragen werden über vordefinierte Kompetenzen der einzelnen Mitarbeiter erleichtert. Dazu wurden zunächst die in Abbildung 8–5 aufgelisteten Kompetenzebenen festgelegt, die sich leicht auf die typischen Kundenanfragen abbilden lassen.

WP SP 1.2

Arbeitsstruktur etablieren

WP SP 2.1

Terminplanung

Abb. 8–5

Kompetenzebenen

┌─ **Level 3: Troubleshooting / Consulting** ─┐

- **Analyse / Konzeption / Installation / Konfiguration**
- **Fachwissen**
  - Zusammenhänge zu anderen Systemen vollständig verstehen
  - Fundiertes Fachwissen
  - Konfiguration des vollständigen Funktionsumfangs
- **Fehleranalyse**
  - Komplexe Problemstellungen analysieren und lösen
- **Eskalation zu externen Partnern koordinieren**

┌─ **Level 2: Support Fachwissen** ─┐

- **Fachwissen**
  - Funktionsumfang kennen und verstehen
  - Basiseinstellungen vornehmen / kontrollieren
- **Fehleranalyse**
  - Selbstständiges Lösen der Problemstellungen
  - Schweregrad erkennen, Risikoabschätzung
  - Zusammenhänge zu anderen Systemen erkennen
- **Eskalationswege / Ansprechpartner kennen (extern und intern)**

┌─ **Level 1: Support Grundwissen** ─┐

- **Grundwissen**
  - Allgemeiner Funktionsumfang des Themengebietes
  - Sicherer Umgang / Benutzung
- **Fehleranalyse**
  - Selbstständige Lösung einfacher Fehler
  - Einfache Benutzerfehler identifizieren

WP SP 3.2
Ressourcenbedarf
abstimmen

Die Vorteile der daraus entstehenden Kompetenzmatrix (Tab. 8–2) zeigen sich darin, dass zum einen den Mitarbeitern einzelne Aufgaben leichter zugewiesen werden können und zum anderen auch die Kompetenzentwicklung der Mitarbeiter unterstützt wird.

GP 2.5
Aus- und Weiterbildung

Außerdem kann dadurch auch die Aus- und Weiterbildung der Mitarbeiter geplant und verfolgt werden, indem jedem Mitarbeiter eine Kompetenzebene für Themen zugeordnet wird (in Tab. 8–2 beispielhaft für den Umgang mit Microsoft Windows Server).

WP SP 1.4
Arbeitsphasen definieren

Wesentliche Informationen über die Anfrage werden im Verwaltungssystem gespeichert, darunter auch die Informationen zu Aufwand und Umsetzung. Der im vorigen Abschnitt dargestellte Lebenszyklus einer Anfrage trägt zur Planbarkeit der Tätigkeiten bei (siehe auch »Verfolgung und Steuerung der Arbeit«).

Wie im vorigen Abschnitt beschrieben, bildet die Priorisierung auf Basis der erkannten Risikoabschätzung die Grundlage für die Abarbeitungsreihenfolge der Anfragen. Diese wird regelmäßig durchgesprochen (siehe »Verfolgung und Steuerung der Arbeit«).

WP SP 2.2
Risiken identifizieren

Die Einbindung des Kunden ist bereits in den Vereinbarungen selbst beschrieben und über das Kundenkontaktmanagementsystem nachvollziehbar. Im Rahmen der Anfrage muss jegliche Kundenkommunikation aufgezeichnet werden. Für einzelne Kunden sind wöchentliche Statusrunden eingeplant (andere zu berücksichtigende Stakeholder außer dem Kunden gibt es in diesem Fall nicht).

WP SP 2.6
Planen der Einbindung der Stakeholder

Die Organisation und Mitarbeitertätigkeiten des Service- und Supportteams sind in einer Prozessbeschreibung festgehalten.

GP 2.2
Prozesse planen

8.3.3 Verfolgung und Steuerung der Arbeit

Als Gegenstück zur »Planung der Arbeit« erfolgt eine Steuerung der Aktivitäten auf Team- und Anfrageebene.

Das Service- und Supportteam spricht wöchentlich den Status aller Anfragen durch. Erkannte Maßnahmen und Aufgaben werden für die Anfrage aufgezeichnet und im Kundenkontaktmanagementsystem einzelnen Mitarbeitern zugewiesen und verfolgt. Dabei helfen die festgelegte Priorisierung und der Status der Anfragen bei der Überwachung. Der Status »Eskalation« einer Anfrage führt auch zu einer sofortigen Information und Einbindung des Teamleiters oder dessen Vertreters.

WMC SP 1.6
Fortschrittsbewertungen durchführen
WMC SG 2
Maßnahmen bis zum Abschluss verfolgen

Thema	MA1	MA2	MA3	MA4	MA5	MA6
W2k	3	1	1	1	1	1
W2k3	1	2	2	2	2	2
W2k8	1	2	2	2	2	1
AD	3	2	2	2	2	1
DNS	2	3	2	2	2	1
DHCP	2	2	2	2	2	1
File Services	2	2	3	2	2	1
Print Services	2	1	1	3	1	1
GPO	2	2	2	3	1	1
User- / Gruppenrechte	1	2	2	3	2	1
IIS Webservices	1	2	2	2	2	2
Scripting	1	1	1	1	3	1
TCP/IP	2	2	2	2	2	2
IPv4	2	2	2	3	3	2
IPv6	2	3	2	3	3	1
Backup	2	2	2	2	2	2
Disaster Recovery	1	1	3	1	2	1

Tab. 8–2
Kompetenzmatrix: Kompetenzebene pro Mitarbeiter für einzelne Wissensgebiete

WMC SP 1.1
Planungsparameter
überwachen

Das Verwaltungssystem für die Anfragen erlaubt es auch, die für die Planung verwendeten Parameter, z.B. Antwortzeiten auf Kundenanfragen, gezielt zu verfolgen und rechtzeitig Gegenmaßnahmen zu ergreifen.

WMC SP 1.1
Meilensteinsitzungen
durchführen

Ein wesentlicher Aspekt zum Schließen einer Abfrage ist die Rechnungsstellung. Grundlage dafür ist die konsequente Zeiterfassung jeder Tätigkeit zu einer Anfrage. 15 Minuten werden dabei als kleinste Einheit erfasst (dies beinhaltet auch den internen Administrationsaufwand). Diese erfassten Zeiten werden im Verwaltungssystem für jede einzelne Anfrage eingetragen (siehe Abb. 8–6).

Abb. 8–6
Zeiterfassung

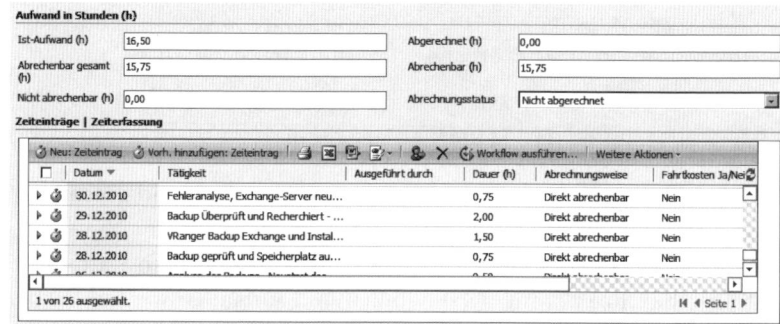

Aus der Zeiterfassung lassen sich über einzelne oder mehrere Anfragen sehr schnell und einfach Zeitnachweise generieren, die Basis für die Rechnungsstellung sind. Der Anfragestatus Rechnung löst dabei den internen Vorgang zur Rechnungslegung aus.

WMC SP 1.2 & 1.5
Zusagen überwachen und
Stakeholder einbinden

Mitarbeiter und Kunden werden im Rahmen der einzelnen Phasen einer Anfrage systematisch eingebunden. Über die internen und externen Sitzungen wird sichergestellt, dass die Anfragen systematisch abgearbeitet werden.

8.4   Umsetzung

Zusammenfassend wurden Abläufe für den IT-Support durchgängig in einem Werkzeug umgesetzt. Die einzelnen Schritte sind jetzt klar voneinander abgegrenzt und nachvollziehbar. Über die Zuweisung von Kompetenzebenen und einfacher Ressourcenplanung erfolgt eine geplante und transparente Umsetzung der Aufgaben. Die Rechnungsstellung wird jetzt durch generierte Berichte und konsequente Zeiterfassung unterstützt.

Ausgewählte Prozessgebiete aus CMMI-SVC lieferten eine Hilfestellung, um die IT-Dienstleistungen eines Teams zu verbessern.

Der folgende konkrete Nutzen wurde erreicht:

Nutzen

- Ein standardisiertes Dienstleistungsangebot durch klare und strukturierte Kundenvereinbarungen vermeidet Missverständnisse und erhöht die Kundenzufriedenheit.
- Eine klare Kompetenzzuweisung führt zu einer effizienten Abarbeitung einer Anfrage und einer realistischeren Planung der Ressourcen.
- Ein durchgängiges Verwaltungssystem für die Anfragen mit einem klar definierten Lebenszyklus dokumentiert tagesaktuell nachvollziehbar die Historie und den Status einer Anfrage.
- Durch die konsequente Zeiterfassung im Verwaltungssystem und nachvollziehbare Rechnungsstellung wurden insgesamt Mehreinnahmen von ca. 3.000 Euro im Monat erzielt.

Ausstehende Verbesserungspotenziale beziehen sich vor allem auf den Ausbau der Wissensdatenbank und die Optimierung der Werkzeugkette. Für den mittel- und langfristigen Geschäftsnutzen ist eine Analyse der bestehenden Standarddienstleistungen geplant, um einen Dienstleistungskatalog aus den strategischen Zielen abzuleiten.

Verbesserungspotenziale

9 Fallstudie: Naturheilpraxis Wegmann

Diese und die folgende Fallstudie sind Beispiele dafür, dass sich die Konzepte von CMMI-SVC nicht nur auf Dienstleistungen im technischen Umfeld anwenden lassen, wie dies aufgrund der Herkunft von CMMI-SVC gelegentlich vermutet wird, sondern auch auf völlig andere Dienstleistungen wie in diesem Fall eine Naturheilpraxis.

Darüber hinaus handelt es sich hierbei um eine sehr kleine Organisation (ein Heilpraktiker, der diese Praxis im Nebenberuf führt), aber auch hier hat die angemessene Interpretation der Ziele und Praktiken von CMMI der Praxis geholfen, ihre Arbeit zu verbessern. Die Durchführung eines größeren Appraisals, evtl. sogar zur Bewertung des erreichten Reifegrades, wäre dagegen in einem solchen Fall viel zu aufwendig und daher völlig unangemessen.

9.1 Ausgangssituation

In der Naturheilpraxis Wegmann werden Patienten auf homöopathischer Basis behandelt mit Schwerpunkt auf chronisch Kranken, die meist bereits eine schulmedizinische Therapie hinter sich haben, mit dieser und ihrem Erfolg aber nicht zufrieden waren und nun eine alternative Therapieform suchen. Ein typisches Beispiel dafür sind Asthmatiker.

Bei der Therapie durch einen Heilpraktiker handelt es sich um eine Dienstleistung, bei der die Heilung des Patienten bzw. die Linderung seiner Symptome angestrebt wird, auch wenn diese nicht zugesagt werden kann und darf.

Dienstleistung ist die Therapie von Kranken.

Im Rahmen einer Praxisgemeinschaft nutzt Herr Wegmann die Praxisräume gemeinsam mit einer anderen Heilpraktikerin.

Charakteristisch für diese Praxis ist die ausgeprägte Systematik bei der Therapie der Patienten und der Organisation der Praxis, unterstützt durch einen gelebten kontinuierlichen Verbesserungsprozess. Das war auch der Grund dafür, CMMI-SVC auszuprobieren und zur Weiterentwicklung der Praxisabläufe zu nutzen.

Phasen der
Patientenbetreuung

Die Patientenbetreuung durch den Heilpraktiker umfasst die folgenden drei Phasen:

▫ **Patientengewinnung:**
In der Regel aufgrund einer Empfehlung von bestehenden Patienten kommt es zu einem (meist telefonischen) Erstkontakt, bei dem grundsätzliche Fragen geklärt werden: Kann die Erkrankung des Patienten mit Homöopathie behandelt werden? Gibt es andere Heilmethoden, die besser geeignet sind? Hat der Patient bereits ein Grundverständnis der Homöopathie? Ist der Patient bereit, bei Bedarf neben der rein homöopathischen Therapie auch eigene Verhaltensweisen zu ändern? Was kostet die Therapie? Wie lange dauert sie?

▫ **Therapie:**
Die Therapie besteht üblicherweise aus einem ersten Termin mit Fallaufnahme (Anamnese), Untersuchung, Arzneimittelfindung und erster Behandlung sowie drei weiteren Terminen zur Verlaufsüberwachung und weiteren Behandlung. Nach Bedarf schließen sich weitere Termine zur Verlaufsüberwachung und Behandlung an, üblicherweise in größeren Abständen.

▫ **Nachprüfung und Erfolgskontrolle:**
Diese Phase besteht aus zwei Komponenten. Während der Therapie wird der Erfolg regelmäßig überprüft und der Verlauf der Erkrankung und ihrer Besserung oder Heilung überwacht. Daneben gibt es teilweise eine langfristige Erfolgskontrolle bei Langzeitpatienten mit wenigen Kontakten, beispielsweise Allergikern.

Um seine sehr strukturierte Arbeitsweise zu unterstützen, nutzt Herr Wegmann eine Spezialsoftware, die es ihm ermöglicht, die Patientenakten und andere wichtige Informationen auf seinem Laptop zu führen und damit auch von unterwegs zugreifbar zu haben, wenn z.B. ein Patient anruft, während Herr Wegmann nicht in seiner Praxis ist.

9.2   Aufgabenstellung

Ziel: Identifikation
von Verbesserungs-
möglichkeiten

Es gab keine direkten Probleme, die mit CMMI-SVC angegangen werden sollten, sondern Ziel sollte es sein, im Rahmen der kontinuierlichen Verbesserung weitere Verbesserungsmöglichkeiten zu identifizieren und umzusetzen.

Eine erste eigene Analyse, noch ohne Nutzung und Kenntnis von CMMI-SVC, zeigte, dass die oben beschriebene zentrale Phase der Therapie gut läuft, es aber noch Lücken bei der initialen Patientengewinnung sowie später bei der langfristigen Erfolgskontrolle gab.

9.3 Analyse und Lösungsfindung

Als erster Schritt wurde eine eintägige Standortbestimmung durchgeführt, also eine besonders einfache Form eines Appraisals, wie sie für eine derartig kleine Organisation angemessen erschien.

Einstieg mit CMMI-Standortbestimmung

Im Rahmen der Standortbestimmung wurden zuerst Aufbau und Inhalte des Modells kurz vorgestellt, anschließend die Arbeitsweise eines Heilpraktikers. Im nächsten Schritt wurde diese Arbeit auf das Modell abgebildet und der Umfang der Standortbestimmung festgelegt. Dabei wurde vereinbart, sich auf den Kernprozess der Patientenbetreuung wie oben beschrieben zu konzentrieren und kleinere Nebenprozesse vorerst außer Acht zu lassen. Außerdem wurde beschlossen, sich auf die Prozessgebiete von Reifegrad 2 zu beschränken. Es wurden alle Ziele von Reifegrad 2 betrachtet, die Praktiken nur jeweils dort, wo Bedarf an einer genaueren Betrachtung bestand. Einige der wichtigsten Ergebnisse werden im Folgenden beschrieben. Die Prozessgebiete »Zulieferungsmanagement« und »Konfigurationsmanagement« wurden untersucht, werden aber im Folgenden nicht behandelt, da sich bei der Analyse zeigte, dass sie in diesem Fall nur sehr geringe Bedeutung haben.

9.3.1 Anforderungsmanagement

Die Anforderungen an die Arbeit eines Heilpraktikers kommen in erster Linie aus zwei Quellen:

- Gesetzliche und andere rechtliche Anforderungen und Rahmenbedingungen wie beispielsweise Sorgfaltspflicht, Meldepflicht für bestimmte Krankheiten, Hygienevorschriften und Informationspflichten

  Gesetzliche und rechtliche Anforderungen

- Anforderungen des Patienten: Der initiale Wunsch des Patienten ist natürlich normalerweise die Heilung einer Krankheit, aber dies ist keine Anforderung, deren Umsetzung der Heilpraktiker zusagen kann oder darf. Der Heilpraktiker kann die korrekte Durchführung einer bestimmten, der Krankheit angemessenen Therapie zusagen, aber nicht einen bestimmten Erfolg dieser Therapie.

  Patientenanforderungen

Im Rahmen der Erstanamnese sowie später der laufenden Behandlung werden häufig noch zusätzliche Symptome identifiziert, die behandelt werden sollen. Daneben gibt es manchmal Nebenwirkungen oder Heilreaktionen, die ebenfalls berücksichtigt werden müssen.

Eine bidirektionale Nachverfolgbarkeit im engen Sinne, also die direkte Zuordnung zwischen Symptom und Mittel, gibt es in der Homöopathie nicht. Die Homöopathie verfolgt einen ganzheitlichen

Bidirektionale Nachverfolgbarkeit

Ansatz, sodass es hier eine Beziehung zwischen der *Gesamtheit* der Symptome und dem oder den Mitteln gibt, die in der sogenannten Repertorisation identifiziert werden.

9.3.2   Planung der Arbeit

Da diese Standortbestimmung noch nach CMMI-SVC v1.2 durchgeführt wurde, ging es dabei streng genommen noch um die »Projektplanung« und nicht die »Planung der Arbeit«.

Projekt ist die Therapie eines Patienten.

Als Erstes war daher die Frage zu klären, was man in diesem Kontext als ein »Projekt« versteht – eine Frage, die mit Version 1.3 von CMMI-SVC entfällt. Als wichtigster Projekttyp stellte sich schnell die Therapie eines chronisch kranken Patienten heraus, mit den oben beschriebenen Phasen der Patientengewinnung, Therapie sowie Nachprüfung und Erfolgskontrolle.

Andere Projekttypen

Daneben gibt es noch andere Projekttypen, die aber in dieser Heilpraxis deutlich seltener vorkommen und daher nicht weiter betrachtet wurden, so beispielsweise die Therapie einer akuten Erkrankung oder organisatorische Projekte. Die Therapie einer akuten Erkrankung ist allerdings vom Ablauf her fast gleich der Behandlung einer chronischen Erkrankung; der Hauptunterschied liegt in der Dauer der Therapie und dem Umfang der Fallaufnahme.

Therapieplan

Die Planung und Schätzung des benötigten Therapieumfangs geschieht im Rahmen des Vorgespräches. Sobald die Erkrankung und relevanten Rahmenbedingungen geklärt sind, kann ein Therapieplan erstellt und mit dem Patienten abgestimmt werden, der Zeiten, Anzahl und Dauer der Termine festlegt. Ein typischer initialer Therapieplan besteht aus einem Anamnesetermin plus weiteren Behandlungsterminen. Wenn nach ca. drei Verlaufskontrollen keine deutliche Besserung eingetreten ist, gibt es ein entsprechendes Gespräch mit dem Patienten, um den Therapieansatz zu überprüfen.

Planung Verlaufsparameter

Ergänzt wird diese Planung bei der Anamnese, bei der abhängig vom Krankheitsbild der erwartete Verlauf überprüfbarer und bewertbarer Parameter definiert wird. Bei diesen Parametern handelt es sich um eine qualitative und/oder quantitative Bewertung der klinischen Symptome wie beispielsweise beim Allergiker die Stärke der Reaktion auf Allergene. Soweit angemessen wird dieser erwartete Krankheitsverlauf, insbesondere beispielsweise die Möglichkeit einer Erstverschlechterung, auch mit dem Patienten besprochen.

9.3.3 Verfolgung und Steuerung der Arbeit

Auch hier war noch gemäß Version 1.2 von CMMI-SVC von »Projektverfolgung und -steuerung« die Rede. Diese Projektverfolgung und -steuerung besteht in erster Linie aus der Überwachung des Heilungsprozesses und der Behandlung mithilfe der definierten Verlaufsparameter. Jede Konsultation wird mit dem aktuellen Stand dieser Verlaufsparameter und den gegebenen Arzneimitteln dokumentiert.

Überwachung der Verlaufsparameter im Rahmen der Konsultationen

Eine Projektverfolgung und -steuerung passiert damit also, allerdings ohne die übliche Unterscheidung von regelmäßigen Fortschrittsbewertungen (SP 1.6) und Meilensteinbewertungen (SP 1.7), die in diesem Zusammenhang nicht angemessen wäre. Meilensteine im Sinne eines geplanten und überprüfbaren Ergebnisses zu einem bestimmten Termin sind in diesem Fall kaum angemessen. Eine ähnliche Rolle nehmen allerdings Untersuchungen durch Externe ein, z.B. durch einen Arzt, die eine Aussage zum Erfolg der Therapie und der Verbesserung der Gesamtsituation geben.

WMC SP 1.6 Fortschrittsbewertungen durchführen WMC SP 1.7 Meilensteinbewertungen durchführen

9.3.4 Messung und Analyse

Obwohl Herr Wegmann für seine Arbeit eine Reihe von Kennzahlen verwendet, ist keine der relevanten Praktiken aus CMMI-SVC erfüllt. Ursache dafür ist, dass diese Kennzahlen (wie das bei den meisten Unternehmen üblich ist) aus der täglichen Arbeit heraus gewachsen und natürlich von seinen Informationsbedürfnissen abgeleitet sind, aber weder diese Informationsbedürfnisse noch die Kennzahlen selbst sind explizit spezifiziert.

MA SG 1 Messziele und -tätigkeiten sind auf erkannte Informationsbedürfnisse und -ziele ausgerichtet.

Während die fehlende Spezifikation der Informationsbedürfnisse und der Kennzahlen für die praktische Arbeit eher weniger Auswirkungen hat und damit mit niedriger Priorität bearbeitet wird, wurde in diesem Zusammenhang deutlich, dass Kennzahlen zur langfristigen Erfolgskontrolle nicht ausreichend sind, für die Verbesserung der eigenen Arbeit aber wichtig wären. Während normalerweise eine Therapie ein definiertes Ende hat, ist dies bei Patienten mit einer langfristigen Therapie mit weit auseinander liegenden Behandlungsterminen nicht immer der Fall, beispielsweise bei Heuschnupfenpatienten mit saisonalen Symptomen. Wenn ein solcher Patient sich nach mehreren Behandlungsterminen nicht mehr meldet, ist derzeit meist nicht erkennbar, ob die Therapie erfolgreich war und keine weiteren Behandlungstermine notwendig sind, oder ob der Patient unzufrieden ist und deshalb nicht mehr kommen will. Möglicherweise will der Patient die Therapie aber auch weiterführen und hat diese unabsichtlich »einschlafen« lassen.

Um dieses offene Informationsbedürfnis zu schließen, beschloss Herr Wegmann, einen Fragebogen zu erarbeiten, mit dem in Zukunft einige Zeit nach Ende einer Therapie beim Patienten nachgefragt werden soll, welchen Erfolg die Therapie hatte und warum die Therapie beendet wurde. Das Informationsbedürfnis ist damit klar definiert, und im nächsten Schritt sollen die Messziele identifiziert werden, von denen die Fragen und damit die zu erfassenden Kennzahlen abgeleitet werden.

9.3.5   Prozess- und Produkt-Qualitätssicherung

Keine explizite Qualitätssicherung im Sinne von CMMI

Als Einzelunternehmen hat die Naturheilpraxis Wegmann keine eigene explizite Qualitätssicherung zur Überprüfung der Einhaltung relevanter Standards und Vorgaben. Allerdings führt das Gesundheitsamt als zuständiges Kontrollorgan Überprüfungen (Praxisbegehungen) bei Heilpraktikern durch, um die Einhaltung der relevanten rechtlichen Vorgaben, insbesondere Hygieneregelungen, zu überprüfen. Daneben wird durch die Teilnahme an Arbeitskreisen, die Nutzung von Supervision durch Kollegen und durch Fortbildung eine Qualitätsverbesserung und eine inhaltliche Überprüfung der eigenen Vorgehensweise sichergestellt.

Eine Einführung einer darüber hinausgehenden Qualitätssicherung würde derzeit noch einen geringen Nutzen bringen und hat daher niedrige Priorität. Zuerst sollen einige der anderen hier beschriebenen Verbesserungen umgesetzt werden.

9.3.6   Erbringung von Dienstleistungen

Da dieses Prozessgebiet den Kern der Arbeit behandelt, wurde es in der Standortbestimmung detaillierter betrachtet und auf die Ebene der einzelnen Praktiken heruntergebrochen.

SD SP 1.1 Bestehende Vereinbarungen und Daten zu Dienstleistungen analysieren

Die Analyse der bestehenden Vereinbarungen und Dienstleistungsdaten geschieht auf zwei verschiedenen Ebenen: Einerseits wird durch regelmäßigen Austausch mit Kollegen sowie Supervision immer wieder überprüft, ob die Standardvereinbarungen dem aktuellen Stand für solche Vereinbarungen entsprechen. Die vereinbarten Dienstleistungen bleiben naturgemäß weitgehend konstant, auch wenn sie für verschiedene Patienten immer wieder neu erbracht werden.

Anderseits prüft Herr Wegmann jeweils gleich beim Erstkontakt oder in einer ersten Konsultation, ob seine Dienstleistung der Krankheit angemessen ist und ob und in welchem Umfang eine Anpassung seiner Standardvorgehensweise und Vereinbarung erforderlich ist.

Im nächsten Schritt erstellt Herr Wegmann eine Patientenvereinbarung mit Patientenstammdaten, grundsätzlichen Vereinbarungen wie zum Beispiel einer Regelung, wann der Patient sich unabhängig von vereinbarten Terminen kurzfristig melden soll, sowie den Konditionen der Therapie. Diese Vereinbarung wird vom Patienten unterschrieben und ein Exemplar wird ihm ausgehändigt.

SD SP 1.2
Dienstleistungsvereinbarungen etablieren

Neben dieser Patientenvereinbarung, die üblicherweise im Laufe der Therapie nicht angepasst werden muss, gibt es eine Vereinbarung über Vorgehensweise und Umfang der Behandlung, die bei jeder Konsultation mit dem Patienten besprochen, aktualisiert und im IT-System festgehalten wird.

Die Vorgehensweise für die Erbringung der Dienstleistung wird nicht auf Ebene des einzelnen Patienten und seiner Therapie etabliert, sondern auf übergeordneter Ebene. Zum dafür erforderlichen Dienstleistungssystem gehören beispielsweise die Einrichtung fester Praxistage, die Nutzung eines elektronischen Kalenders zur Terminabstimmung und die Nutzung eines Softwaresystems zur Ablage aller Patientenunterlagen. Dieses Dienstleistungssystem ist fest etabliert und wird laufend für die Arbeit genutzt.

SD SP 2.1
Das Vorgehen zur Erbringung der Dienstleistung etablieren

Die regelmäßige Überwachung, dass das Dienstleistungssystem angemessen ausgestattet ist, dass beispielsweise Praxisbedarf wie Verbandmaterial vorhanden ist, passiert informell, was aber ausreicht, da es kaum Änderungen an den Anforderungen und am Dienstleistungssystem gibt.

SD SP 2.2
Betrieb des Dienstleistungssystems vorbereiten

Für die Bearbeitung von Patientenanfragen wurde ein Softwaresystem für Heilpraktiker lizenziert sowie ein elektronischer Terminkalender eingerichtet.

SD SP 2.3
Ein Verwaltungssystem für Anfragen etablieren

Diese Anfragen kommen üblicherweise telefonisch und werden jeweils umgehend (falls möglich sofort während des Gespräches, sonst bei nächster Gelegenheit) im Softwaresystem eingetragen. Es werden nach Bedarf Konsultationstermine vereinbart und im Kalender festgehalten.

SD SP 3.1
Anfragen zu Dienstleistungen entgegennehmen und bearbeiten

Entsprechend diesen Festlegungen und den vereinbarten Terminen werden die Konsultationstermine durchgeführt, einschließlich Vor- und Nachbereitung, und die Maßnahmen und Ergebnisse im Softwaresystem dokumentiert.

SD SP 3.2
Dienstleistungssystem betreiben

Für die wichtigsten Aktivitäten wie beispielsweise die Anamnese nutzt Herr Wegmann Checklisten, die auf Basis seiner Erfahrungen nach Bedarf angepasst und überarbeitet werden.

SD SP 3.3
Dienstleistungssystem pflegen

9.3.7   Generische Praktiken

Die wichtigsten Ergebnisse in Bezug auf die generischen Praktiken betreffen die folgenden Praktiken:

GP 2.1
Organisationsweite Leitlinien etablieren

Obwohl natürlich implizite Leitlinien vorliegen, hat Herr Wegmann keine explizit dokumentierten Leitlinien für seine Arbeit. Um seine Arbeit besser an seinen Zielen und Leitlinien auszurichten, plant er, diese Leitlinien für die wichtigsten Prozesse zu dokumentieren.

GP 2.5
Aus- und weiterbilden

Um überhaupt als Heilpraktiker tätig werden zu können, hat Herr Wegmann selbstverständlich eine entsprechende Ausbildung absolviert. Darüber hinaus legt er großen Wert auf eine regelmäßige und umfassende Fortbildung, sodass diese Praktik vollständig umgesetzt ist.

GP 2.10
Umsetzung mit dem höheren Management prüfen

Ein »höheres Management« im üblichen Sinne ist bei einem solchen Ein-Mann-Unternehmen natürlich nicht vorhanden. Stattdessen plant Herr Wegmann, aufbauend auf den zu dokumentierenden Leitlinien regelmäßig seine Prozesse daraufhin zu prüfen, ob sie für seine Anforderungen noch angemessen sind und ihm den gewünschten Nutzen liefern. Die Prozesse haben bereits einen hohen Standard, da viele Verbesserungen identifiziert und umgesetzt wurden. Einzelne Prozesse wurden darüber hinaus im Rahmen der Jahresauswertung betrachtet, aber es war nicht sichergestellt, dass *jeder* relevante Prozess regelmäßig und systematisch betrachtet und auf sein Verbesserungspotenzial untersucht wurde.

9.4   Umsetzung

Zusammenfassend wurden die folgenden Verbesserungspotenziale identifiziert, die Herr Wegmann angehen will:

Messung und Analyse

▨ Erarbeitung eines Fragebogens, um den Erfolg langfristiger Therapien umfassender abzufragen. Damit werden wichtige Informationen über den Erfolg der Arbeit geliefert, und als Nebeneffekt hilft diese Maßnahme, Patienten zu halten, die zufrieden waren, aber aus anderen Gründen nicht mehr gekommen sind.

▨ Definition der verwendeten Kennzahlen. Hauptziel dieser Maßnahme ist es, mehr Klarheit über die verwendeten Kennzahlen und deren Nutzung zu bekommen. Daneben hilft die Systematik bei der Definition der Kennzahlen auch bei der Erarbeitung des oben genannten Fragebogens, der ja eine Reihe von Kennzahlen generieren wird.

Generische Praktiken

▨ Regelmäßige Reviews auf die verwendeten Prozesse und Abläufe, in Kombination mit der Erstellung von Leitlinien für diese Prozesse. Damit soll die bisher schon durchgeführte laufende Verbesserung der eigenen Prozesse noch systematischer gestaltet werden.

10 Fallstudie: Städtische Kinderhäuser

Ähnlich der vorigen Fallstudie handelt es sich hier um eine nicht technische Dienstleistung, bei der sich CMMI-SVC ebenfalls als anwendbar und nützlich erwies. Die mithilfe von CMMI-SVC aufgedeckten Schwächen wurden von den Beteiligten als tatsächliche Hindernisse für die Arbeit bestätigt, auch wenn es in diesem Fall leider nicht möglich war, das Modell in einem konkreten Kinderhaus anzuwenden. Stattdessen betrachtet die gemeinsam mit entsprechend fachkundigen Mitarbeitern erstellte Fallstudie einen Typ von städtischen Kinderhäusern mit den üblicherweise dort verwendeten Arbeitsabläufen und Vorgehensweisen.

10.1 Ausgangssituation

Dieses Fallbeispiel beschreibt ein Szenario, wie CMMI-SVC in einem typischen städtischen Kinderhaus einer deutschen Großstadt eingesetzt werden kann. Ein solches Kinderhaus hat die Aufgabe, Angebote für Kinder im Alter von 6 bis 12 Jahren bereitzustellen. Zielgruppe sind vor allem Kinder aus sozial benachteiligten Familien, häufig mit einem Zuwanderungshintergrund und den daraus resultierenden Sprachproblemen der Kinder, die durch Sprachschwierigkeiten insbesondere der Mütter oft noch verschärft werden. Die Kinder kommen häufig aus Familien mit einer schwierigen familiären Situation, dazu zählen beispielsweise materielle Armut, Arbeitslosigkeit der Eltern, nicht ausreichender Wohnraum, Überforderung der Eltern beim Umgang mit Behörden, Eheprobleme der Eltern und familiäre Gewalt.

Es gibt verschiedene Typen von Kinderhäusern, kleinere und größere, getragen von der jeweiligen Stadt bzw. deren Jugendamt oder einem Eigenbetrieb oder anderen Trägern wie Kirchen oder Selbsthilfeeinrichtungen. Während städtische und kirchliche Träger normalerweise mit professionellen Kräften arbeiten, ist bei anderen Trägern auch eine Selbstverwaltung mit ehrenamtlichen Kräften möglich.

Typen von Kinderhäusern

Niedrigschwelliges
Angebot

Gemeinsam ist diesen Kinderhäusern der Fokus auf »niedrigschwellige« Angebote, d.h., die Besucher können an den meisten Angeboten ohne Anmeldung oder Bezahlung teilnehmen, die Teilnahme ist freiwillig, und die Kinder nehmen je nach Interesse regelmäßig oder auch unregelmäßig teil. Das ermöglicht es, auch Kinder zu erreichen, die sonst eher außerhalb der Gesellschaft stehen und bei denen entsprechend ein besonderer Bedarf an Integration in die Gesellschaft besteht.

Mitarbeiter

Die folgende Beschreibung konzentriert sich auf kleinere, städtisch finanzierte Kinderhäuser, deren Angebote jeweils Kinder aus einem Stadtteil adressieren. In einem solchen Kinderhaus arbeiten ca. 3 bis 5 hauptamtliche Mitarbeiter, meist Sozialarbeiter oder Sozialpädagogen, und noch einmal so viele Honorarkräfte, Praktikanten, Zivildienstleistende etc. Manche dieser Häuser haben eine formale Leitung vor Ort, andere nur einen Koordinator und die zuständige Leitung sitzt an einer zentralen Stelle.

Dienstleistungen eines
Kinderhauses

Über den offenen Bereich hinaus erbringen Kinderhäuser eine Reihe weiterer Dienstleistungen für Kinder und deren Eltern, beispielsweise:

- Projektarbeit mit vom Haus und seinen Mitarbeitern abhängigen Schwerpunkten, beispielsweise Theaterpädagogik, Sportangebote oder Medienarbeit
- Hausaufgabenbetreuung
- Beratung und Begleitung von Kindern und Eltern
- Ferienprogramm
- Mittagessen:
  Im Rahmen der Armutsprävention wird in einigen Kommunen für die Kinder ein Mittagessen gegen einen geringen Kostenbeitrag angeboten, da die Erfahrung zeigte, dass nicht alle Besucherkinder ausreichend ernährt sind.
- Garantierte Betreuung:
  Obwohl das Kinderhaus grundsätzlich eine Einrichtung ist, in die die Kinder freiwillig kommen, wird vor allem für jüngere Kinder teilweise mit den Eltern abgestimmt, dass diese garantiert betreut werden, bis die Eltern sie abholen.

Genutzt wird dieses Angebot bei dem hier betrachteten Typ von Kinderhaus von einem Kreis von ca. 50 bis 100 Kindern, wovon etwa die Hälfte täglich kommt, die andere Hälfte unregelmäßig je nach Angebot, Wetter etc.

10.2 Aufgabenstellung

Da es sich hier nicht um ein konkretes Kinderhaus handelt, das seine Arbeit mithilfe von CMMI-SVC verbessern möchte, besteht die Aufgabe darin, die Arbeit eines typischen Kinderhauses auf CMMI-SVC abzubilden und zu bewerten, um Empfehlungen zur Verbesserung der Arbeit von Kinderhäusern im Allgemeinen abzuleiten.

In der folgenden Analyse wird der Schwerpunkt beispielhaft auf eine Dienstleistung gelegt, nämlich die Beratung von Kindern und deren Eltern.

Daher werden die folgenden Prozessgebiete, die für diese Beratung kaum relevant sind, nicht weiter betrachtet:

▨ Zulieferungsmanagement:
Während bei einigen anderen Dienstleistungen wie beispielsweise der Theaterarbeit die Zusammenarbeit mit Lieferanten eine wesentliche Rolle spielt, ist das bei der Beratung nicht der Fall.

▨ Konfigurationsmanagement:
Da aus der Beratungsarbeit kaum greifbare Ergebnisse entstehen, die zu konfigurieren sind, hat auch das Konfigurationsmanagement keine praktische Bedeutung.

10.3 Analyse und Lösungsfindung

Als Grundlage für die Analyse und Lösungsfindung wurde eine Standortbestimmung durchgeführt, die die typischen Vorgehensweisen bei Kinderhäusern des hier betrachteten Typs untersucht und gegen die Anforderungen und Erwartungen von CMMI-SVC Reifegrad 2 bewertete.

10.3.1 Anforderungsmanagement

Die Anforderungen für die Arbeit von Kinderhäusern stammen aus mehreren sehr unterschiedlichen Quellen:

Quellen von Anforderungen

▨ Gesetze, Verordnungen etc.:
Hier sind insbesondere §9 und §11 des Sozialgesetzbuches SGB VIII relevant, die den gesetzlichen Rahmen für die Arbeit mit Kindern und Jugendlichen vorgeben. Sie stellen damit auch Anforderungen an die Arbeit von Kinderhäusern, wobei allerdings noch viel Interpretationsspielraum bleibt. Beispielsweise wird dort gefordert, die unterschiedlichen Lebenslagen von Mädchen und Jungen zu berücksichtigen oder mit den Angeboten an die Interessen jun-

ger Menschen anzuknüpfen und die Angebote von diesen mitbestimmen und mitgestalten zu lassen.

▓ Leitlinien und Vorgaben des zuständigen Jugendamtes, die sich meist eng am SGB VIII orientieren.

▓ Ggf. Trägervereinbarungen zwischen Jugendamt und Träger sowie Vorgaben des Trägers, soweit das Jugendamt nicht selbst der Träger ist.

▓ Wünsche der Eltern und der Kinder selbst:
Die Eltern wünschen typischerweise vor allem eine adäquate und preisgünstige Betreuung, die Kinder vor allem ein interessantes Angebot. Um diesen letzten Punkt abzudecken, haben die Kinderhäuser unterschiedliche Formen der Beteiligung entwickelt, beispielsweise Kinderkonferenzen oder Workshops mit den Kindern, bei denen Ideen und Vorschläge für das Programm abgestimmt werden. Damit wird auch gleichzeitig die entsprechende oben genannte Anforderung des SGB VIII abgedeckt. Parallel zu dieser Abstimmung des Programms mit den Kindern ist es aber auch wichtig, flexibel auf aktuelle Wünsche und Bedürfnisse der Kinder einzugehen und einen Mittelweg zwischen abgestimmter Planung und Ad-hoc-Angeboten zu finden.

Auch wenn alle oder die meisten dieser Anforderungen in der täglichen Arbeit natürlich berücksichtigt werden, ist ein bewusstes Identifizieren der Anforderungen und anschließendes Herunterbrechen zu geplanten und durchgeführten Maßnahmen eher selten und wird auch von den zuständigen Führungskräften üblicherweise nicht eingefordert. Gerade im Zusammenhang mit den oben genannten eher vage formulierten Anforderungen macht es das sehr schwierig, den Erfolg dieser Arbeit zu definieren oder gar nachzuweisen und zu messen. Üblicherweise ist die Akzeptanz unter den Mitarbeitern und auch den Führungskräften für derartige Formen der Erfolgskontrolle recht gering, was allerdings umgekehrt auch dazu führt, dass der Nutzen der Arbeit kaum nachweisbar ist, was gerade bei Kürzungen im städtischen Haushalt sehr hilfreich wäre.

Zusammenfassend gilt, dass ein systematisches Anforderungsmanagement (wie beispielsweise in CMMI-SVC beschrieben) in einem Kinderhaus eher unüblich ist. Das führt dazu, dass nur schwierig zu bewerten ist, ob und in welchem Umfang ein Kinderhaus seinen Auftrag erfüllt und welche noch zu schließenden Lücken es gibt.

10.3.2 Erbringung von Dienstleistungen

Exemplarisch wird im Folgenden in erster Linie die Dienstleistung der Beratung für Kinder und Eltern betrachtet. Dabei stellt sich zuerst einmal die Frage, wer denn überhaupt der Kunde dieser Dienstleistung ist. CMMI definiert den Kunden als »die Partei, die dafür zuständig ist, das Produkt abzunehmen oder die Bezahlung zu veranlassen«. Der Kunde ist in diesem Fall also das zuständige Jugendamt als Auftraggeber, das aber in die Dienstleistung selbst nicht involviert ist, sondern das Kinderhaus erbringt seine Leistung gegenüber den Kindern und Eltern, in CMMI als »Endnutzer« bezeichnet.

Kunde der Dienstleistung

Beratungsbedarf kann beispielsweise entstehen durch die in der Ausgangssituation (siehe Abschnitt 10.1) genannten familiären Probleme, durch Schulprobleme oder durch auffälliges Verhalten der Kinder.

Ein Kinderhaus bietet bei Problemen eine Anschubberatung, in der kleinere Dinge oft schon gelöst werden können. Besteht Bedarf an weiterführenden Hilfen, so berät das Kinderhaus bei der Klärung passender Angebote und deren Umsetzung bzw. Beantragung.

Mögliche Formen der Beratung sind daher:

- Einzel- oder Gruppengespräche mit Kindern
- Familien- oder Elterngespräche

Alle diese Gesprächsformen können als geplante Gespräche mit Terminvereinbarung stattfinden oder als spontane und ungeplante Gespräche, beispielsweise Elterngespräche »zwischen Tür und Angel«, wenn die Eltern ihre Kinder abholen.

Die »Dienstleistungsvereinbarung« besteht also in dem Auftrag des Kunden Jugendamt an den Dienstleister Kinderhaus, derartige Beratung zu erbringen. Das Kinderhaus hat dabei kaum Spielraum, diesen Auftrag zu ändern, sondern der Spielraum beschränkt sich auf die konkrete Gestaltung der Umsetzung des Auftrages und darauf, innerhalb des Auftrages Schwerpunkte zu setzen.

SG 1
Dienstleistungsvereinbarungen werden etabliert und beibehalten.

Diese konkrete Gestaltung besteht beispielsweise darin, bestimmte Mitarbeiter zu benennen, die die Beratung als Schwerpunkt übernehmen, entsprechend ausgebildet sind und auch die Kontakte zu den anderen Beteiligten wie Jugendamt, Erziehungsberatungsstellen, Schulen etc. pflegen. Wichtig ist auch, den Kindern und Eltern dieses Beratungsangebot bekannt zu machen.

SG 2
Erbringung der Dienstleistung vorbereiten

Die Anfrage für eine Beratung kann dann vom Kind ausgehen (»Hast du mal Zeit für mich ...«), von den Eltern oder auch von den Mitarbeitern selbst, wenn sie z.B. auffälliges Verhalten eines Kindes beobachten. Da es sich hier um eine sehr niederschwellige Beratung handelt, die oft mit einem oder wenigen Gesprächen abgeschlossen ist, werden diese Anfragen sowie die Gespräche normalerweise nicht dokumentiert. Es ist Aufgabe der Mitarbeiter, festzustellen, wann eine Dokumentation doch wichtig wird, weil größere Aktivitäten oder Hilfen absehbar sind. Dies gilt insbesondere, wenn möglicherweise eine sogenannte Kindeswohlgefährdung besteht und der Nachweis der initialen Aktivitäten wichtig wird.

SG 3
Dienstleistungen werden
in Übereinstimmung mit
den Vereinbarungen
erbracht.

Das Dienstleistungssystem besteht im Wesentlichen aus den Mitarbeitern, die auf die genannten Anfragen reagieren und Beratung erbringen. Ad-hoc-Beratung in kleinem Umfang wird von allen Mitarbeitern erbracht, geplante und etwas umfangreichere Beratung je nach Kinderhaus ebenfalls von allen Mitarbeitern oder von einzelnen darauf spezialisierten Mitarbeitern.

10.3.3   Planung sowie Verfolgung und Steuerung der Arbeit

Beratung stark
ereignisgetrieben

Während andere Aspekte der Arbeit eines Kinderhauses wie zum Beispiel ein regelmäßig angebotenes Sport- oder Theaterprogramm planbar sind und auch geplant werden, ist die Beratung stark ereignisgetrieben und eine Planung daher kaum möglich. Die Planung beschränkt sich in diesem Fall darauf, den benötigten Zeitbedarf abzuschätzen und bereitzustellen, wobei auch dies meist nur implizit geschieht.

Bei den planbaren Aktivitäten besteht die Planung meist aus der Vereinbarung von Terminen für Veranstaltungen sowie der Ressourcenplanung und der Zuordnung der Verantwortlichkeiten – wer ist für welches Thema verantwortlich, wer hat wann Dienst etc. Der dafür benötigte Ressourcenbedarf wird auf Basis der Öffnungszeiten und eines groben Angebotsprogramms abgeschätzt und das Programm dann an die vorhandenen Ressourcen angepasst.

Beratungsgespräche nach
Vereinbarung statt fester
Sprechzeiten

Eine Definition fester Sprechzeiten für die Beratung findet bewusst nicht statt, sondern Beratung ist prinzipiell immer möglich, wenn das Kinderhaus geöffnet ist und Bedarf besteht. Um das normale Angebot des Kinderhauses nicht zu stören, wird bei planbaren Beratungsgesprächen jedoch meist Wert darauf gelegt, diese in die angebotsfreien Zeiten, also meist vormittags bzw. am (frühen) Abend, zu legen.

Die abschließende Festlegung auf einen Plan finden eher implizit statt, z.B. durch Veröffentlichung des Programms. Das Gleiche gilt für den laufenden Abgleich der Umsetzung gegen den Plan, die sogenannte Verfolgung und Steuerung der Arbeit.

Fortschritts- und
Verlaufskontrolle

Die Fortschritts- oder Verlaufskontrolle dieser Aktivitäten geschieht auf mehreren Ebenen, bei kleineren Beratungen durch Ad-hoc-Rückmeldungen im Team, bei etwas größeren Beratungen oder wichtigeren »Fällen« auch als Fallgespräch im Team oder evtl. durch Rückmeldungen der anderen Beteiligten wie Lehrer oder Eltern über verändertes Sozialverhalten, Noten etc. Bei intensiveren Beratungen werden diese Ergebnisse auch in Form eines »Vermerks«, also einer schriftlichen Zusammenfassung, zusammengetragen.

10.3.4   Messung und Analyse

Das Prozessgebiet »Messung und Analyse« wird im Folgenden für das gesamte Kinderhaus betrachtet, nicht nur in Bezug auf seine Beratungsaktivitäten.

Abhängig von dem Träger und dem zuständigen Jugendamt werden Kennzahlen in sehr unterschiedlichem Umfang und unterschiedlicher Systematik genutzt.

Kinderhäuser liefern üblicherweise regelmäßige Berichte mit Kennzahlen, aber in sehr unterschiedlicher Systematik. Um die Arbeit eines Kinderhauses angemessen zu steuern und darüber zu berichten, werden Kennzahlen benötigt, mit denen man beispielsweise folgende Fragen beantworten könnte:

Regelmäßige Berichte

- Werden die geforderten Dienstleistungen in angemessenem Umfang und angemessener Qualität erbracht?
- Bringen die Dienstleistungen den gewünschten oder erwarteten Nutzen?
- Ist das Dienstleistungssystem effizient aufgestellt?
- Stehen die verschiedenen Programmbestandteile wie beispielsweise Mädchen- und Jungenprogramm in einem ausgewogenen Verhältnis?

Diese Kennzahlen sollten systematisch definiert werden, damit die erfassten Zahlen auch vergleichbar sind. Wenn man beispielsweise die Anzahl der durchgeführten Veranstaltungen erfasst, dann benötigt man auch eine Definition, was als Veranstaltung zählt. Zählen Eltern oder Mitarbeiter anderer Einrichtungen, die Kinder zu einer Veranstaltung begleiten, als Besucher der Veranstaltung?

Wie schon im Zusammenhang mit Anforderungsmanagement beschrieben (siehe Abschnitt 10.3.1), ist gerade die Effektivität der Arbeit ein wichtiges Informationsbedürfnis, das durch derartige Kennzahlen abgedeckt werden könnte. Für die Arbeit eines Kinderhauses benötigt man üblicherweise erhebliche öffentliche Gelder, während der Nutzen dieser Arbeit nicht immer unmittelbar erkennbar ist. Eine mögliche, wenn auch sehr langfristige und schwer zu erfassende Kennzahl ist beispielsweise der Anteil der Kinder, die regelmäßig das Kinderhaus besuchen und später auf eine weiterführende Schule wechseln.

10.3.5   Prozess- und Produkt-Qualitätssicherung

Obwohl es viele gesetzliche und andere Vorgaben und Richtlinien gibt, ist eine regelmäßige Qualitätssicherung zur Überprüfung der Einhaltung eher selten und findet normalerweise, wenn überhaupt, nur durch mehr oder weniger regelmäßige Überprüfungen durch die jeweiligen Vorgesetzten statt, aber nicht im Sinne einer objektiven und systematischen Aktivität. In gewissem Umfang ist die Qualitätssicherung auch durch einige der oben genannten Kennzahlen abgedeckt: Die Einhaltung der Vorgabe, ein ausgewogenes Verhältnis von Mädchen- und Jungenprogramm zu bieten, lässt sich beispielsweise durch eine entsprechende Kennzahl (und deren Auswertung) überwachen.

10.3.6   Generische Praktiken

Die Umsetzung der generischen Praktiken wird im Folgenden übergreifend und nicht auf einzelne Prozessgebiete oder Dienstleistungen beschränkt betrachtet. Natürlich gibt es gewisse Unterschiede, aber diese sind eher gering und vor allem abhängig vom einzelnen konkreten Kinderhaus.

GP 2.1
Organisationsweite
Leitlinien etablieren
GP 2.10
Umsetzung mit dem
höheren Management
prüfen

Die beiden grundlegenden generischen Praktiken GP 2.1 und GP 2.10, die sich auf die aktive Beteiligung der Leitung beziehen, beschränken sich in einem Kinderhaus vom hier beschriebenen Typ meist auf die im Rahmen des Anforderungsmanagements (siehe Abschnitt 10.3.1) beschriebenen Vorgaben sowie deren Überwachung durch gelegentliche Besuche durch die Leitung in der Einrichtung und die Auswertung von Jahresberichten.

Besser sieht es aus bei den generischen Praktiken, die sich auf die Planung und Steuerung der Aktivitäten beziehen, also:

GP 2.2
Arbeitsabläufe planen
GP 2.3
Ressourcen bereitstellen
GP 2.4
Rechte und Pflichten
zuweisen
GP 2.7
Relevante Stakeholder
identifizieren und
einbeziehen

- Die Planung der Prozesse ist zumindest teilweise abgedeckt durch die oben beschriebenen Aktivitäten zur Projektplanung.
- Die benötigten Ressourcen wie Personal, Räume und Materialien werden üblicherweise gut abgestimmt und geplant.
- Auch die Verantwortlichkeiten sind meist klar definiert, einerseits auf inhaltlicher Ebene (wer betreut welche Themen?), andererseits auch zeitlich (wer ist wann anwesend?).
- Zu dieser Aufgabe gehört es in erster Linie, neben dem Kontakt zu den Eltern auch den Kontakt zu externen Einrichtungen wie beispielsweise Schulen bzw. Lehrern, Vereinen, den verschiedenen Bereichen des Jugendamtes oder auch anderen Einrichtungen der Jugendarbeit einschließlich anderer Kinder- und Jugendhäuser aufrechtzuerhalten. Dies wird im Rahmen der Planung und Steuerung des Prozesses umgesetzt und funktioniert meist recht gut.

▧ Eine explizite Überwachung der durchgeführten Aktivitäten gegen die Planung gibt es meist nicht (siehe auch Abschnitt 10.3.3).

GP 2.8
Arbeitsabläufe überwachen und steuern

▧ Eine Qualitätssicherung im Sinne einer objektiven Überprüfung der Einhaltung von Vorgaben findet wenig oder nicht statt, siehe Prozessgebiet PPQA (vgl. Abschnitt 10.3.5).

GP 2.9
Prozesseinhaltung objektiv bewerten

Für die übrigen generischen Praktiken von Stufe 2 gilt:

▧ Die Mitarbeiter sind üblicherweise angemessen für ihre Arbeit ausgebildet, auch wenn das nicht immer organisatorisch sichergestellt ist, beispielsweise auch bei Übernahme einer neuen Aufgabe. Aufgrund der knappen Finanzen ist dies aber immer ein schwieriges Thema, und die Qualifizierung geschieht zumindest teilweise in Eigeninitiative der Beteiligten.

GP 2.5
Aus- und weiterbilden

▧ GP 2.6 hat wie das gesamte Prozessgebiet »Konfigurationsmanagement« eine geringe Relevanz (siehe auch Abschnitt 10.2).

GP 2.6
Arbeitsergebnisse verwalten

10.4 Umsetzung

Aus der Analyse ergibt sich als zentrale Empfehlung für die Verbesserung der Arbeit eines typischen Kinderhauses, die gesamte Kette der Erbringung der Dienstleistungen von der klaren Definition und Abstimmung der Ziele und Anforderungen über die Planung und Umsetzung bis hin zur Fortschrittsverfolgung und der Qualitätssicherung zu stärken. Dabei geht es vor allem darum, den Bezug der einzelnen Glieder dieser Kette zu den Zielen und Anforderungen explizit herzustellen:

▧ Die Arbeit im Kinderhaus sollte ausdrücklich von den Zielen und Anforderungen abgeleitet, geplant und umgesetzt werden. Die formulierten Ziele sollten SMART sein, also spezifisch, messbar, anspruchsvoll, realistisch und terminierbar.

▧ Dies sollte durch geeignete Berichterstattung und einheitlich definierte Kennzahlen unterstützt werden, mit deren Hilfe die Erfüllung der Ziele und Anforderungen überwacht wird.

▧ Schließlich wird eine objektive Qualitätssicherung aufgesetzt, durch die die Einhaltung der verschiedenen Vorgaben und Regelungen überwacht wird.

11 Ausblick und Bewertung

Wir sind jetzt am Ende dieses Buches angekommen und Sie, liebe Leser, haben einen Überblick über CMMI-SVC und seine Nutzung zur Prozessverbesserung erhalten. Damit sind Sie in der Lage, über eine Einführung von CMMI-SVC fundiert mitzureden, zu entscheiden und erste Schritte zur Einführung zu gehen. Ein Buch kann aber nicht die eigene Erfahrung ersetzen. Fangen Sie an, CMMI-SVC in kleinem Umfang zu nutzen und eigene Erfahrungen damit zu sammeln, holen Sie sich kompetente Unterstützung und bauen Sie die Nutzung schrittweise aus.

Zur Beantwortung der dabei auftretenden Fragen stehen u.a. folgende Quellen zur Verfügung:

Informationsquellen

▓ Für den Einstieg gibt es die CMMI-SVC-Einführungsschulung des SEI, die in Europa von verschiedenen Anbietern, unter anderem den Autoren, angeboten werden. Dort können Sie auch Kontakte zu anderen CMMI-SVC-Anwendern knüpfen. Die Mitgliederliste des German CMMI Lead Appraiser and Instructor Board (CLIB, siehe [URL: CLIB]) enthält u.a. die autorisierten Instruktoren, die diese Schulung im deutschsprachigen Raum anbieten.

Schulungen

▓ Zur Vertiefung empfiehlt sich die CMMI-SVC-Originaldokumentation, wie sie als Buch veröffentlicht ist oder von der Webseite des SEI (siehe [URL: CMMI]) heruntergeladen werden kann. Vor allem bei Fragen zur Interpretation der CMMI-SVC-Anforderungen sollte dies der erste Anlaufpunkt sein. Allerdings hat diese Originaldokumentation für manche den Nachteil, dass sie zumindest für CMMI-SVC bislang nur in englischer Sprache verfügbar ist. Aus diesem Grund enthält Anhang A dieses Buches die CMMI-SVC-spezifischen Ziele und Praktiken in deutscher Übersetzung.

CMMI-Modelle

▓ Eine recht aktive Mailingliste zu CMMI ist [URL: Yahoo-ML]. Mitglieder sind sowohl absolute Anfänger zum Thema CMMI (»Was bedeutet eigentlich Anforderungsmanagement?«) als auch eine Reihe von erfahrenen Appraisalleitern, sodass man gute Chan-

Foren

cen hat, auch zu anspruchsvolleren Fragen eine Antwort zu bekommen. Gelegentlich wird bei solchen Fragen deutlich, dass auch die Appraisalleiter nicht immer gleicher Meinung sind und einzelne Anforderungen des CMMI unterschiedlich interpretieren.

SEI ▥ Vertiefende Informationen zu CMMI und vielen Einzelfragen erhält man auf der Webseite des SEI (siehe [URL: SEI]), insbesondere unter [URL: CMMI], dem SEI Repository (siehe [URL: SEIR]) oder der Webseite eines der Autoren (siehe [URL: Kneuper-CMMI]).

Erfahrungsaustausch ▥ Unbedingt empfehlenswert ist der persönliche Erfahrungsaustausch mit anderen CMMI-Anwendern auf individueller Basis oder im Rahmen von Tagungen, z.B. der jährlich stattfindenden SEPG Conference in den USA und ihrem europäischen Gegenstück, der European SEPG, oder anderen Veranstaltungen. Es gibt im deutschsprachigen Raum auch eine Reihe von Software Process Improvement Networks (SPIN) (siehe [URL: SPIN] für eine Liste). Die Autoren vermitteln gerne konkrete Kontakte auf Anfrage.

Für viele Themen findet man Hinweise auf weiterführende Literatur bei der Behandlung des jeweiligen Themas in diesem Buch.

CMMI ist der Weg, Ein wichtiger Punkt bei der Nutzung von Modellen wie CMMI-
nicht das Ziel. SVC ist folgender: Denken Sie immer daran, dass CMMI-SVC nicht das Ziel, sondern ein Werkzeug ist. Wenn CMMI-SVC etwas fordert, was in Ihrem speziellen Fall keinen Nutzen bringt, dann überprüfen Sie, ob das wirklich so ist oder ob Sie vielleicht die Anforderung etwas anders interpretieren müssen. Und wenn die Forderung wirklich keinen Nutzen bringt, dann überspringen Sie sie.

Erfolgsfaktoren Bewerten Sie regelmäßig Ihre Risiken hinsichtlich der kritischen Erfolgsfaktoren und adressieren Sie diese frühzeitig:

▥ Volle Unterstützung durch die Unternehmensleitung (klare Leitlinien, eigene Mitarbeit und Einfordern der Beteiligung der Mitarbeiter)
▥ Ein motiviertes Führungsteam (Bereitstellen von Experten, Umsetzungsverantwortung, aktive Mitarbeit in der Prozessverbesserung)
▥ Verstehen, was der Kunde wirklich will (Kundenorientierung und Anforderungsmanagement)
▥ Verfügbarkeit von Ressourcen und Zeit für die Prozessverbesserungsinitiative (auch nach der Einführungsphase erforderlich)

- Gemeinsame Erarbeitung der Arbeitsabläufe mit den internen Spezialisten
- Klar definierte Infrastruktur für die Prozessverbesserung: Prozessgruppe und Prozessverantwortliche zur laufenden Prozessverbesserung
- Konsequentes Sammeln, Analysieren, Priorisieren und Planen von Verbesserungsvorschlägen
- Laufende Kommunikation von Prozessaktivitäten bzw. Rückmeldungen von Kunden und Einbeziehung aller betroffenen Mitarbeiter

Wir hoffen, dass wir Ihnen durch dieses Buch eine praxisnahe und hilfreiche Übersicht über die Prozessverbesserung mit CMMI-SVC geben konnten und dass Sie bei Ihrer Arbeit davon profitieren werden. Dabei wünschen wir Ihnen viel Erfolg, nicht im Sinne der Erreichung eines bestimmten Reifegrades, sondern dass Sie durch die Nutzung von CMMI-SVC produktiver und schneller werden und bessere Ergebnisse liefern.

Anhang

A   Ziele und Praktiken von CMMI-SVC v1.3[1]

Dieser Anhang enthält die deutsche Übersetzung der spezifischen Ziele und Praktiken aus »CMMI for Services, Version 1.3«, für die Prozessgebiete, die spezifisch für CMMI-SVC sind.

Für eine deutsche Übersetzung der Ziele und Praktiken von CMMI-SVC, die nicht spezifisch für diese Variante sind, siehe die offizielle deutsche Übersetzung von CMMI-DEV in [ChKS09], die sich allerdings noch auf Version 1.2 bezieht. Dort findet man auch die deutsche Übersetzung der Prozessgebiete zum Projektmanagement, allerdings unter einem etwas anderen Namen, beispielsweise »Planung der Arbeit« heißt dort »Projektplanung«.

Die Prozessgebiete sind abweichend von CMMI-SVC nach Reifegraden sortiert und nicht alphabetisch.

A.1   Reifegrad 2: Geführt

A.1.1   Erbringung von Dienstleistungen

Zweck der Erbringung von Dienstleistungen (Service Delivery, SD) ist es, Dienstleistungen in Übereinstimmung mit den Dienstleistungsvereinbarungen zu erbringen.

Ziele und Praktiken

SG 1   Dienstleistungsvereinbarungen etablieren
Dienstleistungsvereinbarungen werden etabliert und beibehalten.

SP 1.1   Bestehende Vereinbarungen und Daten zu Dienstleistungen analysieren

Bestehende Vereinbarungen und Daten zu Dienstleistungen analysieren, um sich auf zu erwartende neue Vereinbarungen vorzubereiten.

SP 1.2   Dienstleistungsvereinbarungen etablieren

Die Dienstleistungsvereinbarungen etablieren und beibehalten.

SG 2   Erbringung der Dienstleistung vorbereiten

Die Erbringung der Dienstleistung wird vorbereitet.

SP 2.1   Das Vorgehen zur Erbringung der Dienstleistung etablieren

Das Vorgehen zur Erbringung der Dienstleistung und Betrieb des Servicesystems etablieren und beibehalten.

SP 2.2   Betrieb des Dienstleistungssystems vorbereiten

Die Bereitschaft des Dienstleistungssystems zur Erbringung der Dienstleistung bestätigen.

SP 2.3   Ein Verwaltungssystem für Anfragen etablieren

Ein Verwaltungssystem für Anfragen etablieren und beibehalten, um Anfrageinformationen zu verarbeiten und nachzuverfolgen.

SG 3   Dienstleistungen erbringen

Dienstleistungen werden in Übereinstimmung mit den Dienstleistungsvereinbarungen erbracht.

SP 3.1   Anfragen zu Dienstleistungen entgegennehmen und bearbeiten

Anfragen zu Dienstleistungen gemäß der Dienstleistungsvereinbarung entgegennehmen und bearbeiten.

SP 3.2   Dienstleistungssystem betreiben

Betreiben des Dienstleistungssystems, um Dienstleistungen in Übereinstimmungen mit den Dienstleistungsvereinbarungen zu erbringen.

SP 3.3   Dienstleistungssystem pflegen

Das Dienstleistungssystem pflegen, um sicherzustellen, dass der Betrieb der Dienstleistungen aufrechterhalten wird.

A.2   Reifegrad 3: Definiert

A.2.1   Kapazitäts- und Verfügbarkeitsmanagement

Zweck des Kapazitäts- und Verfügbarkeitsmanagements (Capacity and Availability Management, CAM) ist es, die Leistungsfähigkeit des Dienstleistungssystems wirksam zu gewährleisten sowie sicherzustellen, dass Ressourcen bereitgestellt und wirksam genutzt werden, um Anforderungen an Dienstleistungen zu unterstützen.

Ziele und Praktiken

SG 1   Kapazitäts- und Verfügbarkeitsmanagement vorbereiten
Kapazitäts- und Verfügbarkeitsmanagement werden vorbereitet.

SP 1.1   Eine Strategie für Kapazitäts- und Verfügbarkeitsmanagement etablieren
Eine Strategie für das Kapazitäts- und Verfügbarkeitsmanagements etablieren und beibehalten.

SP 1.2   Kennzahlen und Analysetechniken auswählen
Kennzahlen und Analysetechniken auswählen, die zur Steuerung des Kapazitäts- und Verfügbarkeitsmanagements des Dienstleistungssystems verwendet werden sollen.

SP 1.3   Darstellungsweisen des Dienstleistungssystems etablieren
Darstellungsweisen des Dienstleistungssystems etablieren und beibehalten, die das Kapazitäts- und Verfügbarkeitsmanagement unterstützen.

SG 2   Kapazität und Verfügbarkeit überwachen und analysieren
Kapazität und Verfügbarkeit werden überwacht und analysiert, um Ressourcen und Bedarf zu steuern.

SP 2.1   Kapazität überwachen und analysieren
Die Kapazität mithilfe von Schwellenwerten überwachen und analysieren.

SP 2.2   Verfügbarkeit überwachen und analysieren
Die Verfügbarkeit im Vergleich zu den Zielen überwachen und analysieren.

SP 2.3   Daten zu Kapazitäts- und Verfügbarkeitsmanagement berichten
Messwerte zu Kapazitäts- und Verfügbarkeitsmanagement an relevante Stakeholder berichten.

A.2.2   Störungsbehebung und -vermeidung

Zweck der Störungsbehebung und -vermeidung (Incident Resolution and Prevention, IRP) ist, die rechtzeitige und wirksame Beseitigung von Störungen bei der Dienstleistungserbringung sowie die Vermeidung von Störungen bei der Dienstleistungserbringung nach Bedarf sicherzustellen.

Ziele und Praktiken

SG 1   Störungsbehebung und -vermeidung vorbereiten
Störungsbehebung und -vermeidung werden vorbereitet.

SP 1.1   Vorgehen zur Störungsbehebung und -vermeidung etablieren
Das Vorgehen zur Störungsbehebung und -vermeidung etablieren und beibehalten.

SP 1.2   Verwaltungssystem für Störungen etablieren
Ein Verwaltungssystem für Störungen etablieren und beibehalten, um Informationen über Störungen zu verarbeiten und zu verfolgen.

SG 2   Einzelne Störungen erkennen, lenken und adressieren
Einzelne Störungen werden erkannt, gelenkt und adressiert.

SP 2.1   Störungen erkennen und aufzeichnen
Störungen erkennen und Informationen über diese aufzeichnen.

SP 2.2   Einzelne Störungsdaten analysieren
Einzelne Störungsdaten analysieren, um das Vorgehen festzulegen.

SP 2.3   Störungen beheben
Störungen beheben.

SP 2.4   Status von Störungen bis zum Abschluss verfolgen
Den Status von Störungen bis zum Abschluss verfolgen.

SP 2.5   Status von Störungen kommunizieren
Den Status von Störungen kommunizieren.

SG 3   Ursachen und Auswirkungen ausgewählter Störungen analysieren und adressieren
Die Ursachen und Auswirkungen ausgewählter Störungen werden analysiert und adressiert.

SP 3.1   Ausgewählte Störungen analysieren
Die zugrunde liegenden Ursachen ausgewählter Störungen analysieren.

SP 3.2   Lösungen als Antwort auf zukünftige Störungen etablieren

Lösungen als Antwort auf zukünftige Störungen etablieren und beibehalten.

SP 3.3   Lösungen zur Verringerung des Auftretens von Störungen etablieren und anwenden

Lösungen zur Verringerung des Auftretens ausgewählter Störungen etablieren und anwenden.

A.2.3   Kontinuitätsmanagement

Zweck des Kontinuitätsmanagements (Service Continuity, SCON) ist es, Pläne zu etablieren und beizubehalten, die die Kontinuität von Dienstleistungen während und in der Folge von jeglichen bedeutenden Unterbrechungen des normalen Betriebs sicherstellen.

Ziele und Praktiken

SG 1   Wesentliche Abhängigkeiten der Dienstleistung erkennen

Wesentliche Abläufe und Ressourcen, von denen die Dienstleistung abhängt, werden erkannt und dokumentiert.

SP 1.1   Wesentliche Abläufe erkennen und priorisieren

Wesentliche Abläufe, die für die Sicherstellung der Dienstleistungskontinuität durchgeführt werden müssen, erkennen und priorisieren.

SP 1.2   Wesentliche Ressourcen erkennen und priorisieren

Wesentliche Ressourcen, die für die Sicherstellung der Dienstleistungskontinuität benötigt werden, erkennen und priorisieren.

SG 2   Dienstleistungskontinuität vorbereiten

Dienstleistungskontinuität wird vorbereitet.

SP 2.1   Pläne für die Dienstleistungskontinuität etablieren

Pläne für die Dienstleistungskontinuität etablieren und beibehalten, um der Organisation die Wiederaufnahme wesentlicher Abläufe zu ermöglichen.

SP 2.2   Aus- und Weiterbildung für Dienstleistungskontinuität etablieren

Aus- und Weiterbildung für die Dienstleistungskontinuität etablieren und beibehalten.

SP 2.3   Aus- und Weiterbildung für Dienstleistungskontinuität bereitstellen und bewerten

Aus- und Weiterbildung zur Umsetzung des Plans für Dienstleistungskontinuität bereitstellen und bewerten.

SG 3   Den Plan für Dienstleistungskontinuität verifizieren und validieren
Der Plan für Dienstleistungskontinuität wird verifiziert und validiert.

SP 3.1   Verifizierung und Validierung von Plänen für die Dienstleistungskontinuität vorbereiten
Verifizierung und Validierung von Plänen für die Dienstleistungskontinuität vorbereiten.

SP 3.2   Den Plan für die Dienstleistungskontinuität verifizieren und validieren
Den Plan für die Dienstleistungskontinuität verifizieren und validieren.

SP 3.3   Ergebnisse aus Verifizierung und Validierung des Plans für die Dienstleistungskontinuität analysieren
Die Ergebnisse aus Verifizierung und Validierung des Plans für die Dienstleistungskontinuität analysieren.

A.2.4   Entwicklung von Dienstleistungssystemen

Zweck der Entwicklung von Dienstleistungssystemen (Service System Development, SSD) ist es, Dienstleistungssysteme und Bestandteile von Dienstleistungssystemen zu analysieren, zu entwerfen, zu entwickeln, zu integrieren, zu verifizieren und zu validieren, um bestehende oder voraussehbare Dienstleistungsvereinbarungen zu erfüllen.

Ziele und Praktiken

SG 1   Entwickeln und Analysieren der Anforderungen von Stakeholdern
Bedürfnisse, Erwartungen, Einschränkungen und Schnittstellen der Stakeholder werden gesammelt, analysiert und in validierte Anforderungen an Dienstleistungssysteme überführt.

SP 1.1   Entwickeln der Anforderungen der Stakeholder
Bedürfnisse, Erwartungen, Einschränkungen und Schnittstellen der Stakeholder analysieren und in Anforderungen der Stakeholder überführen.

SP 1.2   Anforderungen an Dienstleistungssysteme entwickeln
Anforderungen der Stakeholder verfeinern und ausarbeiten, um Anforderungen an Dienstleistungssysteme zu entwickeln.

SP 1.3   Anforderungen analysieren und validieren
Anforderungen analysieren und validieren sowie die benötige Funktionalität und Qualitätseigenschaften des Dienstleistungssystems festlegen.

SG 2   Dienstleistungssysteme entwickeln
Bestandteile von Dienstleistungssystemen werden ausgewählt, entworfen, umgesetzt und integriert.

SP 2.1   Lösungen für Dienstleistungssysteme auswählen
Lösungen für Dienstleistungssysteme aus alternativen Lösungen auswählen.

SP 2.2   Entwürfe entwickeln
Entwürfe für das Dienstleistungssystem und Bestandteile des Dienstleistungssystems entwickeln.

SP 2.3   Schnittstellenkompatibilität sicherstellen
Definitionen, Entwürfe und Änderungen von internen und externen Schnittstellen der Dienstleistungssysteme überwachen.

SP 2.4   Entwurf des Dienstleistungssystems umsetzen
Entwurf des Dienstleistungssystems umsetzen.

SP 2.5   Bestandteile des Dienstleistungssystems integrieren
Bestandteile des Dienstleistungssystems zu einem verifizierbaren Dienstleistungssystem zusammenbauen und integrieren.

SG 3   Dienstleistungssysteme verifizieren und validieren
Ausgewählte Bestandteile des Dienstleistungssystems werden verifiziert und validiert, um die korrekte Erbringung der Dienstleistung sicherzustellen.

SP 3.1   Verifizierung und Validierung vorbereiten
Einen Ansatz und eine Umgebung für die Verifizierung und Validierung etablieren und beibehalten.

SP 3.2   Peer-Reviews durchführen
Peer-Reviews für ausgewählte Bestandteile von Dienstleistungssystemen durchführen.

SP 3.3   Ausgewählte Bestandteile von Dienstleistungssystemen verifizieren
Ausgewählte Bestandteile von Dienstleistungssystemen gegen ihre spezifizierten Anforderungen verifizieren.

SP 3.4   Dienstleistungssysteme validieren
Das Dienstleistungssystem validieren, um sicherzustellen, dass es für die Verwendung in der beabsichtigten Umgebung für die Erbringung angemessen ist und die Erwartungen der Stakeholder erfüllt.

A.2.5   Betriebsüberführung

Zweck der Betriebsüberführung (Service System Transition, SST) ist es, neue oder signifikant veränderte Bestandteile von Dienstleistungssystemen einzuführen und gleichzeitig die Auswirkungen auf die laufende Erbringung der Dienstleistungen zu lenken.

Ziele und Praktiken

SG 1   Betriebsüberführung vorbereiten
Die Betriebsüberführung wird vorbereitet.

SP 1.1   Bedürfnisse für die Betriebsüberführung analysieren
Die Funktionalität und Qualitätseigenschaften sowie die Verträglichkeit laufender und zukünftiger Dienstleistungssysteme analysieren, um die Auswirkungen auf die Erbringung von Dienstleistungen zu minimieren.

SP 1.2   Pläne für die Betriebsüberführung entwickeln
Pläne für die konkrete Überführung des Dienstleistungssystems etablieren und beibehalten.

SP 1.3   Stakeholder auf Änderungen vorbereiten
Die relevanten Stakeholder auf die Änderungen in den Dienstleistungen und Dienstleistungssystemen vorbereiten.

SG 2   Das Dienstleistungssystem einführen
Das Dienstleistungssystem wird in der Umgebung für die Erbringung eingeführt.

SP 2.1   Die Bestandteile des Dienstleistungssystems einführen
Die Bestandteile des Dienstleistungssystems in die Umgebung für die Erbringung systematisch und auf Basis der Planung für die Überführung einführen.

SP 2.2   Die Auswirkungen der Betriebsüberführung bewerten und lenken
Die Auswirkungen der Betriebsüberführung auf die Stakeholder und die Erbringung der Dienstleistung bewerten und geeignete Korrekturmaßnahmen ergreifen.

A.2.6   Strategisches Dienstleistungsmanagement

Zweck des strategischen Dienstleistungsmanagements (Strategic Service Management, STSM) ist es, Standarddienstleistungen im Einklang mit dem strategischem Bedarf und den Plänen zu etablieren und beizubehalten.

Ziele und Praktiken

SG 1   Strategischen Bedarf und Pläne für Standarddienstleistungen etablieren

Der strategische Bedarf und die Pläne für Standarddienstleistungen werden etabliert und beibehalten.

SP 1.1   Daten sammeln und analysieren

Daten zum strategischen Bedarf sowie zu Fähigkeiten der Organisation sammeln und analysieren.

SP 1.2   Pläne für Standarddienstleistungen etablieren

Pläne für Standarddienstleistungen werden etabliert und beibehalten.

SG 2   Standarddienstleistungen etablieren

Ein Satz von Standarddienstleistungen wird etabliert und beibehalten.

SP 2.1   Eigenschaften der Standarddienstleistungen und der Dienstleistungsgüte etablieren

Die Eigenschaften des organisationsweiten Satzes an Standarddienstleistungen und der Dienstleistungsgüte etablieren und beibehalten.

SP 2.2   Beschreibungen der Standarddienstleistungen etablieren

Beschreibungen der organisationsweit definierten Standarddienstleistungen etablieren und beibehalten.

B   Übersetzungsglossar

B.1   Glossar
englisch – deutsch

englisch	deutsch
continuous representation	Darstellung in Fähigkeitsgraden
incident	Störung
Project and Work Management (Name der Kategorie)	Management der Projekte und der Arbeit
request	Anfrage
request management system	Verwaltungssystem für Anfragen
service	Dienstleistung
service agreement	Dienstleistungsvereinbarung
service catalog	Dienstleistungskatalog
Service Establishment and Delivery (Name der Kategorie)	Dienstleistungsprozesse
service incident	Störung bei der Dienstleistungserbringung
service level	Dienstleistungsgüte
service level agreement	Vereinbarung zur Dienstleistungsgüte (SLA)
service level measure	Dienstgütekennzahl
service line	Familie von Dienstleistungen
service management	Dienstleistungsmanagement
service request	Dienstleistungsanfrage
service requirement	Anforderung an eine Dienstleistung
service system	Dienstleistungssystem
service system component	Komponente eines Dienstleistungssystems

englisch	deutsch
service system consumable	Verbrauchsgut eines Dienstleistungs-systems
SLA	SLA
staged representation	Darstellung in Reifegraden
work breakdown structure	Arbeitsstrukturplan[*]

* Da die in CMMI-DEV verwendete Übersetzung von work breakdown structure als Projektstrukturplan bei Dienstleistungen schlecht passt, wurde der Begriff hier abweichend von CMMI-DEV als Arbeitsstrukturplan übersetzt.

B.2 Bezeichnungen der Prozessgebiete englisch – deutsch

Die kursiv formatierten Prozessgebiete existieren auch in CMMI-DEV und sind von dort übernommen. Für diese Prozessgebiete ist jeweils die Übersetzung angegeben, die auch vom SEI in der deutschen Fassung des CMMI-DEV verwendet wird. Die Übersetzungen der CMMI-SVC-spezifischen Prozessgebiete stammen von den Autoren dieses Buches. Ein Sonderfall sind die mit v1.2 bzw. v1.3 markierten Prozessgebiete, die in CMMI-SVC v1.3 gegenüber v1.2 umbenannt wurden und damit auch gegenüber CMMI-DEV bzw. CMMI-ACQ v1.3.

englisch	deutsch	Abkürzung
Capacity and Availability Management	Kapazitäts- und Verfügbarkeits-management	CAM
Causal Analysis and Resolution	*Ursachenanalyse und -beseitigung*	*CAR*
Configuration Management	*Konfigurationsmanagement*	*CM*
Decision Analysis and Resolution	*Entscheidungsfindung*	*DAR*
Incident Resolution and Prevention	Störungsbehebung und -vermeidung	IRP
Integrated Project Management (v1.2; siehe auch Integrated Work Management)	*Fortgeschrittenes Projekt-management*	*IPM*
Integrated Work Management (v1.3; siehe auch Integrated Project Management)	*Fortgeschrittenes Management der Arbeit*	*IWM*
Measurement and Analysis	*Messung und Analyse*	*MA*
Organizational Innovation and Deployment (v1.2); in v1.3 ersetzt durch Organizational Perfor-mance Management	*Organisationsweites Innovations-management*	*OID*

englisch	deutsch	Abkürzung
Organizational Performance Management (v1.3)	*Organisationsführung auf Basis der Prozessleistung*	*OPM*
Organizational Process Definition	*Organisationsweite Prozessentwicklung*	*OPD*
Organizational Process Focus	*Organisationsweite Prozessausrichtung*	*OPF*
Organizational Process Performance	*Organisationsweites Prozessfähigkeitsmanagement*	*OPP*
Organizational Training	*Organisationsweite Aus- und Weiterbildung*	*OT*
Process and Product Quality Assurance	*Prozess- und Produkt-Qualitätssicherung*	*PPQA*
Project Monitoring and Control (v1.2; siehe auch Work Monitoring and Control)	*Projektverfolgung und -steuerung*	*PMC*
Project Planning (v1.2; siehe auch Work Planning)	*Projektplanung*	*PP*
Quantitative Project Management (v1.2; siehe auch Quantitative Work Management)	*Quantitatives Projektmanagement*	*QPM*
Quantitative Work Management (v1.3; siehe auch Quantitative Project Management)	*Quantitatives Management der Arbeit*	*QWM*
Requirements Management	*Anforderungsmanagement*	*REQM*
Risk Management	*Risikomanagement*	*RSKM*
Service Continuity	Kontinuitätsmanagement	SCON
Service Delivery	Erbringung von Dienstleistungen	SD
Service System Development	Entwicklung von Dienstleistungssystemen	SSD
Service System Transition	Betriebsüberführung	SST
Strategic Service Management	Strategisches Dienstleistungsmanagement	SSM
Supplier Agreement Management	*Zulieferungsmanagement*	*SAM*
Work Monitoring and Control (v1.3; siehe auch Project Monitoring and Control)	*Verfolgung und Steuerung der Arbeit*	*WMC*
Work Planning (v1.3; siehe auch Project Planning)	*Planung der Arbeit*	*WP*

B.3   Bezeichnungen der Prozessgebiete deutsch – englisch

Hier gelten dieselben Anmerkungen zur kursiven Formatierung wie in Abschnitt B.2 erläutert.

deutsch	englisch	Abkürzung
Anforderungsmanagement	*Requirements Management*	*REQM*
Betriebsüberführung von Dienstleistungssystemen	Service System Transition	SST
Entscheidungsfindung	*Decision Analysis and Resolution*	*DAR*
Entwicklung von Dienstleistungssystemen	Service System Development	SSD
Erbringung von Dienstlleistungen	Service Delivery	SD
Fortgeschrittenes Management der Arbeit (v1.3; siehe auch Fortgeschrittenes Projektmanagement)	*Integrated Work Management*	*IWM*
Fortgeschrittenes Projektmanagement (v1.2; siehe auch Fortgeschrittenes Management der Arbeit)	*Integrated Project Management*	*IPM*
Kapazitäts- und Verfügbarkeitsmanagement	Capacity and Availability Management	CAM
Konfigurationsmanagement	*Configuration Management*	*CM*
Kontinuitätsmanagement	Service Continuity	SCON
Messung und Analyse	*Measurement and Analysis*	*MA*
Organisationsführung auf Basis der Prozessleistung (v1.3)	*Organizational Process Management*	*OPM*
Organisationsweite Aus- und Weiterbildung	*Organizational Training*	*OT*
Organisationsweite Prozessausrichtung	*Organizational Process Focus*	*OPF*
Organisationsweite Prozessentwicklung	*Organizational Process Definition*	*OPD*
Organisationsweites Innovationsmanagement (v1.2)	*Organizational Innovation and Deployment*	*OID*
Organisationsweites Prozessfähigkeitsmanagement	*Organizational Process Performance*	*OPP*
Planung der Arbeit (v1.3; siehe auch Projektplanung)	*Work Planning*	*WP*
Projektplanung (v1.2; siehe auch Planung der Arbeit)	*Project Planning*	*PP*

deutsch	englisch	Abkürzung
Projektverfolgung und -steuerung (v1.2)	Project Monitoring and Control	PMC
Prozess- und Produkt-Qualitäts-sicherung	Process and Product Quality Assurance	PPQA
Quantitatives Management der Arbeit (v1.3)	Quantitative Work Management	QWM
Quantitatives Projektmanage-ment (v1.2)	Quantitative Project Management	OPM
Risikomanagement	Risk Management	RSKM
Störungsbehebung und -vermeidung	Incident Resolution and Prevention	IRP
Strategisches Dienstleistungs-management	Strategic Service Management	STSM
Ursachenanalyse und -beseitigung	Causal Analysis and Resolution	CAR
Verfolgung und Steuerung der Arbeit (v1.3)	Work Monitoring and Control	WMC
Zulieferungsmanagement	Supplier Agreement Management	SAM

C Varianten des CMMI

C.1 Varianten von CMMI v1.1

Die folgende Tabelle enthält alle vom SEI herausgegebenen Varianten des CMMI v1.1. Die genannten Varianten können alle unter [URL: CMMI] als PDF- oder WinWord-Dateien heruntergeladen werden.

CMMI for Systems Engineering and Software Engineering (CMMI-SE/SW, V1.1) Staged Representation CMU/SEI-2002-TR-002 ESC-TR-2002-002 Continuous Representation CMU/SEI-2002-TR-001 ESC-TR-2002-001	CMMI for Systems Engineering and Software Engineering and Integrated Product and Process Development (CMMI-SE/SW/IPPD, V1.1) Staged Representation CMU/SEI-2002-TR-004 ESC-TR-2002-004 Continuous Representation CMU/SEI-2002-TR-003 ESC-TR-2002-003
CMMI for Systems Engineering and Software Engineering, Integrated Product and Process Development, and Supplier Sourcing (CMMI-SE/SW/IPPD/SS, V1.1) Staged Representation CMU/SEI-2002-TR-012 ESC-TR-2002-012 Continuous Representation CMU/SEI-2002-TR-011 ESC-TR-2002-011	CMMI for Software Engineering (CMMI-SW, V1.1) Staged Representation CMU/SEI-2002-TR-029 ESC-TR-2002-029 CMMI for Software Engineering (CMMI-SW, V1.1) Continuous Representation CMU/SEI-2002-TR-028 ESC-TR-2002-028

Tab. C–1
Capability Maturity Model Integration (CMMI SM), Version 1.1

C.2   Varianten von CMMI v1.2

Die folgende Tabelle enthält alle vom SEI herausgegebenen Varianten
des CMMI v1.2.

Tab. C–2
Capability Maturity Model
Integration, Version 1.2

CMMI for Development, Version 1.2 (CMMI-DEV, V1.2)	+SAFE, V1.2: A Safety Extension to CMMI-DEV, V1.2
CMU/SEI-2006-TR-008 ESC-TR-2006-008	CMMU/SEI-2007-TN-006
Verfügbar unter [URL:CMMI] oder als Buch [ChKS06]	
CMMI for Acquisition, Version 1.2 (CMMI-ACQ, V1.2)	CMMI for Services, Version 1.2 (CMMI-SVC, V1.2)
CMU/SEI-2007-TR-017 ESC-TR-2007-017	CMU/SEI-2009-TR-001 ESC-TR-2009-001
Verfügbar unter [URL:CMMI] oder als Buch [GPRS09]	Verfügbar unter [URL:CMMI] oder als Buch [FoBS10]

C.3   Varianten von CMMI v1.3

Die folgende Tabelle enthält alle vom SEI herausgegebenen Varianten
des CMMI v1.3, Stand April 2011.

Tab. C–3
Capability Maturity Model
Integration, Version 1.3

CMMI for Development, Version 1.3 (CMMI-DEV, V1.3)	CMMI for Services, Version 1.3 (CMMI-SVC, V1.3)
CMU/SEI-2010-TR-033 ESC-TR-2010-033	CMU/SEI-2010-TR-034 ESC-TR-2010-034
Verfügbar unter [URL:CMMI]	Verfügbar unter [URL:CMMI]
CMMI for Acquisition, Version 1.3 (CMMI-ACQ, V1.3)	
CMU/SEI-2010-TR-032 ESC-TR-2010-032	
Verfügbar unter [URL:CMMI]	

C.4 Unterschiede zwischen CMMI-SVC v1.2 und v1.3

Inhaltlich sind die Unterschiede zwischen Version 1.2 und Version 1.3 gering, auch wenn es im Detail und in den Formulierungen viele Änderungen gab. Ein großer Teil dieser Änderungen hatte das Ziel, die vorhandenen Inhalte leichter verständlich zu machen, z.B.:

- Statt von »Projekten« ist jetzt von »Arbeit« oder »Arbeit und Projekt« die Rede, da der Begriff des Projektes im Dienstleistungsumfeld unüblich ist. Dadurch unterscheidet sich CMMI-SVC auch von den anderen beiden Konstellationen CMMI-DEV und CMMI-ACQ, wo der Begriff des Projektes beibehalten wurde.

  - Die Kategorie »Projektmanagement« heißt jetzt »Management der Projekte und der Arbeit«.
  - Das Prozessgebiet »Projektplanung« heißt jetzt »Planung der Arbeit«, »Projektverfolgung und -steuerung« jetzt »Verfolgung und Steuerung der Arbeit«, und »Fortgeschrittenes Projektmanagement« heißt jetzt »Fortgeschrittenes Management der Arbeit«.
  - Auch die Ziele und Praktiken der betroffenen Prozessgebiete wurden entsprechend umformuliert.

- »Typische Arbeitsergebnisse« einer Praktik wurden umbenannt in »Beispiele für Arbeitsergebnisse«, um deutlicher zu machen, dass es sich eben um Beispiele handelt und nicht erwartet wird, dass diese Arbeitsergebnisse auch genau so erstellt werden.

Größer sind die Unterschiede auf den höheren Reifegraden 4 und 5, die aber nur für wenige Anwender von CMMI-SVC relevant sind. Daher sei hier nur der größte und offensichtlichste Unterschied genannt:

- Das Prozessgebiet »Organisationsweites Innovationsmanagement« von Reifegrad 5 wurde ersetzt durch das neue Prozessgebiet »Organisationsführung auf Basis der Prozessleistung«.

Abkürzungsverzeichnis

ADS	Appraisal Disclosure Statement Dokument, in dem die wichtigsten Ergebnisse und Rahmen- bedingungen eines Appraisals als Nachweis gegenüber Externen zusammengefasst werden
AID	Appraisal Input Document Dokument, in dem im Rahmen der Vorbereitung die wesent- lichen Randbedingungen für und Anforderungen an ein Appraisal festgehalten werden
ARC	Appraisal Requirements for CMMI Vom SEI definierte Anforderungen an Appraisalmethoden für CMMI
CAM	Capacity and Availability Management Prozessgebiet des CMMI-SVC
CAR	Causal Analysis and Resolution Prozessgebiet des CMMI
CLIB	German CMMI Lead Appraiser and Instructor Board Vereinigung der deutschsprachigen SEI-autorisierten Appraisalleiter und Instruktoren
CM	Configuration Management Prozessgebiet des CMMI
CMM	Capability Maturity Model
CMMI	Capability Maturity Model Integration (In v1.0 Capability Maturity Model Integrated)
CMMI-ACQ	CMMI for Acquisition (CMMI für Beschaffung) Mit CMMI v1.2 eingeführte Konstellation des Modells
CMMI-DEV	CMMI for Development (CMMI für Entwicklung) Mit CMMI v1.2 eingeführte Bezeichnung für diese Konstellation des Modells. Da es vorher keine anderen Konstellationen gab, wurde diese Konstellation vorher nur als »CMMI« bezeichnet.
CMMI-SVC	CMMI for Services (CMMI für Dienstleistungen) Mit CMMI v1.2 eingeführte Konstellation des Modells

CMU	Carnegie Mellon University Am SEI der CMU wurde das CMMI entwickelt.
DAR	Decision Analysis and Resolution Prozessgebiet des CMMI
DoD	Department of Defense US-amerikanisches Verteidigungsministerium; Auftraggeber für die Entwicklung von CMM und CMMI
GG	Generic Goal Generisches Ziel
GP	Generic Practice Generische Praktik
IDEAL	Initiating – Diagnosing – Establishing – Acting – Learning Vom SEI definierte Methode zur Prozessverbesserung
IPM	Integrated Project Management Frühere Bezeichnung des ab CMMI-SVC v1.3 als IWM bezeichneten Prozessgebietes. Wird in den anderen Konstellationen von CMMI v1.3 weiterhin verwendet.
IPRC	International Process Research Consortium
IRP	Incident Resolution and Prevention Prozessgebiet des CMMI-SVC
IWM	Integrated Work Management Prozessgebiet des CMMI-SVC
KVP	Kontinuierlicher Verbesserungsprozess
MA	Measurement and Analysis Prozessgebiet des CMMI
MDA	Model-Driven-Architecture
OCTAVE	Operationally Critical Threat, Asset, and Vulnerability Evaluation
OID	Organizational Innovation and Deployment Früheres Prozessgebiet von CMMI, das mit v1.3 entfallen ist
OLA	Operational Level Agreement
OPD	Organizational Process Definition Prozessgebiet des CMMI
OPF	Organizational Process Focus Prozessgebiet des CMMI
OPM	Organizational Performance Management Prozessgebiet des CMMI, das mit v1.3 eingeführt wurde
OPP	Organizational Process Performance Prozessgebiet des CMMI
OT	Organizational Training Prozessgebiet des CMMI

PA	Process Area Bezeichnung für Themengebiet im CMMI
PIID	Practice Implementation Indicator Description Struktur für die Dokumentation der Erfüllung der CMMI- Anforderungen und der Ergebnisse eines SCAMPI-Appraisals
PMC	Project Monitoring and Control Frühere Bezeichnung des ab CMMI-SVC v1.3 als WMC bezeichneten Prozessgebietes. Wird in den anderen Konstellationen von CMMI v1.3 weiterhin verwendet.
PP	Project Planning Frühere Bezeichnung des ab CMMI-SVC v1.3 als WP bezeichneten Prozessgebietes. Wird in den anderen Konstellationen von CMMI v1.3 weiterhin verwendet.
PPQA	Process and Product Quality Assurance Prozessgebiet des CMMI
QPM	Quantitative Project Management Frühere Bezeichnung des ab CMMI-SVC v1.3 als IWM bezeichneten Prozessgebietes. Wird in den anderen Konstellationen von CMMI v1.3 weiterhin verwendet.
QWM	Quantitative Work Management Prozessgebiet des CMMI-SVC
REQM	Requirements Management Prozessgebiet des CMMI
RSKM	Risk Management Prozessgebiet des CMMI
SAM	Supplier Agreement Management Prozessgebiet des CMMI
SCAMPI	Standard CMMI Appraisal Method for Process Improvement Familie von Standardmethoden für CMMI-Appraisals (Klasse A, B und C)
SCON	Service Continuity Prozessgebiet des CMMI-SVC
SD	Service Delivery Prozessgebiet des CMMI-SVC
SEI	Software Engineering Institute Institut an der Carnegie Mellon University, an dem das CMMI entwickelt wurde
SEPG	Software Engineering Process Group
SG	Specific Goal Spezifisches Ziel
SLA	Service Level Agreement

SP	Specific Practice Spezifische Praktik
SPIN	Software Process Improvement Network Vereinigung von Anwendern von (Software-)Prozess- verbesserung zum Erfahrungsaustausch. Meist lokal organisiert.
SSD	Service System Development Prozessgebiet des CMMI-SVC
SST	Service SystemTransition Prozessgebiet des CMMI-SVC
STSM	Strategic Service Management Prozessgebiet des CMMI-SVC
TQM	Total Quality Management Ganzheitliches Qualitätsmanagement
WMC	Work Monitoring and Control Prozessgebiet des CMMI-SVC
WP	Work Planning Prozessgebiet des CMMI-SVC

Literaturverzeichnis

[BaRo88] Basili, Victor R.; Rombach, H. Dieter: *The TAME Project. Towards Improvement-Oriented Software Environments*. IEEE Transactions on Software Engineering, Nr. 6, Juni 1988, S. 758-773.

[BrRi94] Brassard, Michael; Ritter, Diane: *Der Memory Jogger II. Ein Taschenführer mit Werkzeugen für kontinuierliche Verbesserung und erfolgreiche Planung*. GOAL/QPC, Methuen, USA, 1994.

[ChKS06] Chrissis, Mary Beth; Konrad, Mike; Shrum, Sandy: *CMMI. Guidelines for Process Integration and Product Improvement. Second Edition*. Addison-Wesley, The SEI Series in Software Engineering, 2006.

[ChKS09] Chrissis, Mary Beth; Konrad, Mike; Shrum, Sandy: *CMMI. Richtlinien für Prozess-Integration und Produkt-Verbesserung*. Addison-Wesley, München, 2009.

[CMMI-SVCv13] CMMI Product Team: CMMI® for Services, Version 1.3 (CMMI-SVC, V1.3). Software Engineering Institute, Technical Report CMU/SEI-2010-TR-034, November 2010. Verfügbar unter `http://www.sei.cmu.edu/library/abstracts/reports/10tr034.cfm`.

[CoC04] *Code of Professional Conduct for SEI Services, Version 1.0*. Software Engineering Institute, Report CMU/SEI-2004-SR-009, September 2004. Verfügbar unter `http://www.sei.cmu.edu/publications/documents/04.reports/04sr009.html`.

[Cros79] Crosby, Philip B.: *Quality is Free. The Art of Making Quality Certain*. Mentor, 1979.

[CrTa92] Cronin, J. Joseph, Jr.; Taylor, Steven A.: *Measuring Service Quality: A Reexamination and Extension*. The Journal of Marketing, Vol. 56, No. 3, Jul. 1992, S. 55-68.

[CrTa94] Cronin, J. Joseph, Jr.; Taylor, Steven A.: *SERVPERF versus SERVQUAL: Reconciling Performance-Based and Perceptions-Minus-Expectations Measurement of Service Quality*. The Journal of Marketing, Vol. 58, No. 1, Jan., 1994, S. 125-131.

[Fink92] Finkelstein, Anthony: *A Software Process Immaturity Model*. ACM SIGSOFT Software Engineering Notes, Vol. 17, No. 4, Oktober 1992, S. 22-23.

[FoBS10] Forrester, Eileen C.; Buteau, Brandon L.; Shrum, Sandy: *CMMI for Services. Guidelines for Superior Service*. Addison-Wesley, The SEI Series in Software Engineering, 2010.

[GiGK06] Gibson, Diane L.; Goldenson, Dennis R.; Kost, Keith: *Performance Results of CMMI®-Based Process Improvement*. SEI Technical Report CMU/SEI-2006-TR-004, ESC-TR-2006-004, 2006. Verfügbar unter `http://www.sei.cmu.edu`.

[GPRS09] Gallagher, Brian P.; Phillips, Mike; Richter, Karen J.; Shrum, Sandy: *CMMI-ACQ. Guidelines for Improving the Acquisition of Products and Services*. Addison-Wesley, The SEI Series in Software Engineering, 2009.

[GrKS07] Greb, Thomas; Kneuper, Ralf; Stender, Jan: *Nutzung der CMMI-Assessmentmethode für ITIL-Prozesse*. it-Service-Management, Heft 3, April 2007, S. 10-15.

[Hall10] Haller, Sabine: *Dienstleistungsmanagement. Grundlagen – Konzepte – Instrumente*. 4. Auflage, Gabler, Wiesbaden, 2010.

[IEEE90] Institute of Electrical and Electronics Engineers. *IEEE Standard Computer Dictionary: A Compilation of IEEE Standard Computer Glossaries*. IEEE, New York, 1990.

[ITIL07] ITIL® Version 3 Translation Project: *ITIL v3 Glossary Germany*, itSMF Germany, 2007.

[KaNo96] Kaplan, Robert S.; Norton, David P.: *Using the Balanced Scorecard as a Strategic Management System*. In: Harvard Business Review 75, 1996, S. 75-87.

[KeTr81] Kepner, Charles H.; Tregoe, Benjamin B.: *The New Rational Manager*. Princeton Research Press, Princeton, 1981.

[Kneu07] Kneuper, Ralf: *CMMI: Verbesserung von Software- und System-entwicklungsprozessen mit Capability Maturity Model Integration*. 3. Auflage. dpunkt.verlag, Heidelberg, 2007.

[McFe96] McFeeley, Bob: *IDEAL: A User's Guide for Software Process Improvement.* Software Engineering Institute, Carnegie Mellon University, Handbook CMU/SEI-96-HB-001, Februar 1996. Verfügbar unter `http://www.sei.cmu.edu/`.

[Minn02] Minnich, Ilene: *CMMI Appraisal Methodologies: Choosing What Is Right for You.* CrossTalk, Februar 2002, S. 7-8. Verfügbar unter `http://www.stsc.hill.af.mil`.

[PaZB85] Parasuraman, Anantharanthan; Zeithaml, Valarie A.; Berry, Leonard L.: *A Conceptual Model of Service Quality and Its Implications for Future Research.* In: Journal of Marketing, Vol. 49, Fall 85, S. 41-50.

[SEI10] Software Engineering Institute: *Introduction to CMMI-DEV v1.2* (Schulungsunterlagen), 2010.

[Seng90] Senge, Peter M.: *The Fifth Discipline – The Art & Practice of The Learning Organisation.* Century Business, 1990.

[SPIM10] SPI Manifesto, 2010. Verfügbar unter `http://www.iscn.com/Images/SPI_Manifesto_A.1.2.2010.pdf`.

[Tuck65] Tuckman, Bruce W.: *Developmental sequences in small groups.* Psychological Bulletin, 63, 1965, S. 348-399.

[URL: CAF] `http://www.caf-netzwerk.de`, zuletzt abgerufen am 31.03.2011.

[URL: CLIB] `http://www.clib.de`, zuletzt abgerufen am 03.01.2011.

[URL: CMMI] `http://www.sei.cmu.edu/cmmi/`, zuletzt abgerufen am 23.04.2011.

[URL: CMMI-Appraisals] `http://www.sei.cmu.edu/cmmi/tools/appraisals/ materials.cfm`, zuletzt abgerufen am 10.02.2011.

[URL: Kneuper-CMMI] `http://www.kneuper.de/Cmmi/`, zuletzt abgerufen am 03.01.2011.

[URL: MaturityProfile] `http://www.sei.cmu.edu/cmmi/casestudies/profiles/cmmi.cfm` CMMI-Maturity Profile, zuletzt abgerufen am 10.02.2011.

[URL: PARS] `http://sas.sei.cmu.edu/pars/`, Published Appraisal Results, zuletzt abgerufen am 10.02.2011.

[URL: SEI] `http://www.sei.cmu.edu/`, zuletzt abgerufen am 03.01.2011.

[URL: SEI-Partner] `http://www.sei.cmu.edu/partners/directory/`, zuletzt abgerufen am 10.02.2011.

[URL: SEIR] `https://seir.sei.cmu.edu/seir/`,
Software Engineering Information Repository (SEIR),
zuletzt abgerufen am 03.01.2011.

[URL: SPIN] `http://www.sei.cmu.edu/collaborating/spins/`,
zuletzt abgerufen am 03.01.2011.

[URL: SQD] `http://www.q-deutschland.de/`,
ServiceQualität Deutschland, zuletzt abgerufen am 22.04.2011.

[URL: Yahoo-ML]
`http://groups.yahoo.com/group/cmmi_process_improvement/`,
Mailingliste, zuletzt abgerufen am 23.04.2011.

[ZePB92] Zeithaml, Valarie A.; Parasuraman, Anantharanthan; Berry,
Leonard L: *Qualitätsservice. Was Ihre Kunden erwarten – was Sie
leisten müssen*. Campus Verlag, 1992.

Index